增订版

Knitting Patterns Book

志田瞳
经典棒针编织花样250

〔日〕志田瞳 著
蒋幼幼 译

河南科学技术出版社
·郑州·

增订版前言

距2005年出版的《志田瞳经典编织花样250例》已经过去16年了。

其2012年在日本已经绝版，脱销。今年1月，编辑联系我出版增订版，于是全新包装的编织花样集得以再次与读者见面，我感到非常高兴。

在增订版中，我从各部分选取花样重新编织了作品。有的作品成了我花样创作的转折点，有的作品选择了喜欢的花样但是保留了原来的编织图，有的作品进行了修改调整……这些作品尝试用不同的线材编织，颜色上选择了以原白色为主的浅色系。

重读16年前的书，我想起了当初将创作心血交给读者时那种既安心又夹杂着寂寞的不可思议的心情。在那之后，我又出版了一本《志田瞳最新棒针编织花样260》。

《志田瞳最新棒针编织花样260》中的众多花样仿佛插上了神奇的翅膀，飞向了很多国家。这让我感受到一股力量，它呼唤我将《志田瞳经典编织花样250例》没有实现的愿望放飞到遥远的国度。我深切感受到，这本《志田瞳经典编织花样250例》不啻于我创作花样的源泉和归宿。

如果这本重新修订的花样集可以有幸放在各位编织爱好者的书架一角，并对大家的创作有所帮助，我将感到无比荣幸。

最后，衷心地感谢各位同人为此次增订版给予的大力支持。

志田瞳

2021年10月

前言

承蒙大家的厚爱和支持，每年出版一本的“志田瞳毛衫编织”系列图书迄今已经累计出版了10本。

何不以“志田瞳毛衫编织”系列中的花样为主，出版一本编织花样集呢？当我听到这个建议时感到十分惊喜。于是，我将作品集中发表过的、过去工作中想到的以及最新创作的花样，再加上饰边，一共250种花样整理成册，便有了这本花样集。

在整个编写过程中，我回顾了以往的工作，借此良机重新思考了编织花样对于我的意义。

从传统花样到新式花样，有时感觉由1根线诞生的编织花样长期以来已经被很多人用尽了，同时我又觉得还有无限宽广的创作空间。即便是很常见的花样，试着变换一下角度，或者融入一些奇思妙想，也可能会呈现出截然不同的效果。

由此，我体会到了深度探索一种花样的妙趣。

正如绘画作品的画框，编织作品也一样，不同的边缘给人的印象也会大相径庭。我一直想创作一些富有个性的边缘，所以在本书中加入了“饰边”部分。

本书还有一部分是花样的应用变化，就是从一种花样演绎出两种不同的织法。如果可以帮助大家在运用花样时提供一些灵感，我将感到非常荣幸。

通过本书，希望可以将自己创作的这些花样呈献给大家，然后从零出发，重新投入到花样的创作中。感谢各位老师和朋友，是你们让我领会到编织的乐趣和奥妙，如今可以从事编织工作也让我感到无比幸福。

最后，感谢从“志田瞳毛衫编织”系列图书到本书的编辑出版过程中付出艰辛劳动的各位老师，感谢帮忙制作样片的各位朋友，大家辛苦了！正是有了大家的帮助，本书才得以付梓。再次表示衷心的感谢！

志田瞳

2005年12月

目　录

镂空花样

在花样创作过程中，我对这款套头衫的花样印象特别深刻。
每行都要操作的部分呈现出了宛如蝴蝶般的蕾丝花样，
绕线及圈数的巧妙设计形成了花朵形状的缩褶花样，
再加上花朵左右两侧的锯齿蕾丝花样，整体花样华丽且富有创意。

使用花样/086号 制作／梨本明美 使用线／钻石线 Tasmanian Merino 编织方法／p.128

001

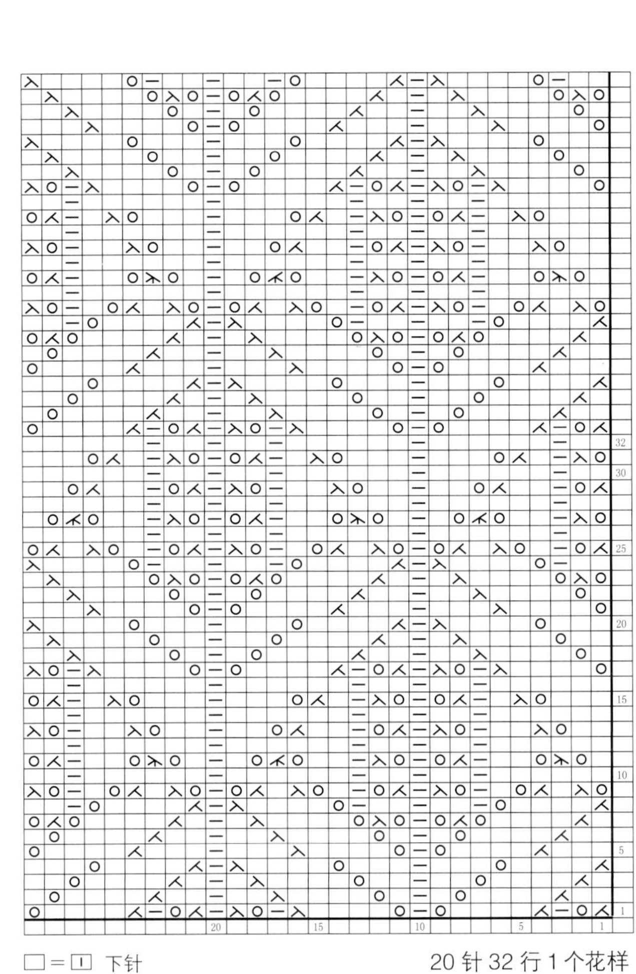

□=⊡ 下针

20针32行1个花样

002

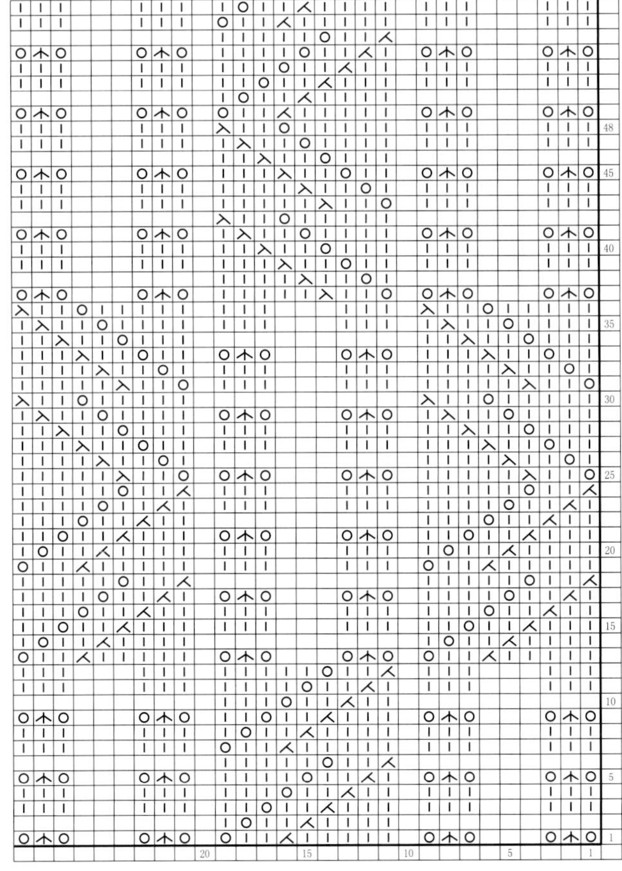

□=⊟ 上针

20针48行1个花样

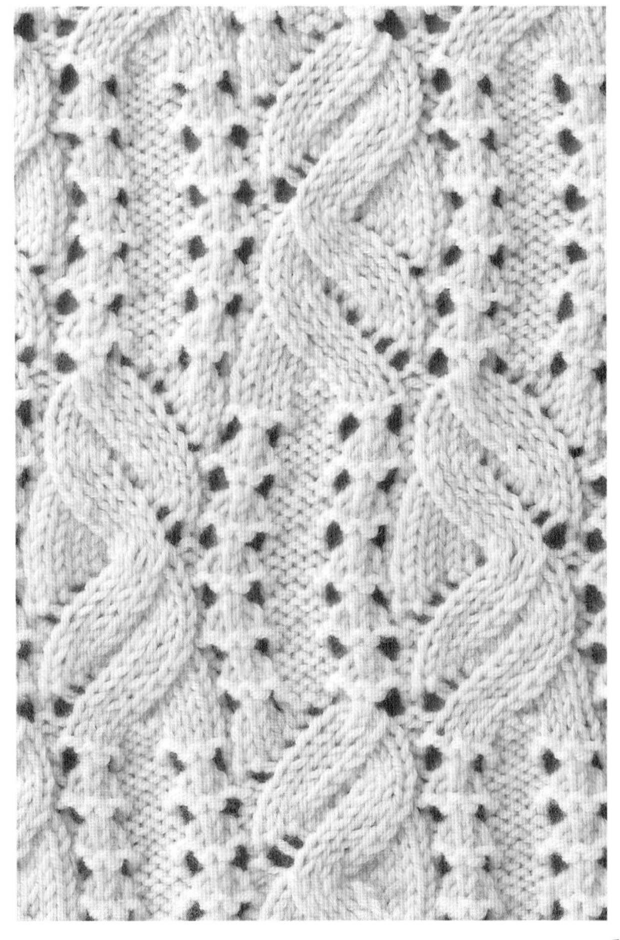

003

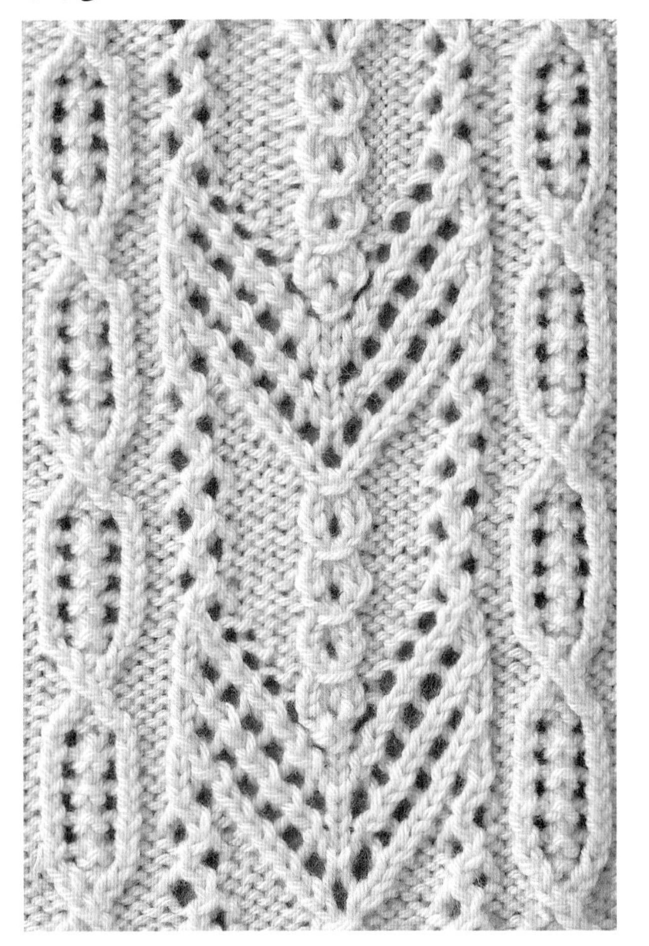

□ = ⊟ 上针　[symbol] = 参照 p.123　24 针 28 行 1 个花样

004

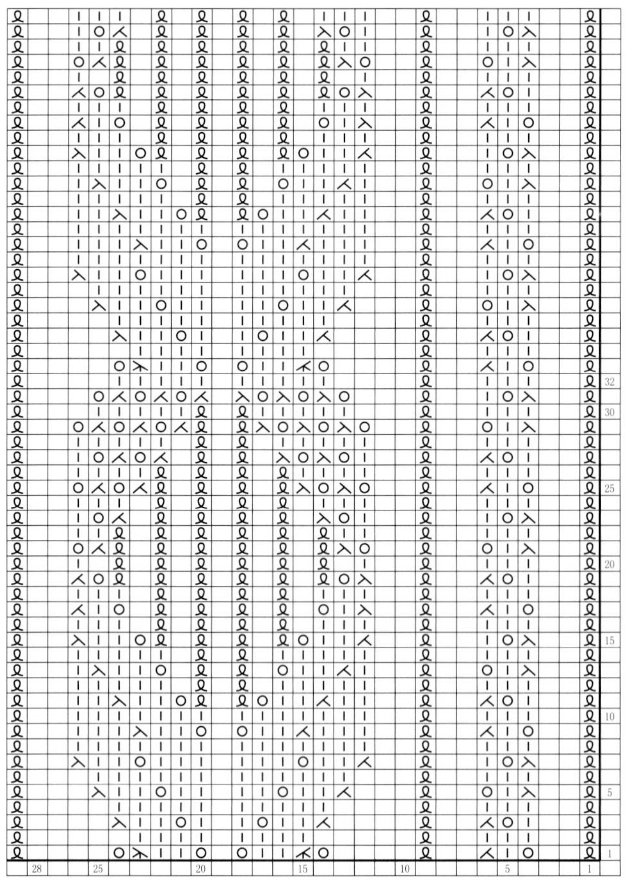

□ = ⊟ 上针　28 针 32 行 1 个花样

005

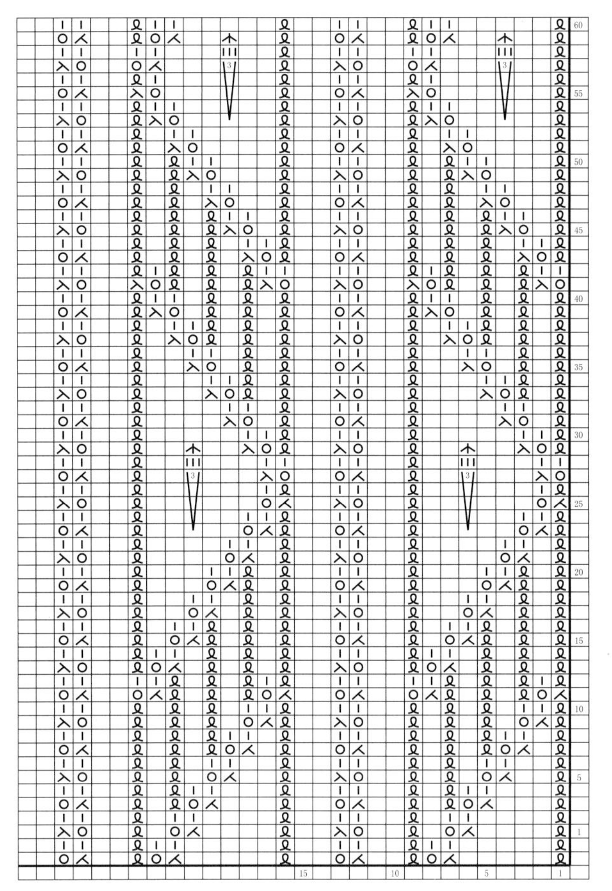

□＝⊟ 上针

15 针 60 行 1 个花样

006

32
30
25
20
15
10
5
1

21 20 15 10 5 1

□＝⊟ 上针

21 针 32 行 1 个花样

007

□＝⊟ 上针

18 针 28 行 1 个花样

008

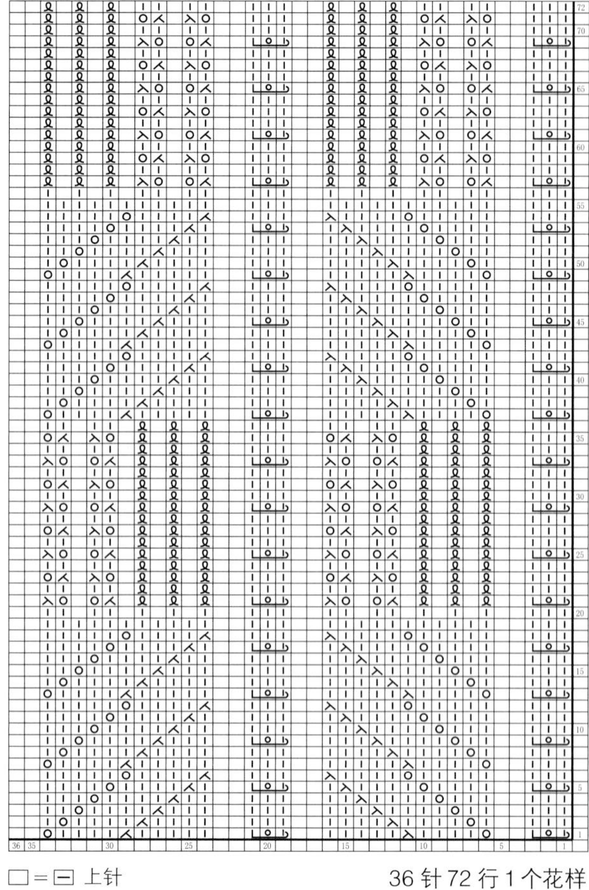

□＝⊟ 上针

36 针 72 行 1 个花样

009

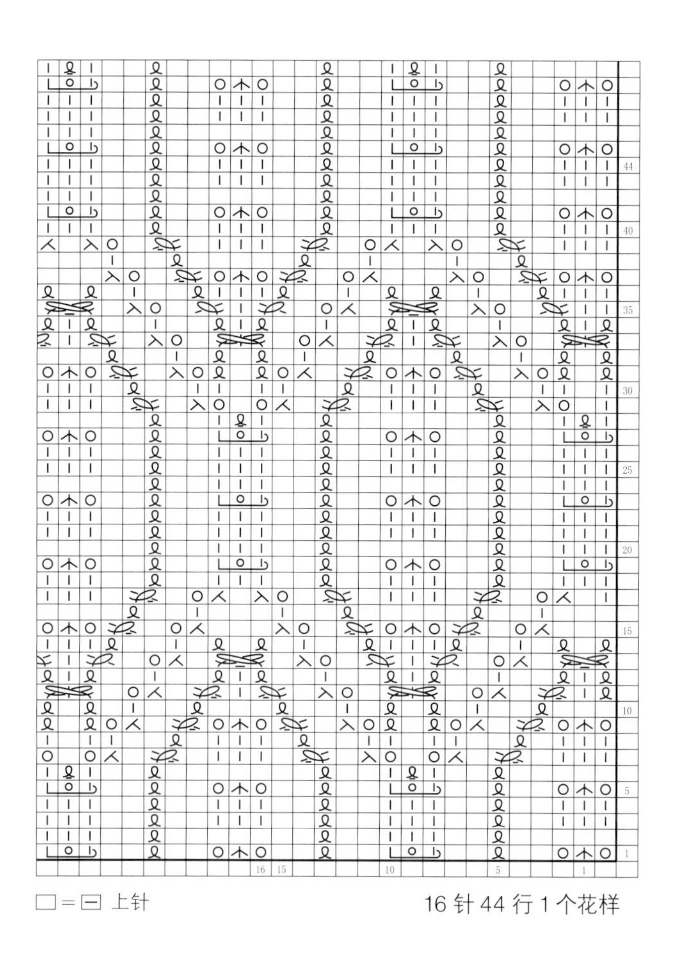

□ = ⊟ 上针

16 针 44 行 1 个花样

010

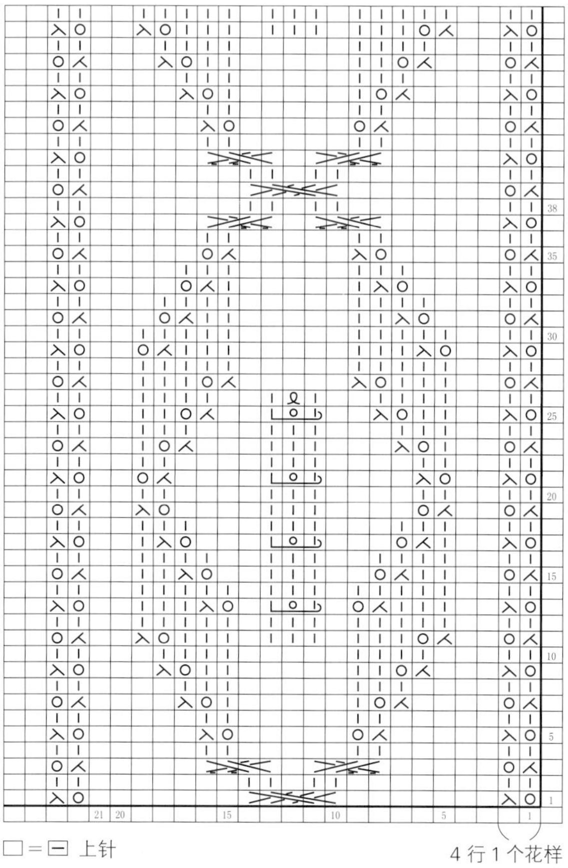

□ = ⊟ 上针

4 行 1 个花样

21 针 38 行 1 个花样

011

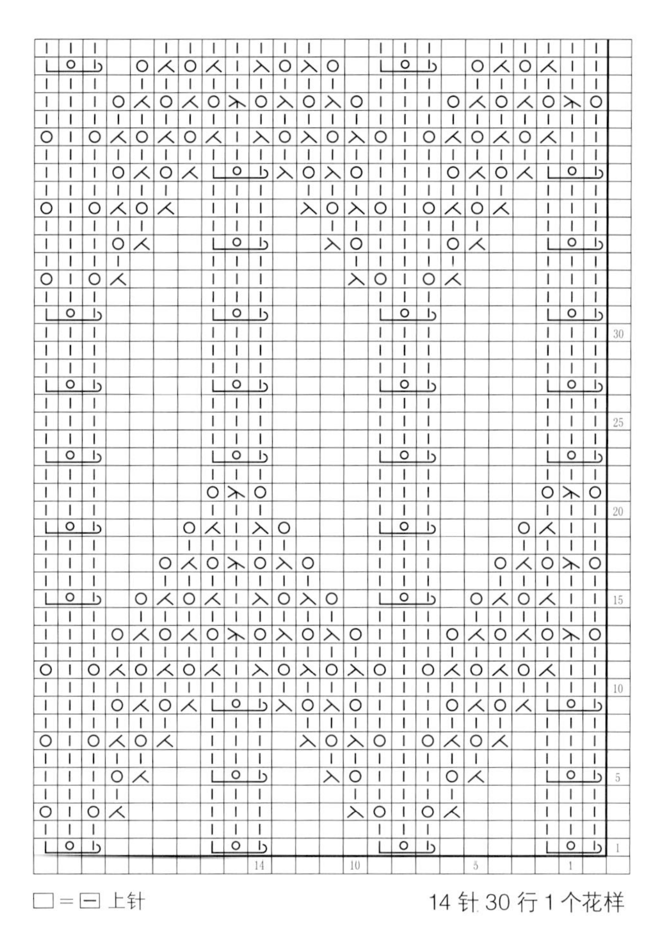

□＝⊟ 上针

14 针 30 行 1 个花样

012

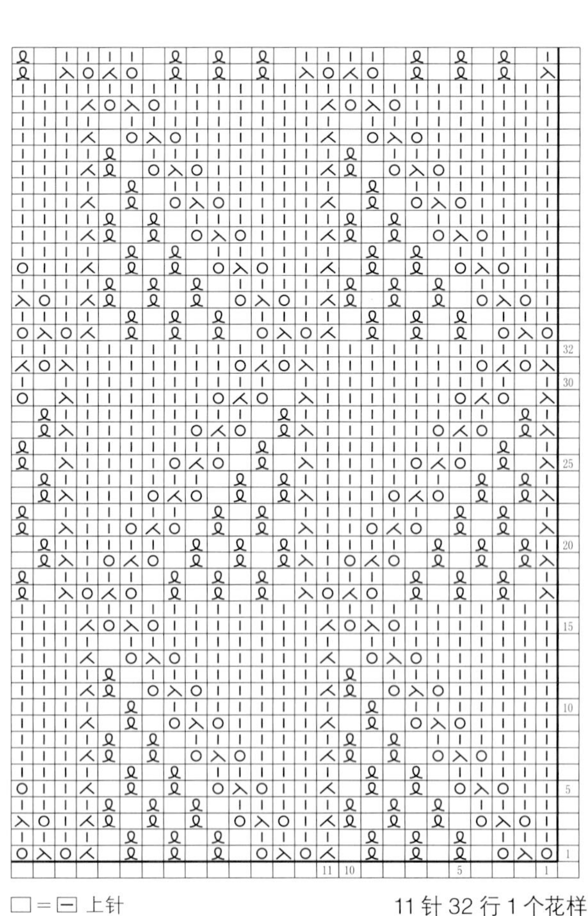

□＝⊟ 上针

11 针 32 行 1 个花样

013

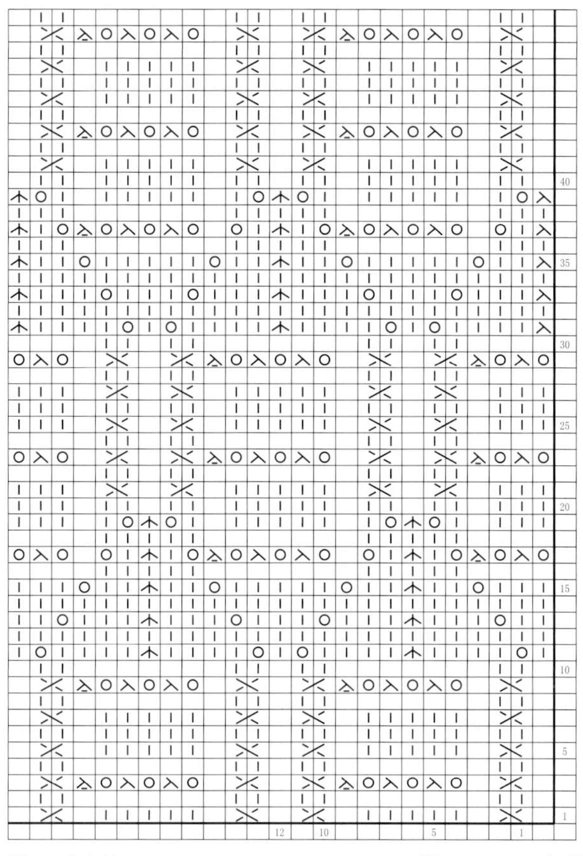

□＝⊟ 上针

12 针 40 行 1 个花样

014

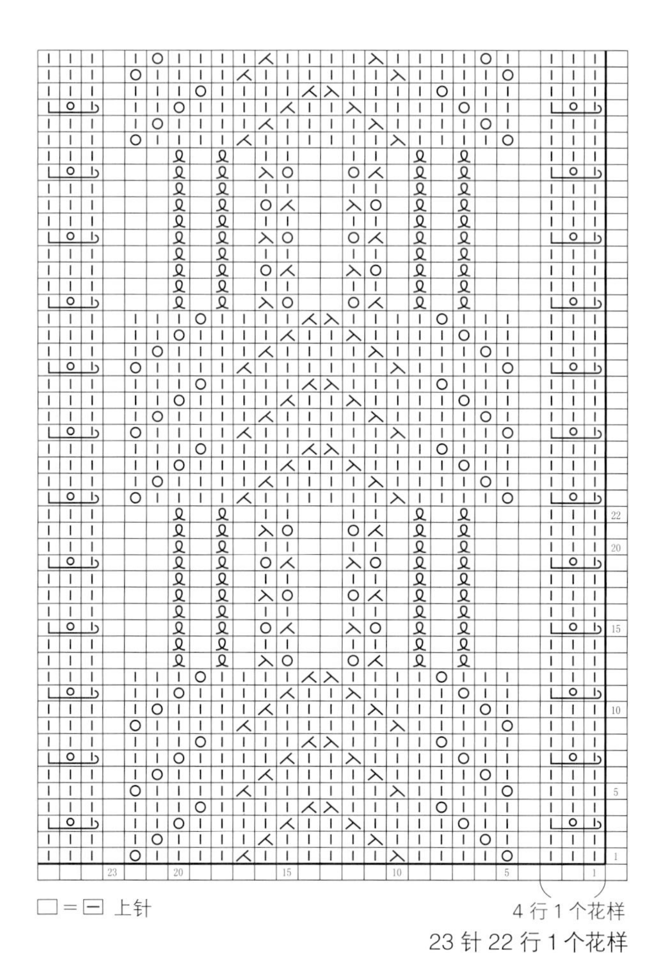

□＝⊟ 上针

4 行 1 个花样

23 针 22 行 1 个花样

015

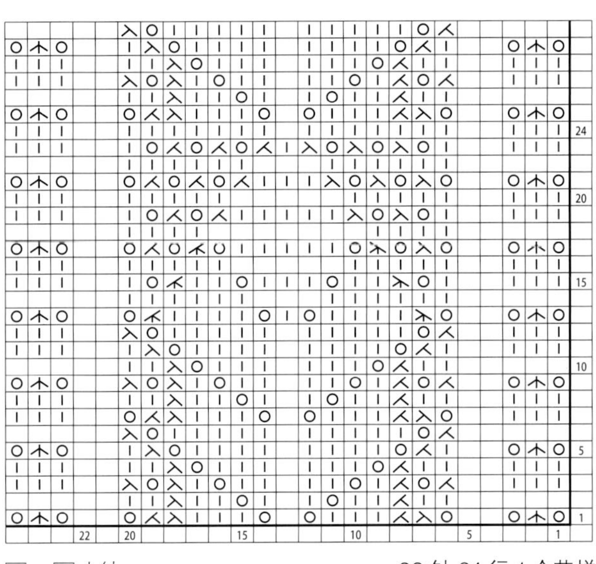

□ = ⊟ 上针

22 针 24 行 1 个花样

016

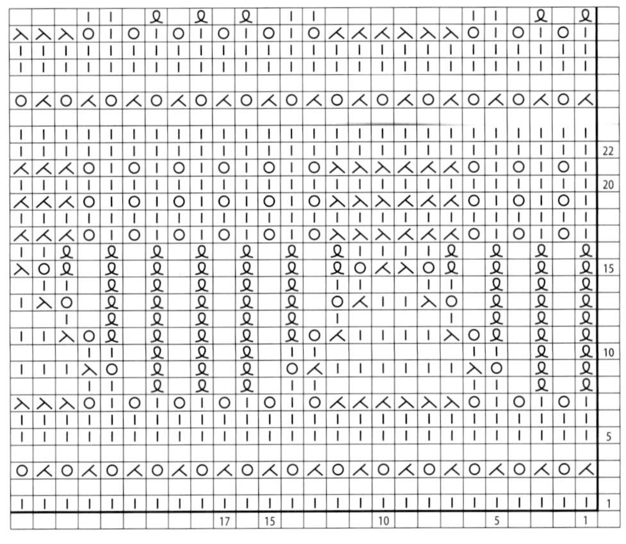

□ = ⊟ 上针

17 针 22 行 1 个花样

017

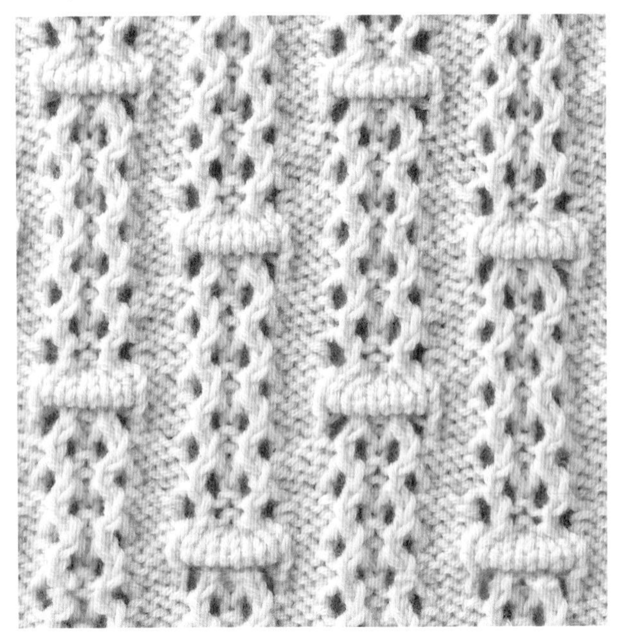

24 20 15 10 5 1

16 15 10 5 1

□ = ⊟ 上针

16 针 24 行 1 个花样

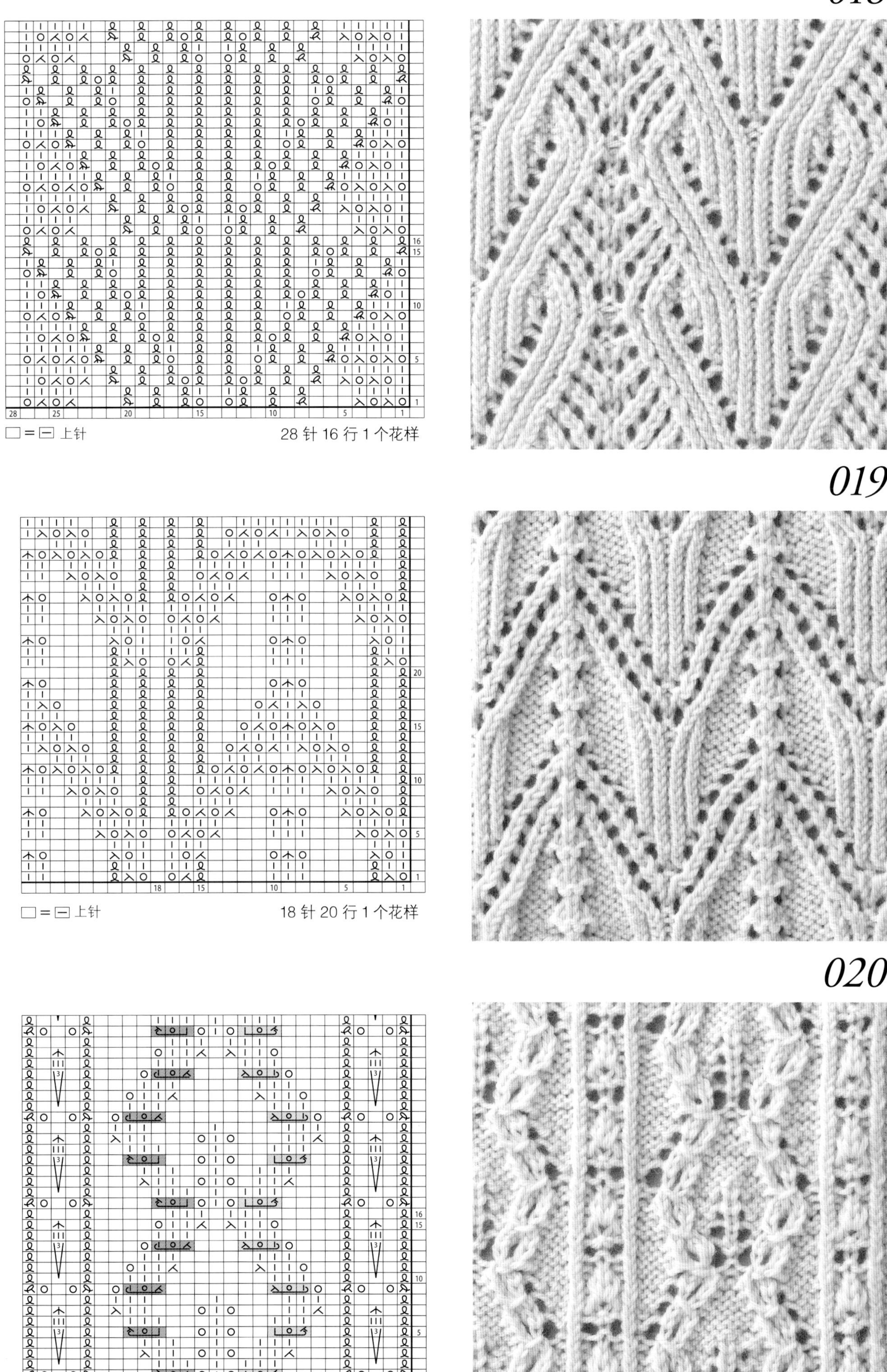

018

□＝⊟ 上针

28 针 16 行 1 个花样

019

□＝⊟ 上针

18 针 20 行 1 个花样

020

□＝⊟ 上针

＝参照 p.125

22 针 16 行 1 个花样

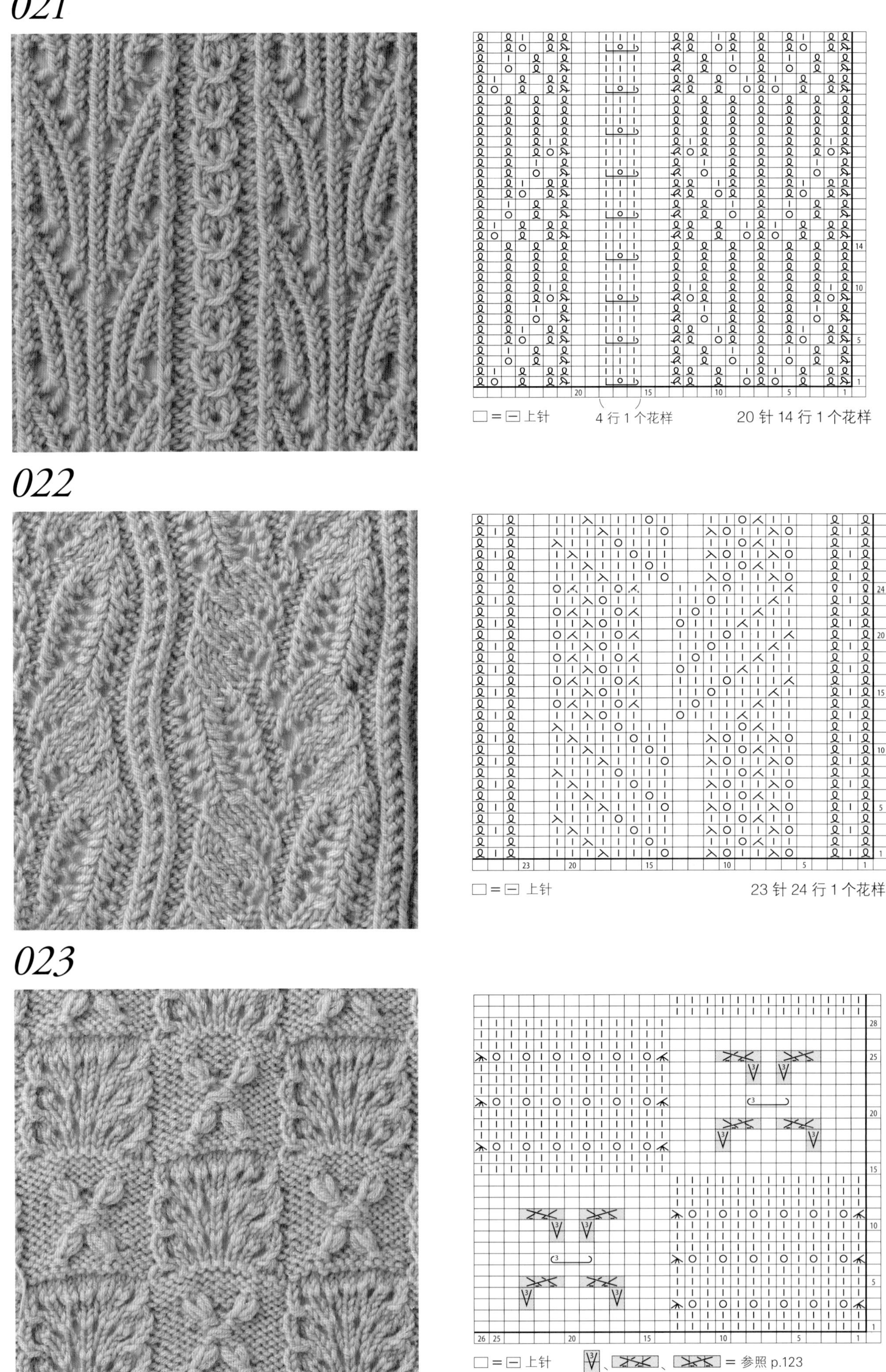
021
□＝⊟ 上针
4 行 1 个花样
20 针 14 行 1 个花样
022
□＝⊟ 上针
23 针 24 行 1 个花样
023
□＝⊟ 上针
＝参照 p.123
26 针 28 行 1 个花样

024

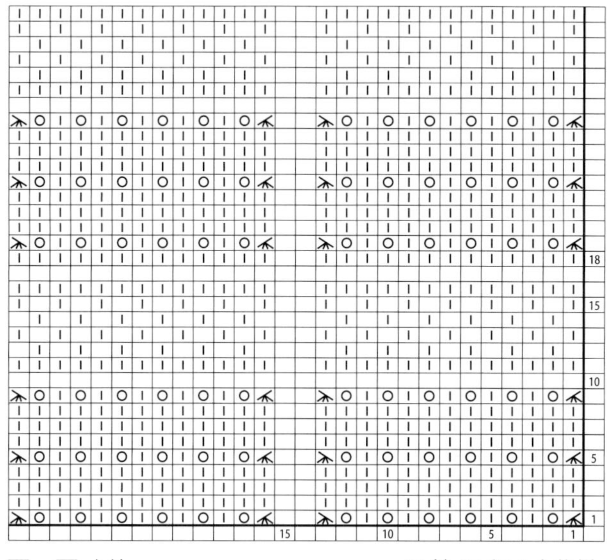

□＝⊟ 上针

15 针 18 行 1 个花样

025

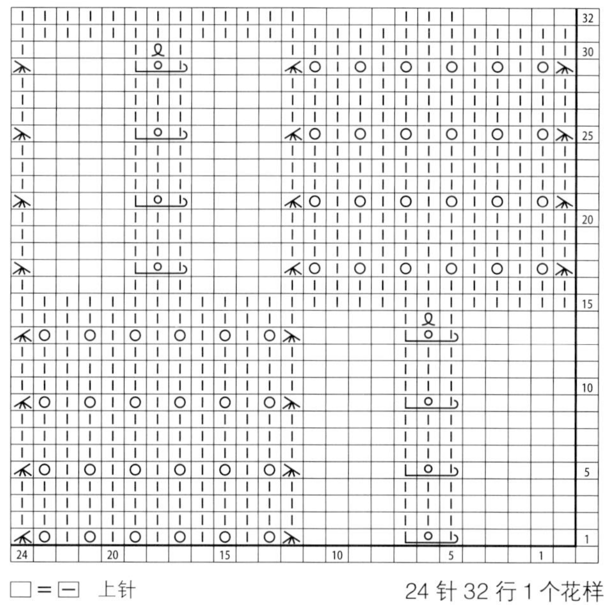

□＝⊟ 上针

24 针 32 行 1 个花样

026

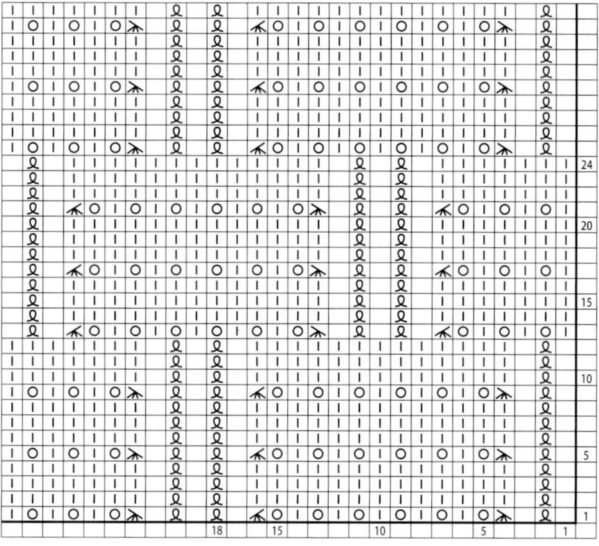

□＝⊟ 上针

18 针 24 行 1 个花样

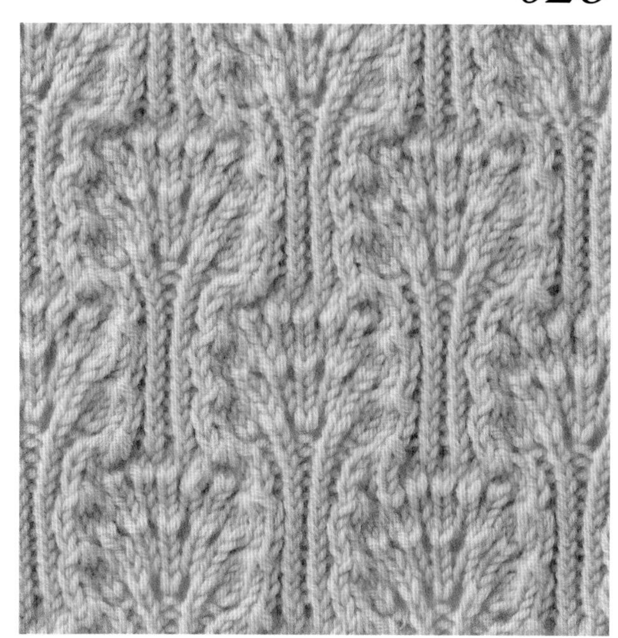

027

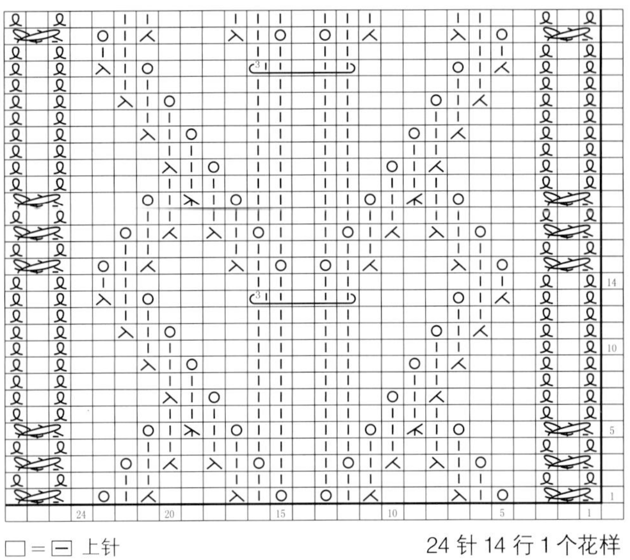

□＝⊟ 上针

24 针 14 行 1 个花样

028

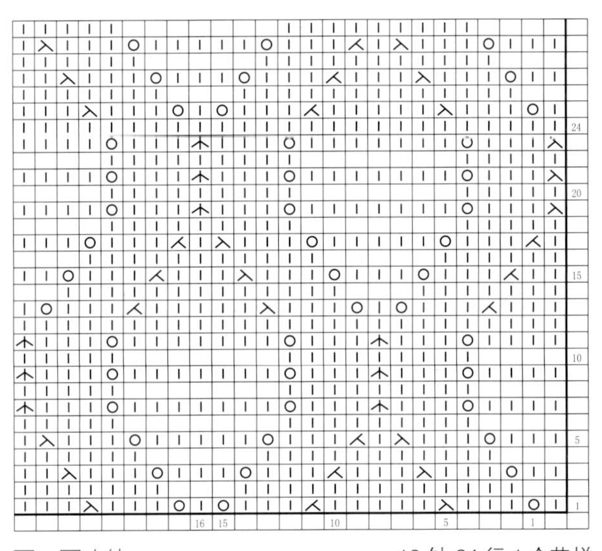

□＝⊟ 上针

16 针 24 行 1 个花样

029

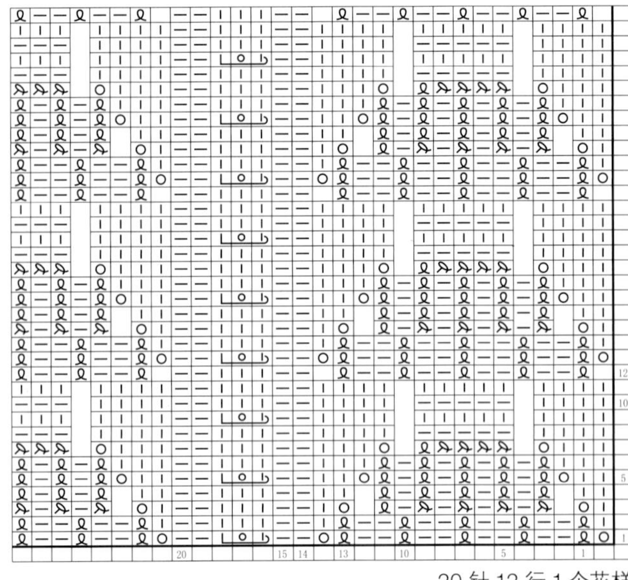

20 针 12 行 1 个花样

030

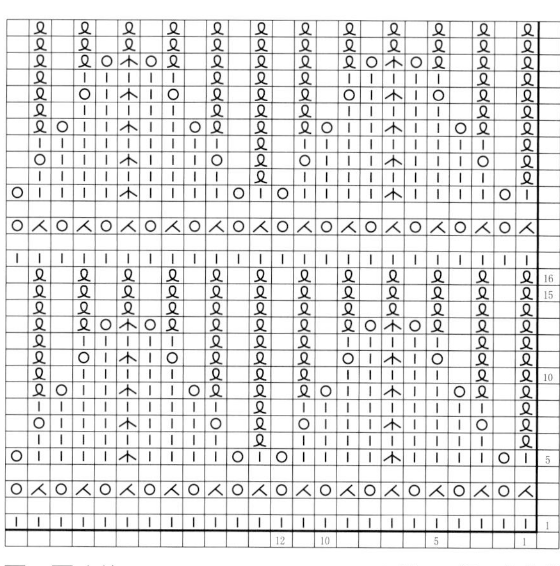

□＝⊟ 上针

12 针 16 行 1 个花样

031

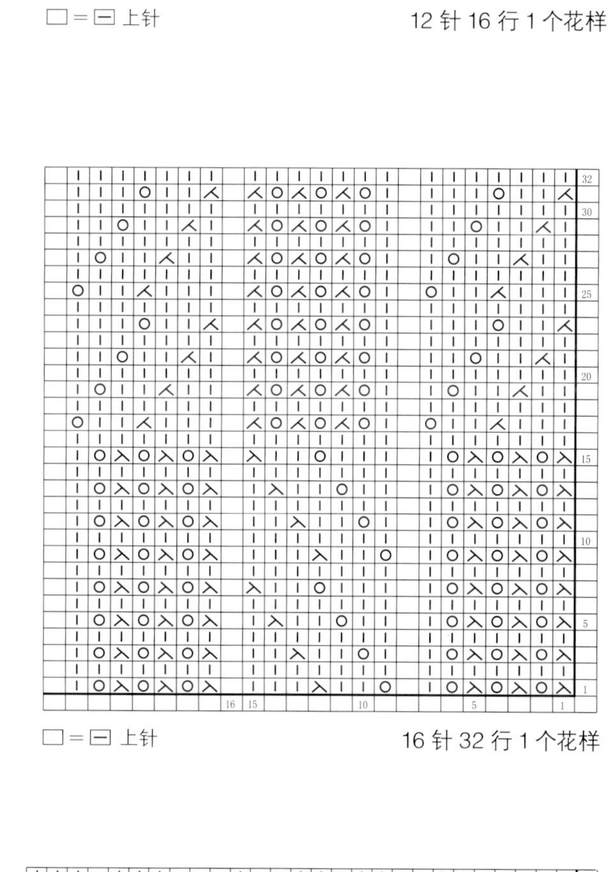

□＝⊟ 上针

16 针 32 行 1 个花样

032

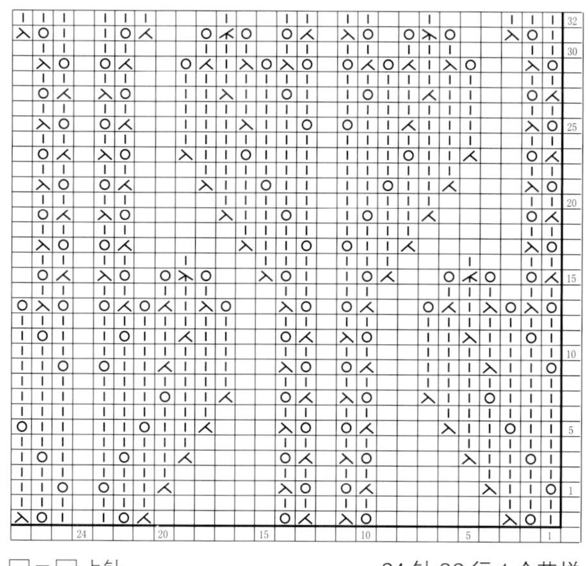

□＝⊟ 上针

24 针 32 行 1 个花样

033

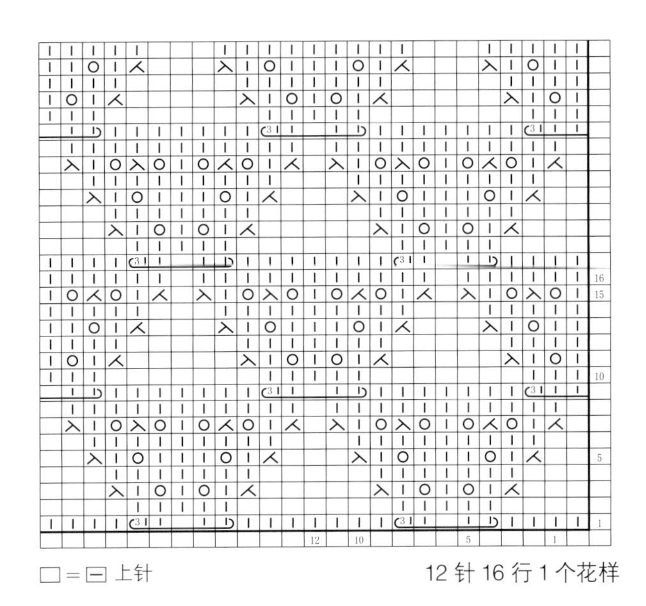

□＝⊟ 上针

12 针 16 行 1 个花样

034

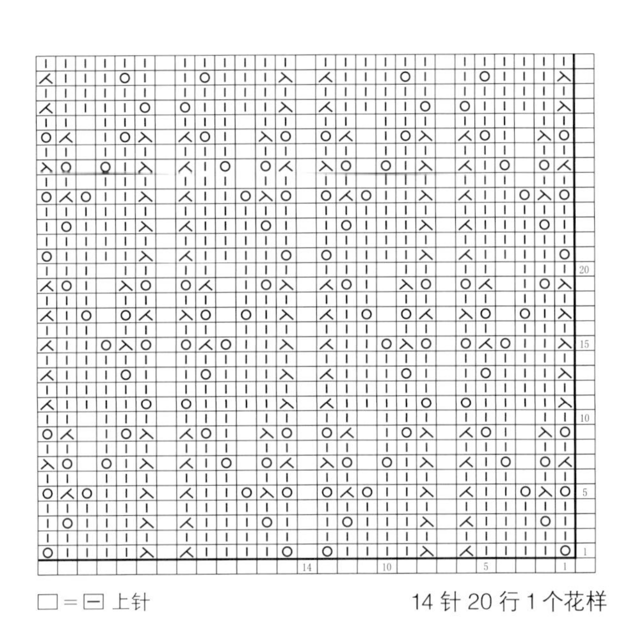

□＝⊟ 上针

14 针 20 行 1 个花样

035

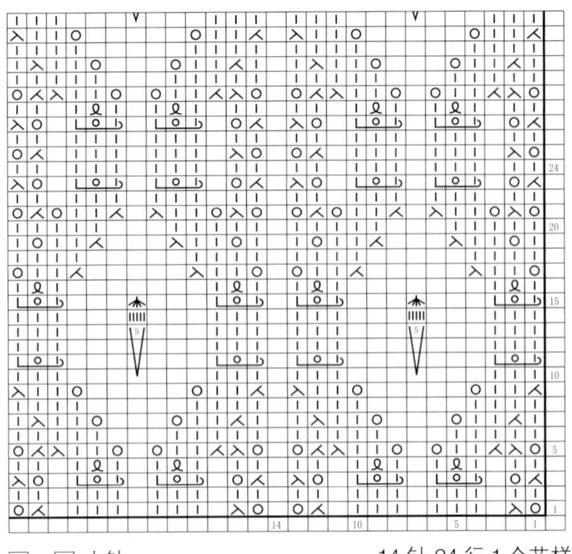

□＝⊟ 上针

14 针 24 行 1 个花样

036

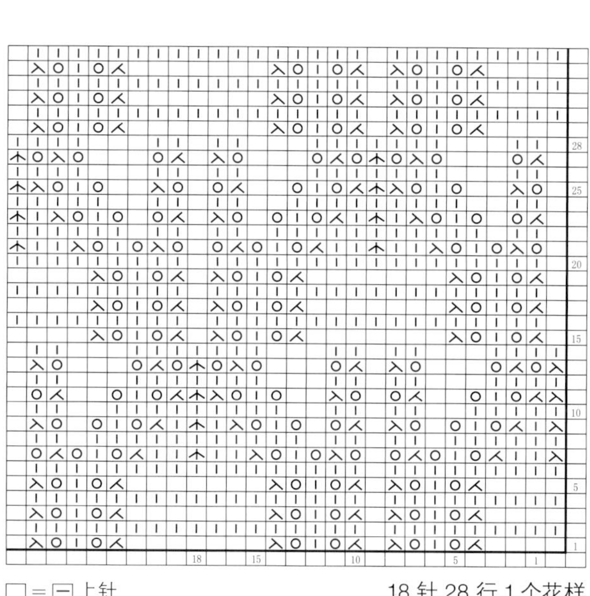

□ = ⊟ 上针

18 针 28 行 1 个花样

037

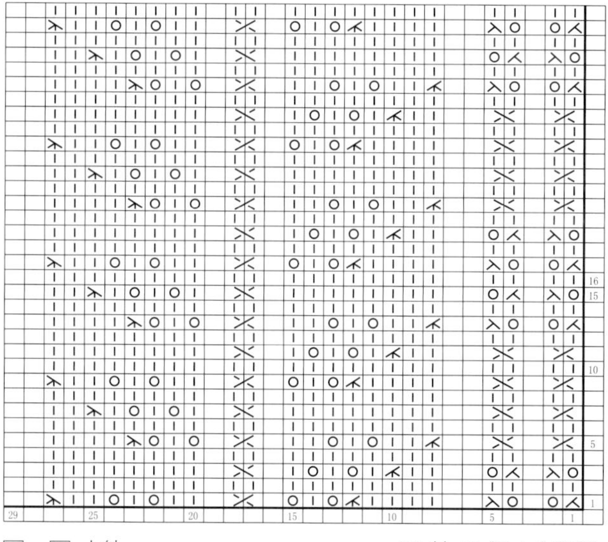

□ = ⊟ 上针

29 针 16 行 1 个花样

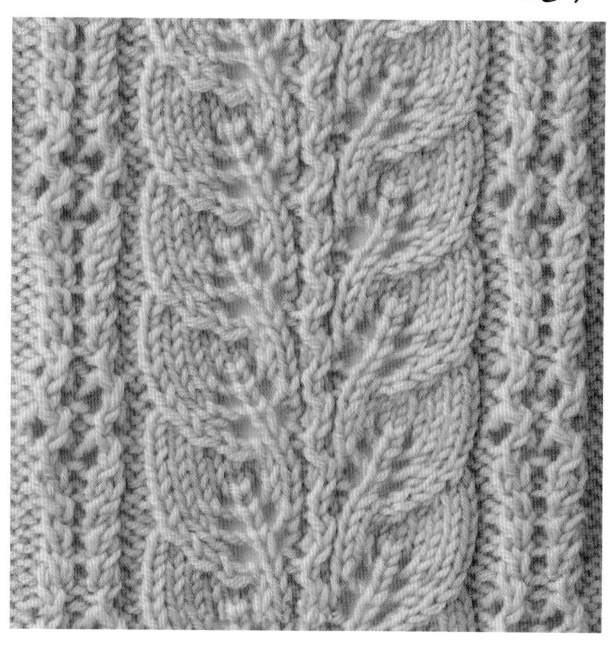

038

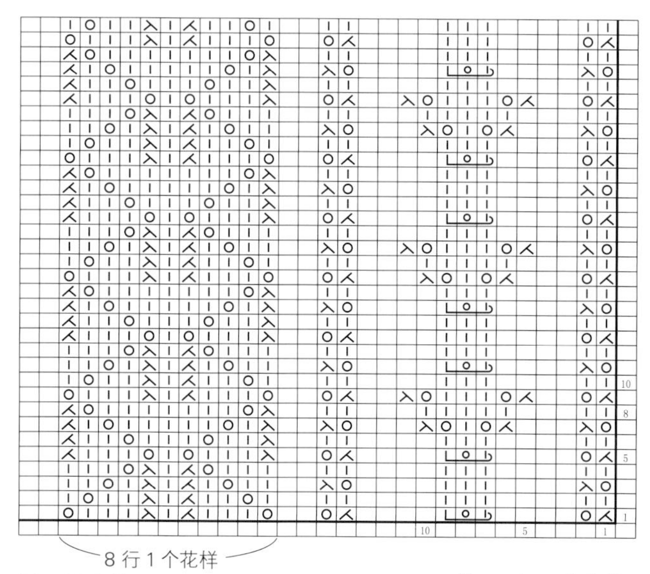

8 行 1 个花样

□ = ⊟ 上针

30 针 10 行 1 个花样

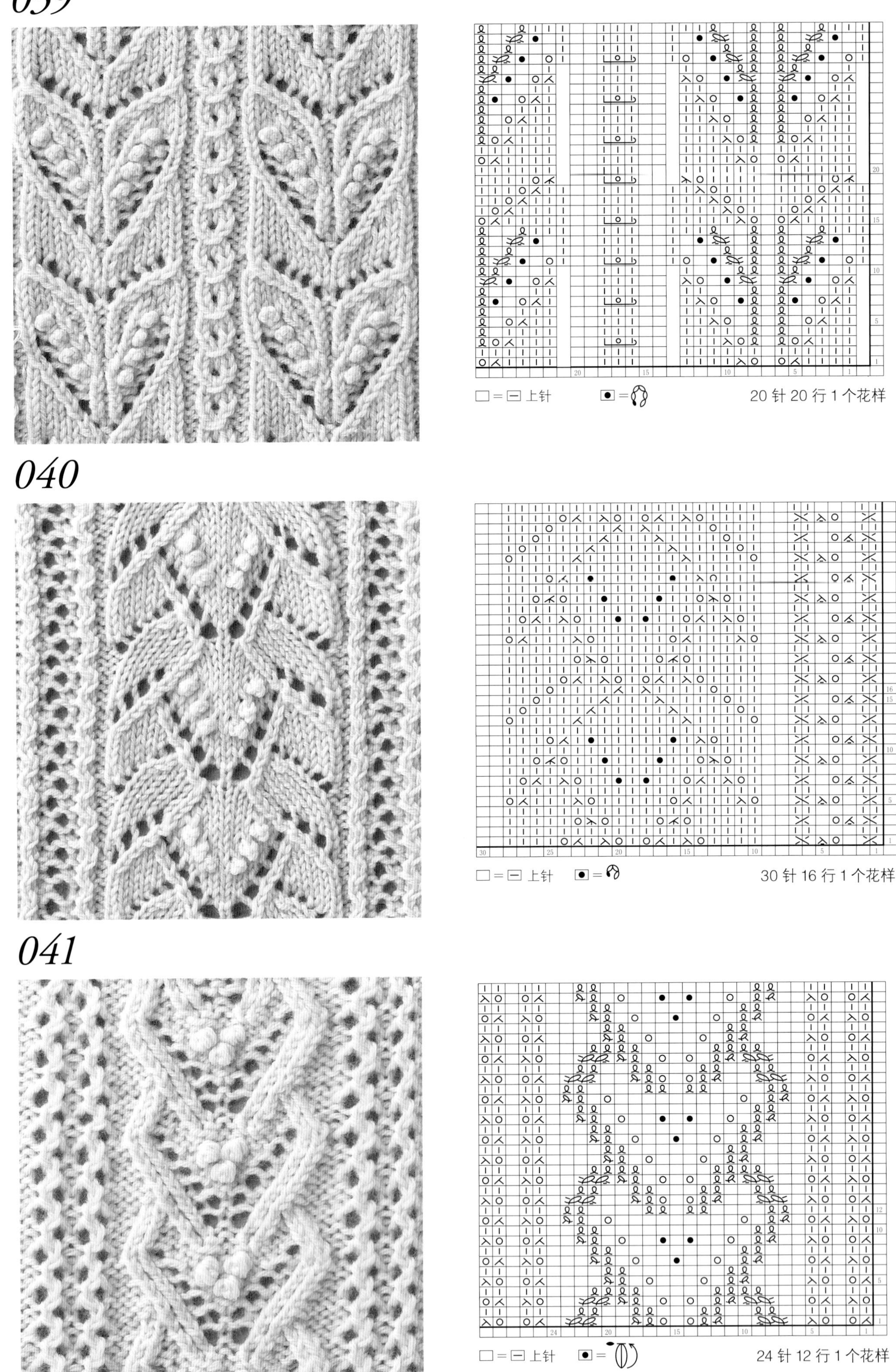
039
□＝⊟ 上针
20 针 20 行 1 个花样
040
□＝⊟ 上针
30 针 16 行 1 个花样
041
□＝⊟ 上针
24 针 12 行 1 个花样

042

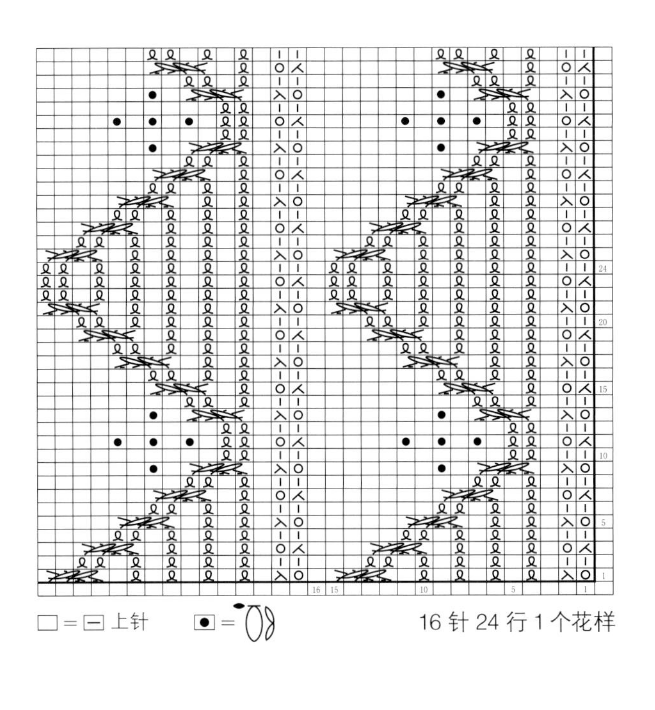

043

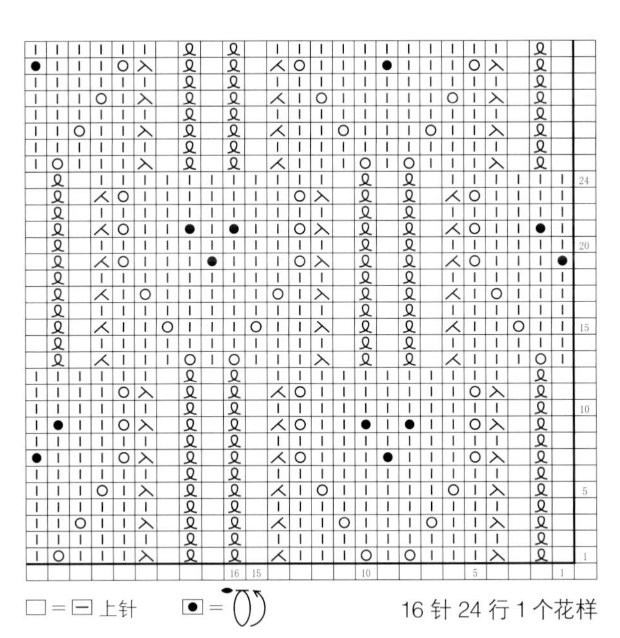

044

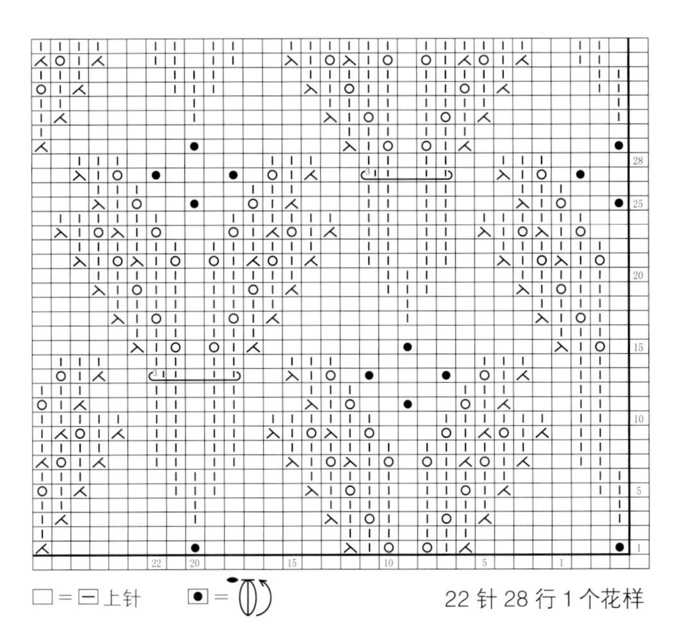

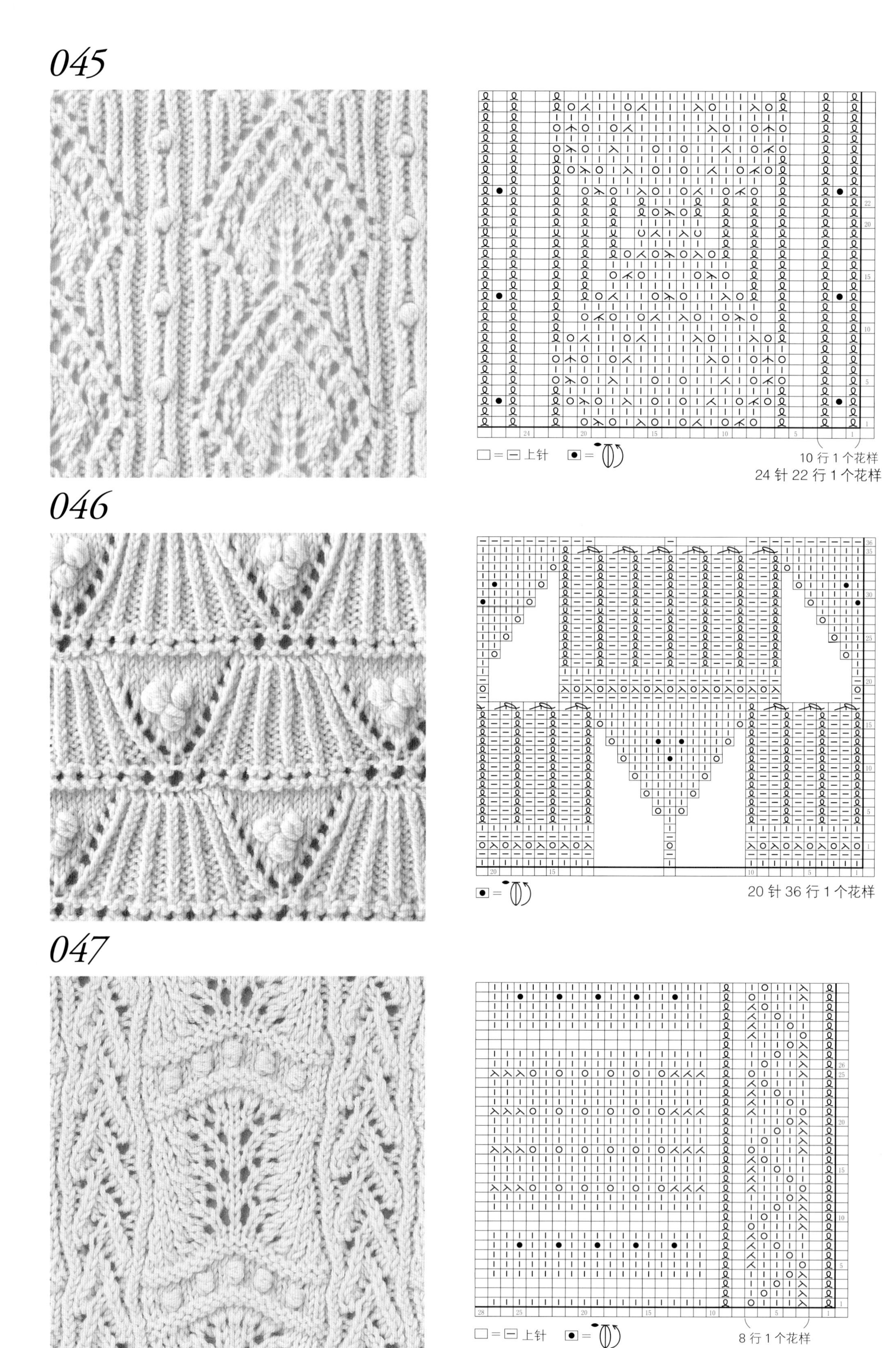
045
□ = ⊟ 上针
10 行 1 个花样
24 针 22 行 1 个花样
046
20 针 36 行 1 个花样
047
□ = ⊟ 上针
8 行 1 个花样
28 针 26 行 1 个花样

048

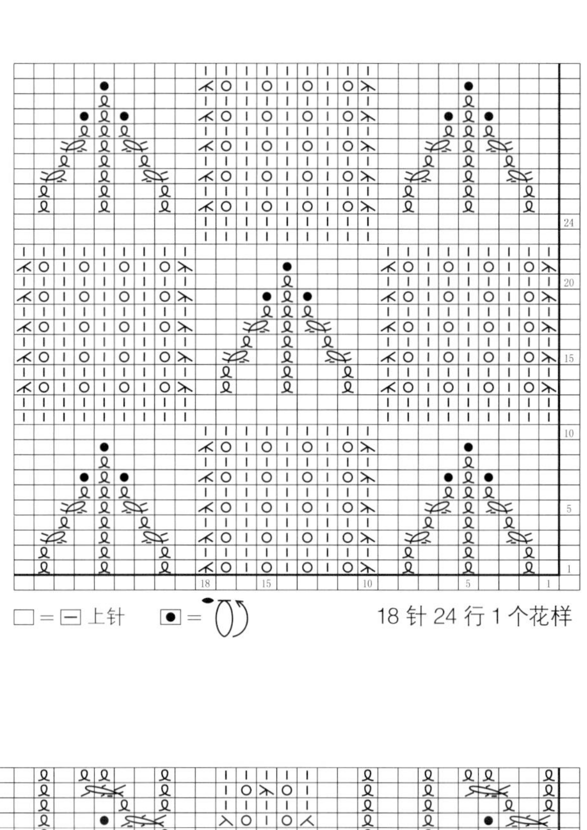

□=⊟ 上针　●=

18 针 24 行 1 个花样

049

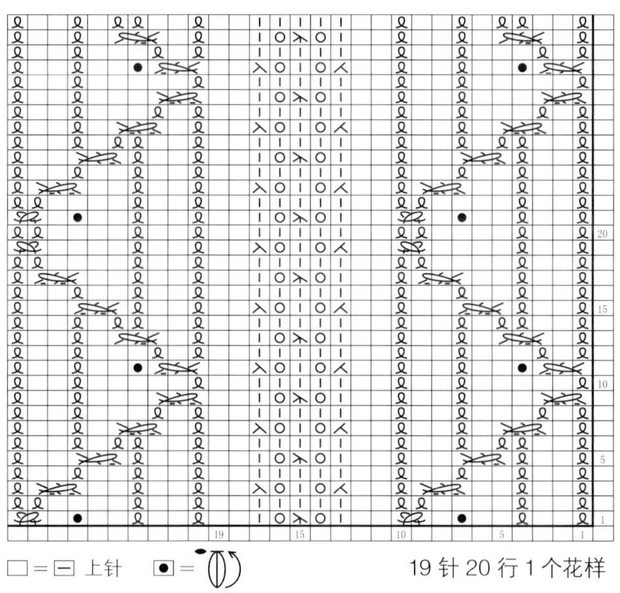

□=⊟ 上针　●=

19 针 20 行 1 个花样

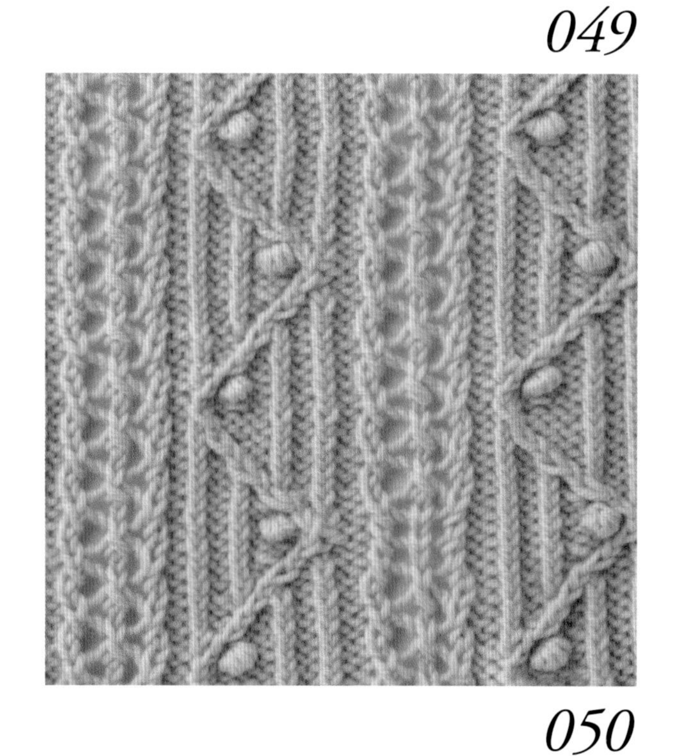

050

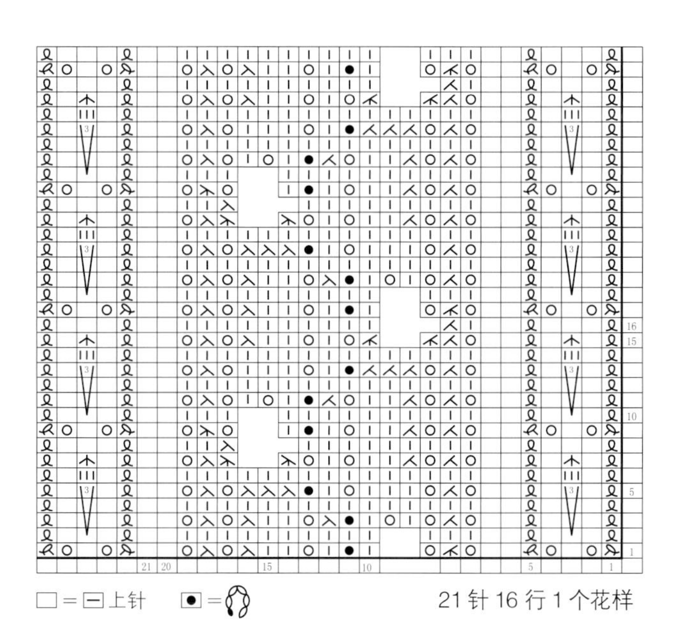

□=⊟上针　●=

21 针 16 行 1 个花样

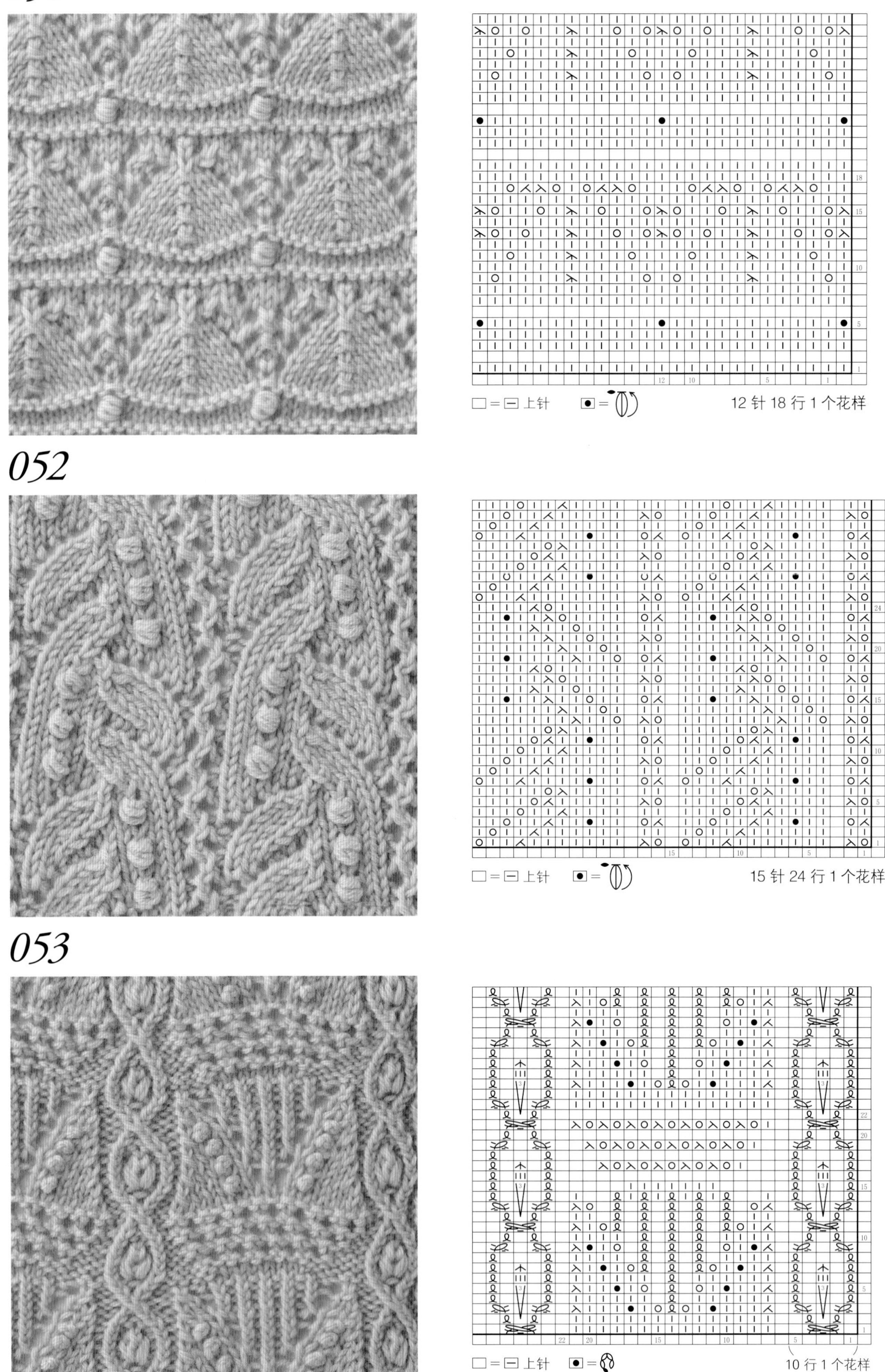
051
□ = ⊟ 上针
12 针 18 行 1 个花样
052
□ = ⊟ 上针
15 针 24 行 1 个花样
053
□ = ⊟ 上针
10 行 1 个花样
22 针 22 行 1 个花样

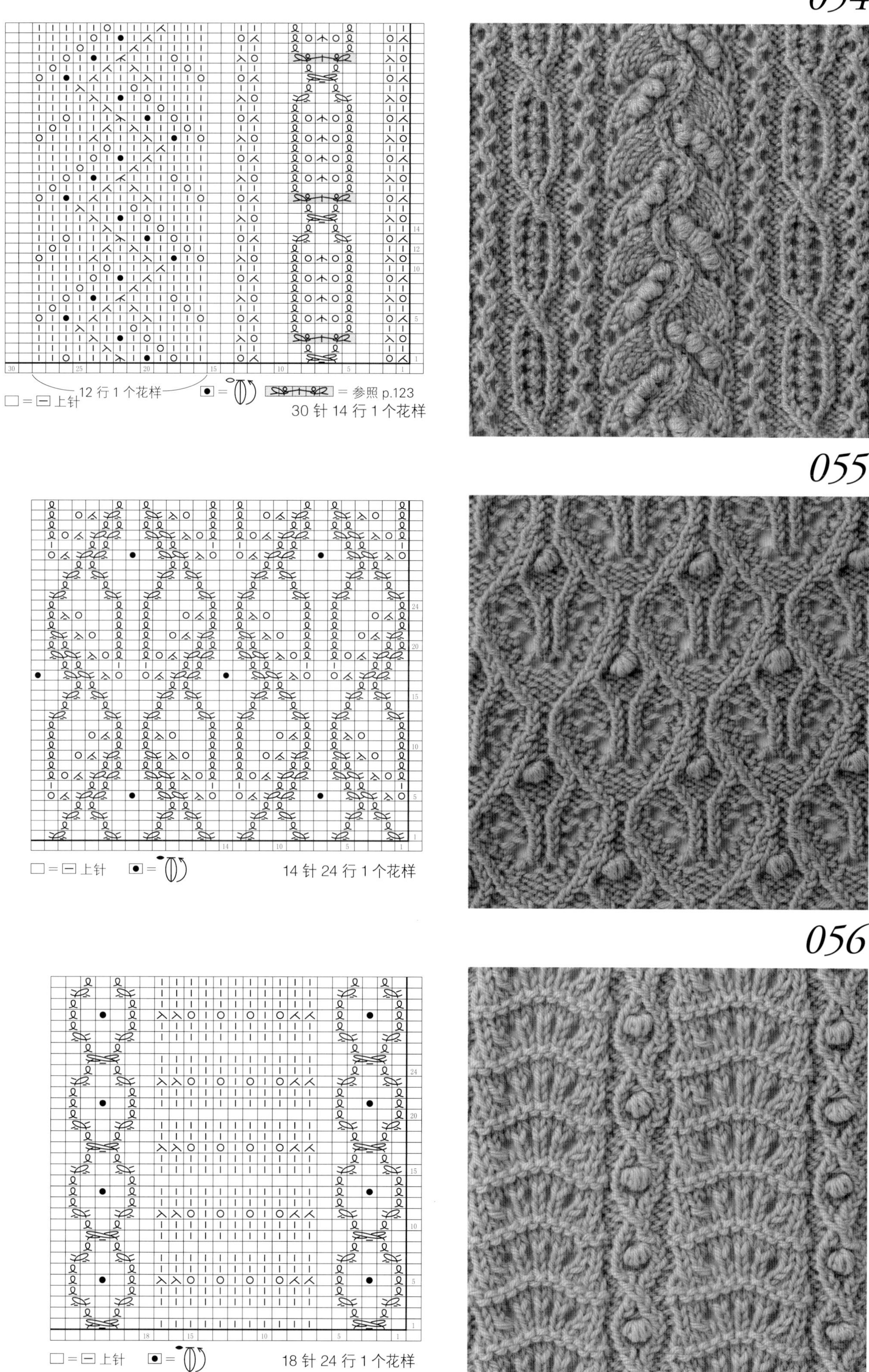
054
12 行 1 个花样
□ = ⊟ 上针
= 参照 p.123
30 针 14 行 1 个花样
055
□ = ⊟ 上针
14 针 24 行 1 个花样
056
□ = ⊟ 上针
18 针 24 行 1 个花样

057

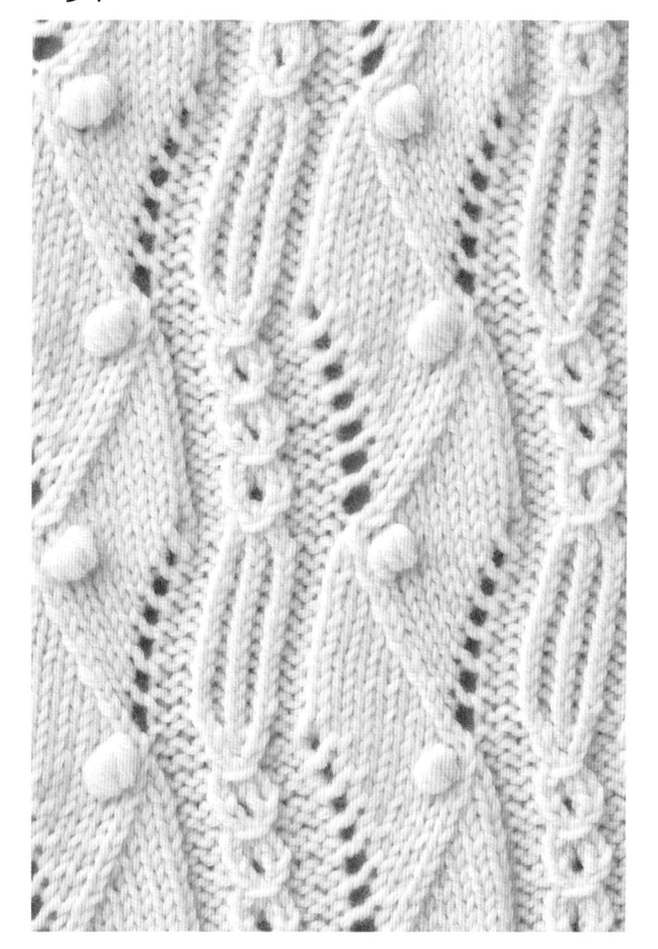

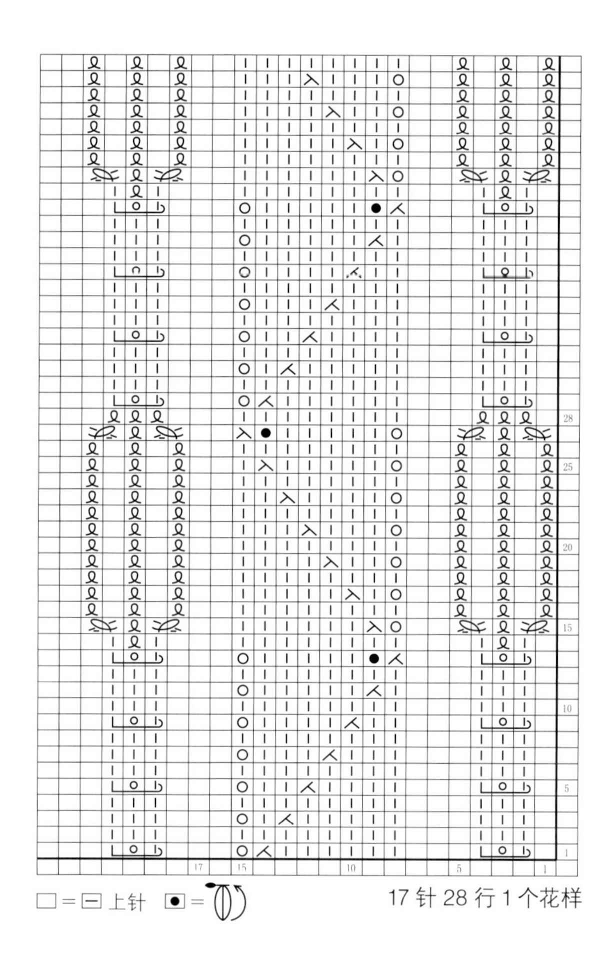

□ = ⊟ 上针　● =

17 针 28 行 1 个花样

058

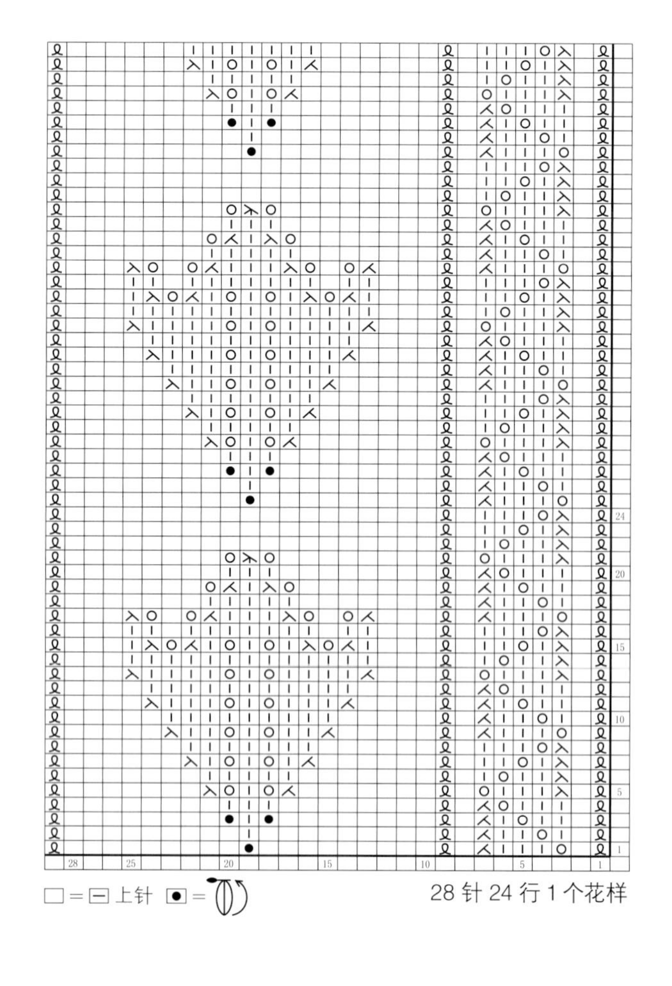

□ = ⊟ 上针　● =

28 针 24 行 1 个花样

059

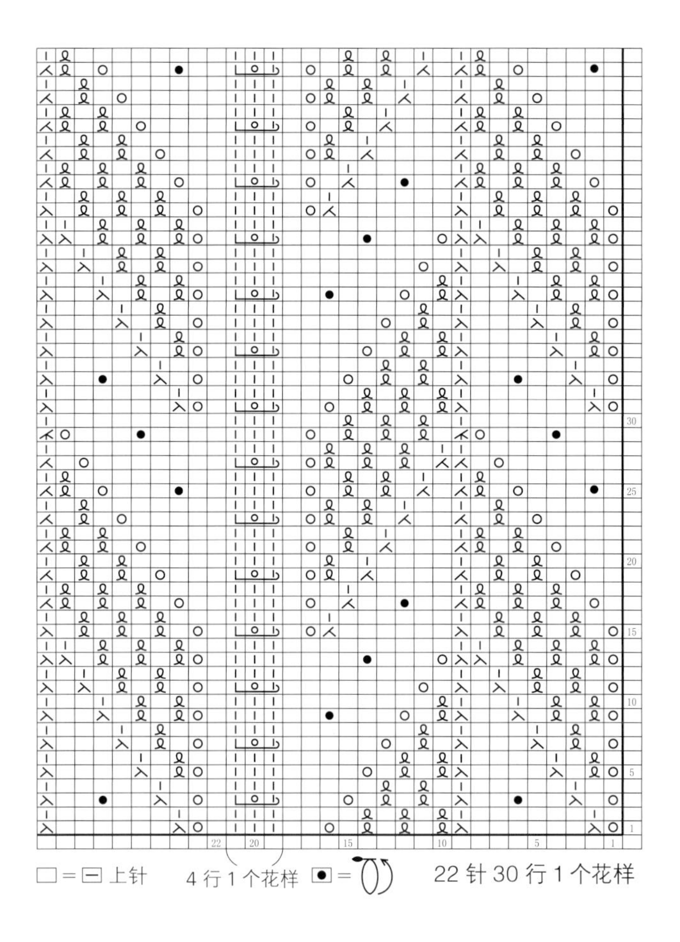

060

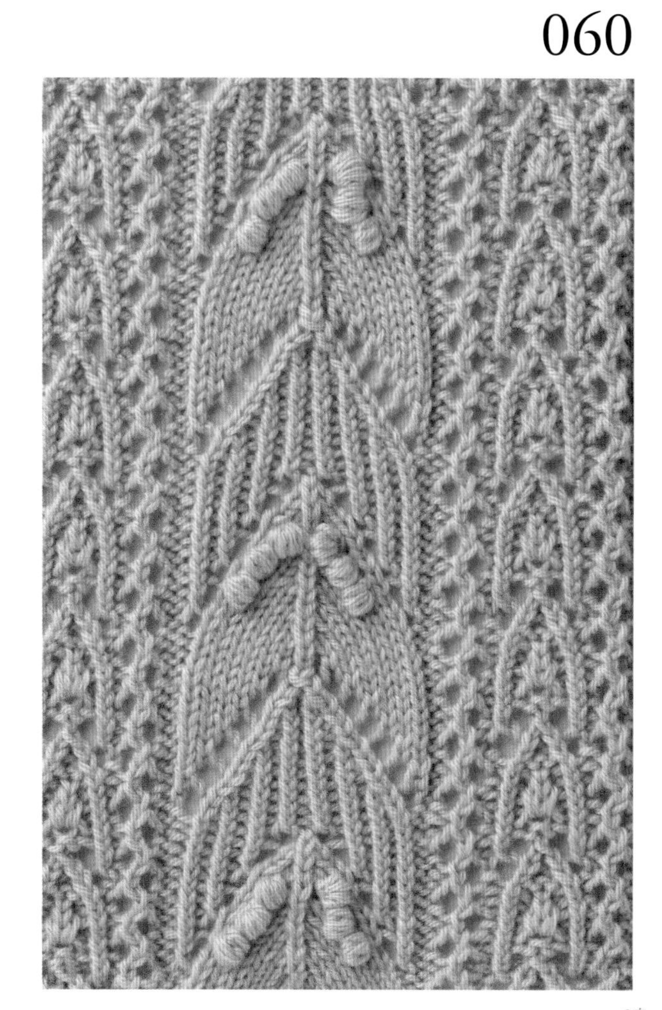

061

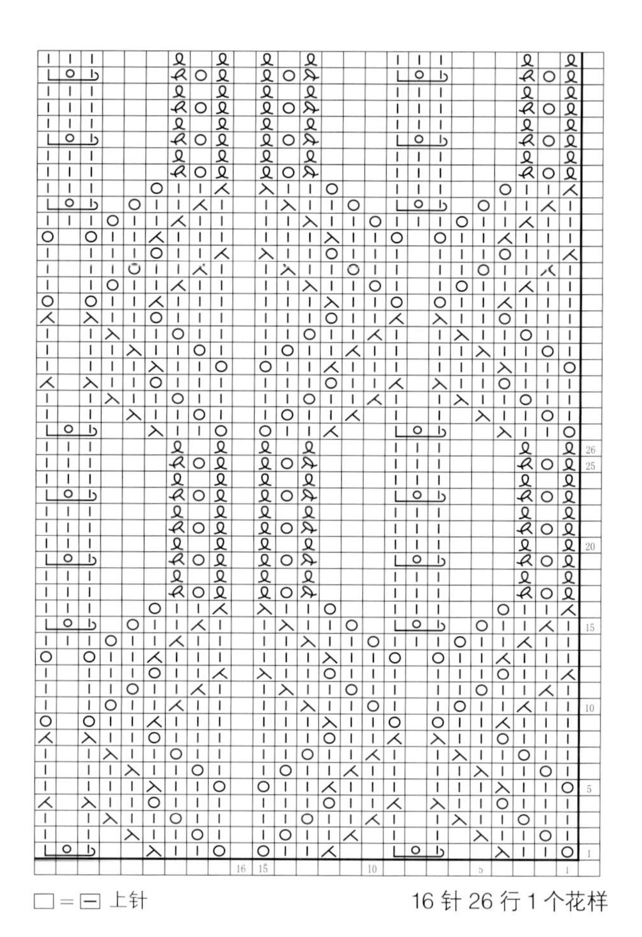

□ = ⊟ 上针　　16 针 26 行 1 个花样

062

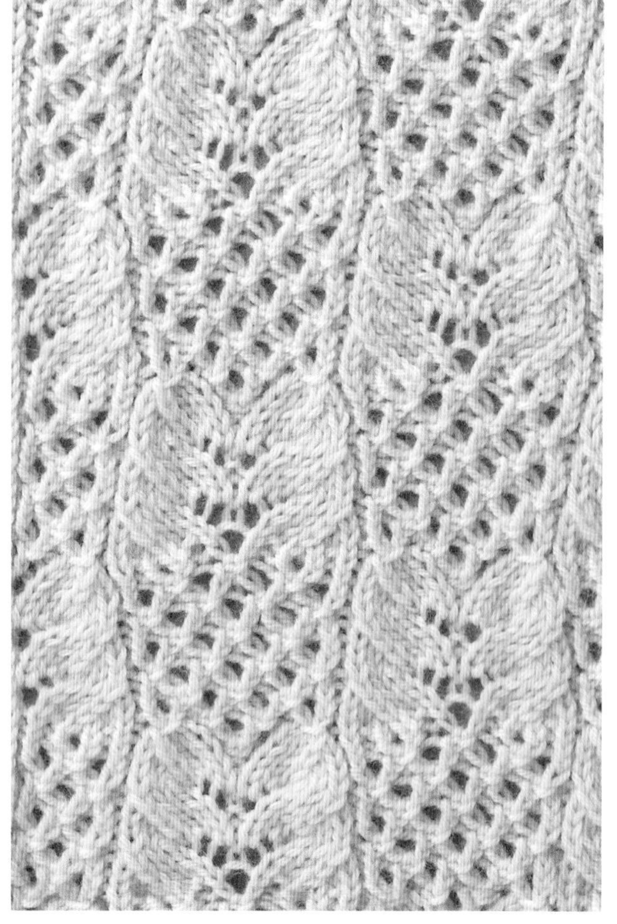

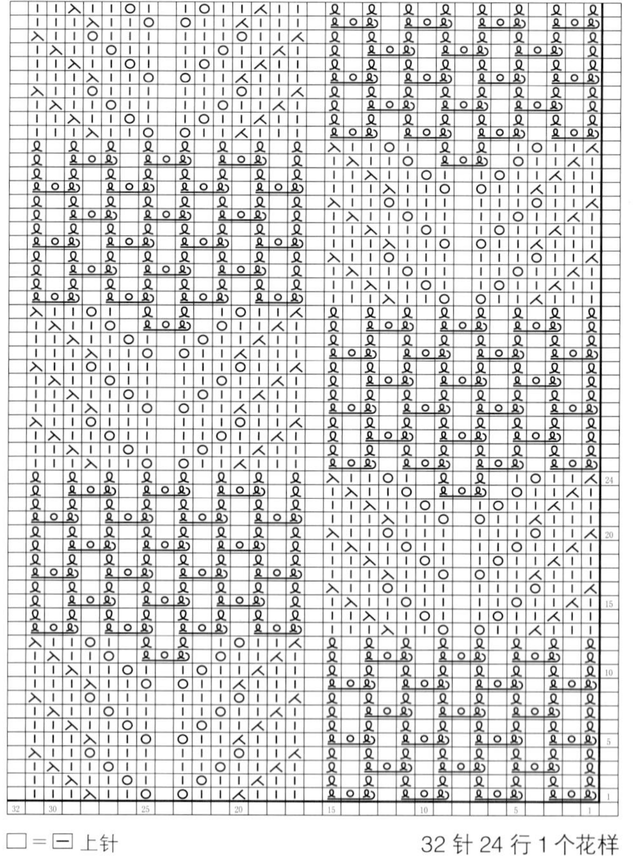

□ = ⊟ 上针　　32 针 24 行 1 个花样

063

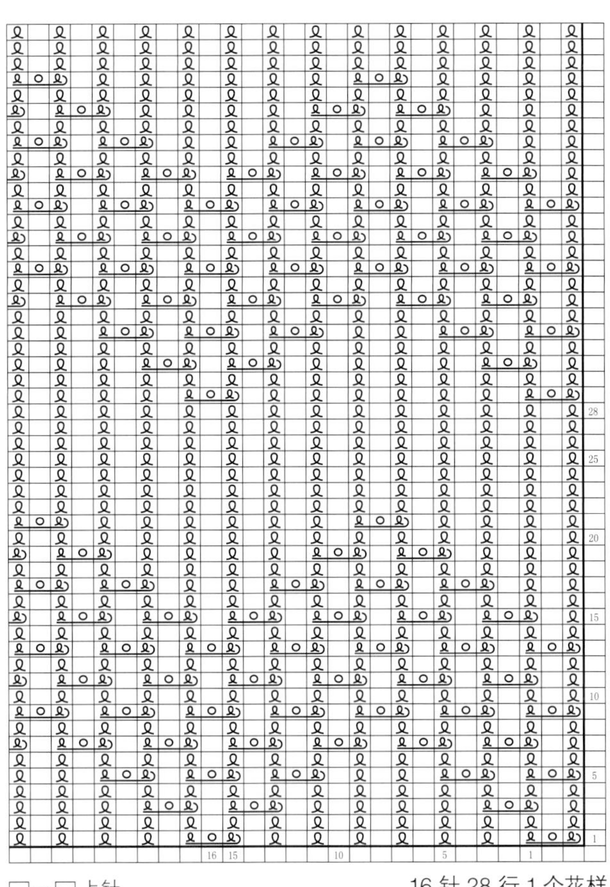

□=⊟ 上针

16 针 28 行 1 个花样

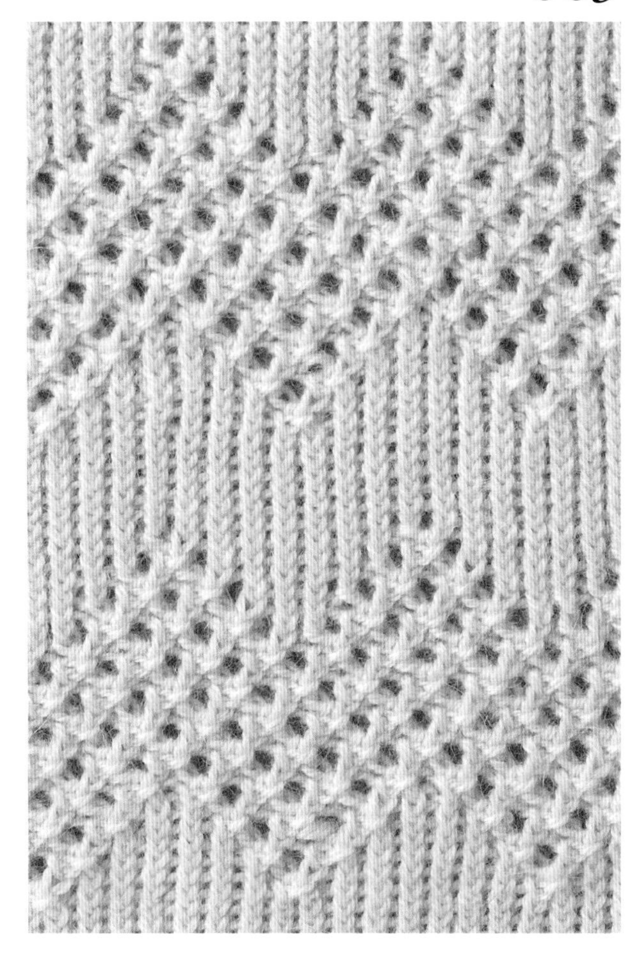

064

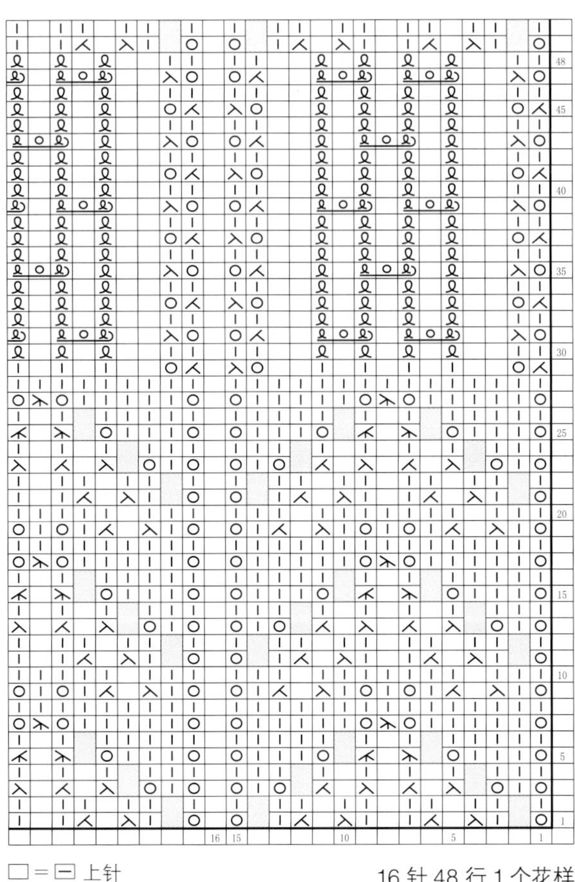

□=⊟ 上针

16 针 48 行 1 个花样

065

22
20
15
10
5
1
18 15 10 5 1

□ = ⊟ 上针

18 针 22 行 1 个花样

066

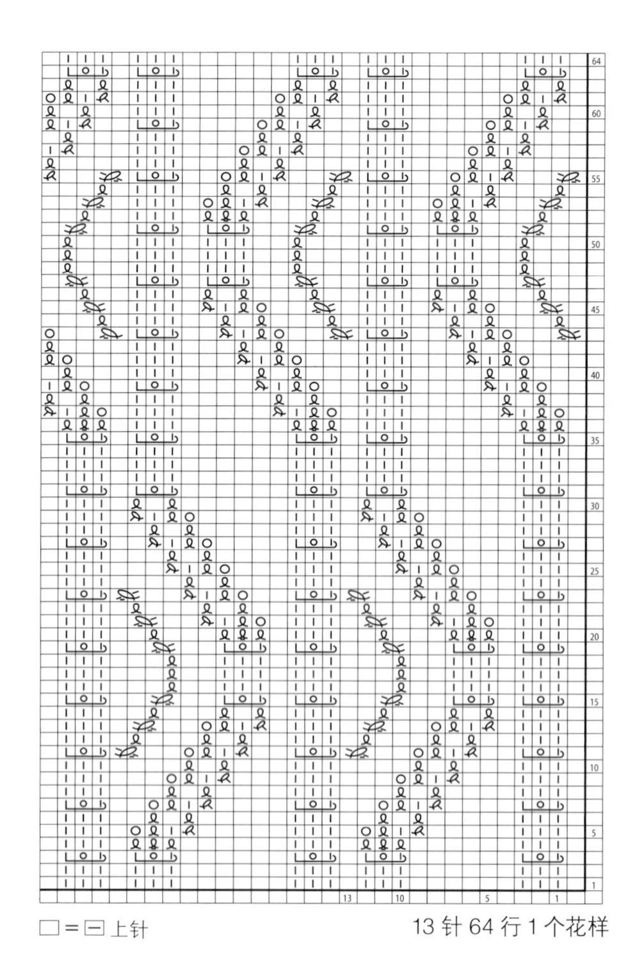

□ = ⊟ 上针

13 针 64 行 1 个花样

067

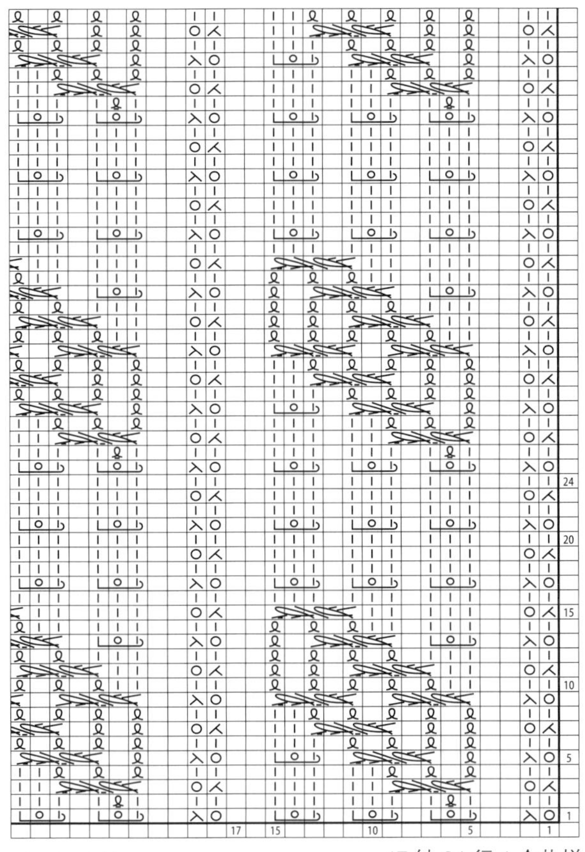

□ = ⊟ 上针

17 针 24 行 1 个花样

068

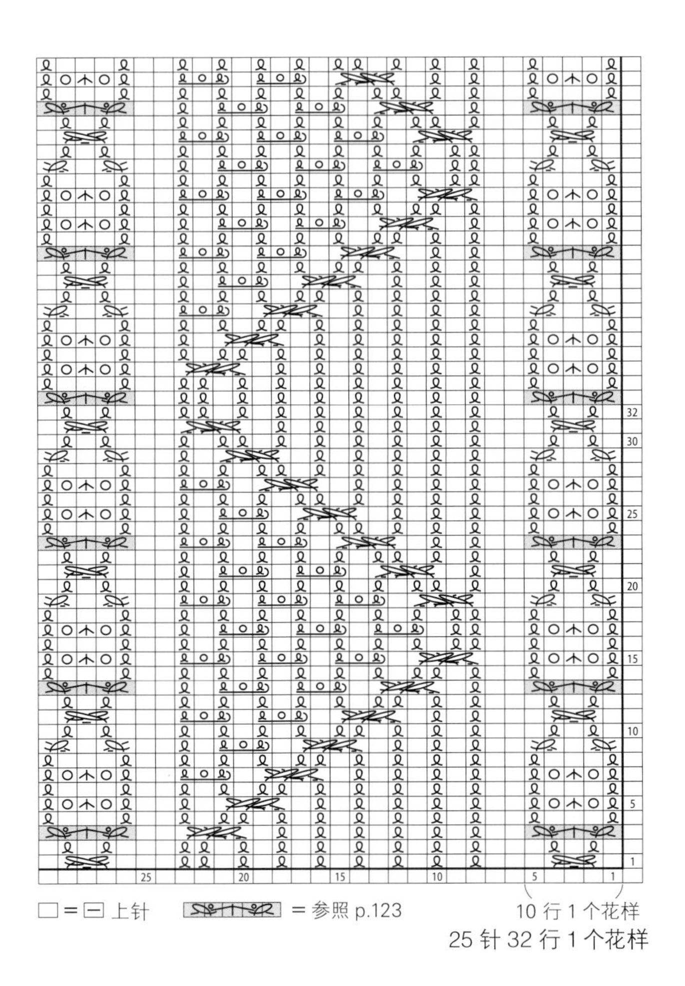

□ = ⊟ 上针 = 参照 p.123

10 行 1 个花样

25 针 32 行 1 个花样

069

16 15 10 5 1

□=⊟ 上针　、 = 参照 p.125

16 针 16 行 1 个花样

070

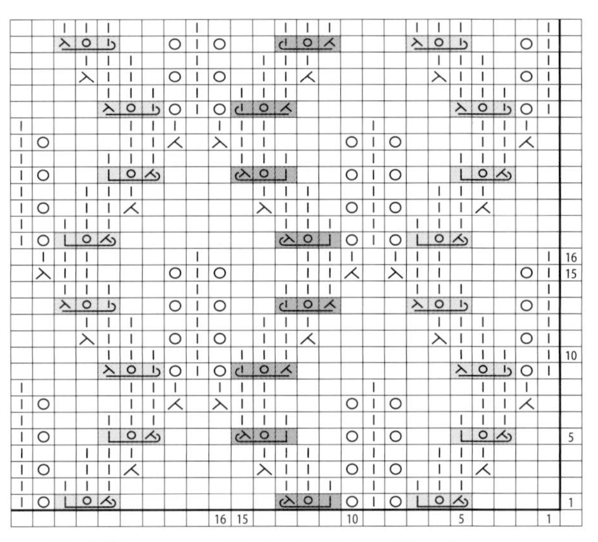

□=⊟ 上针　、、、 = 参照 p.125

16 针 16 行 1 个花样

071

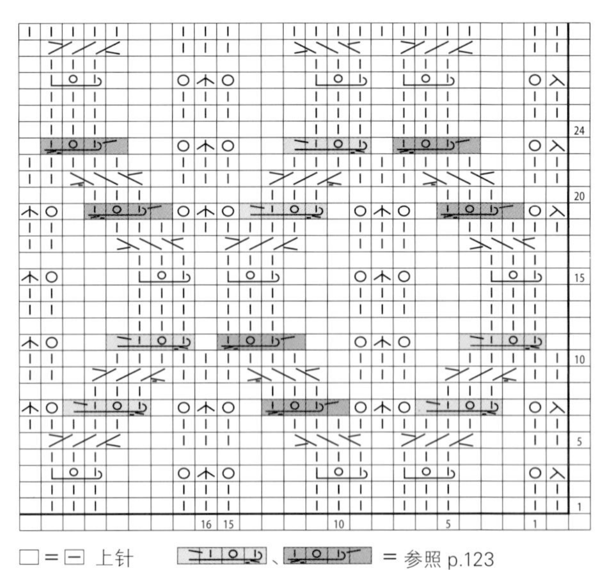

□=⊟ 上针　、 = 参照 p.123

16 针 24 行 1 个花样

072

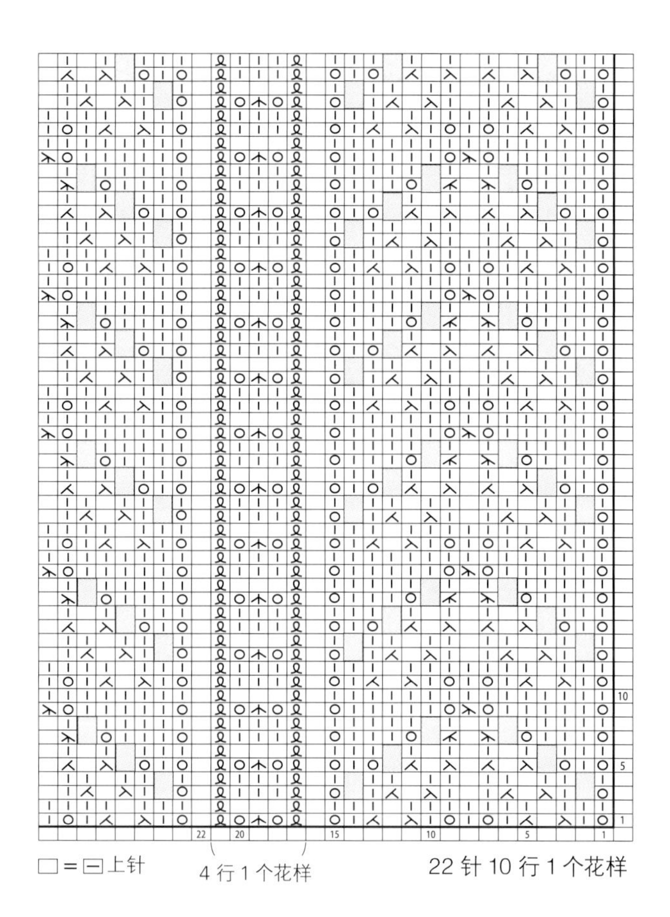

073

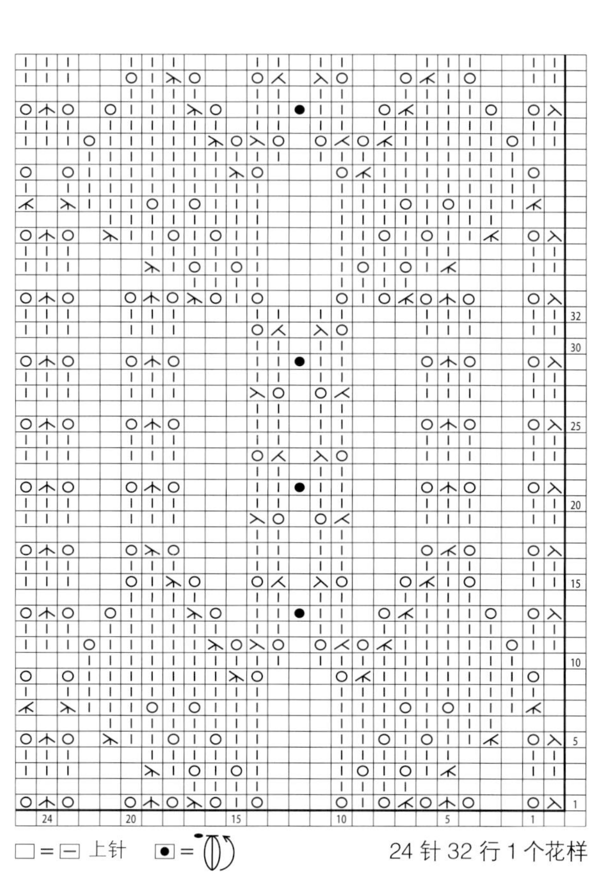

074

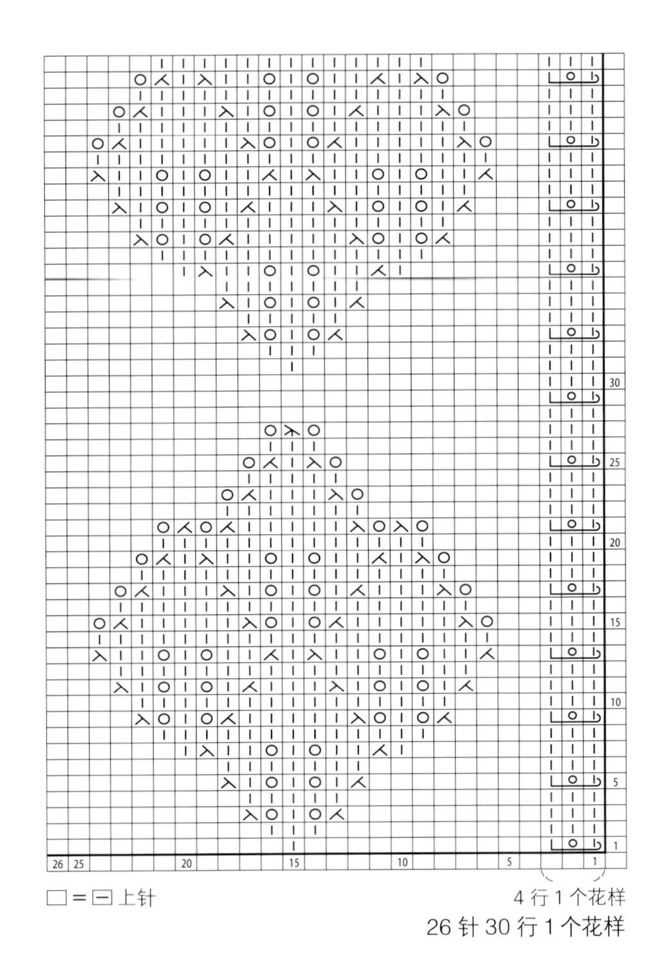

□ = ⊟ 上针

4 行 1 个花样

26 针 30 行 1 个花样

075

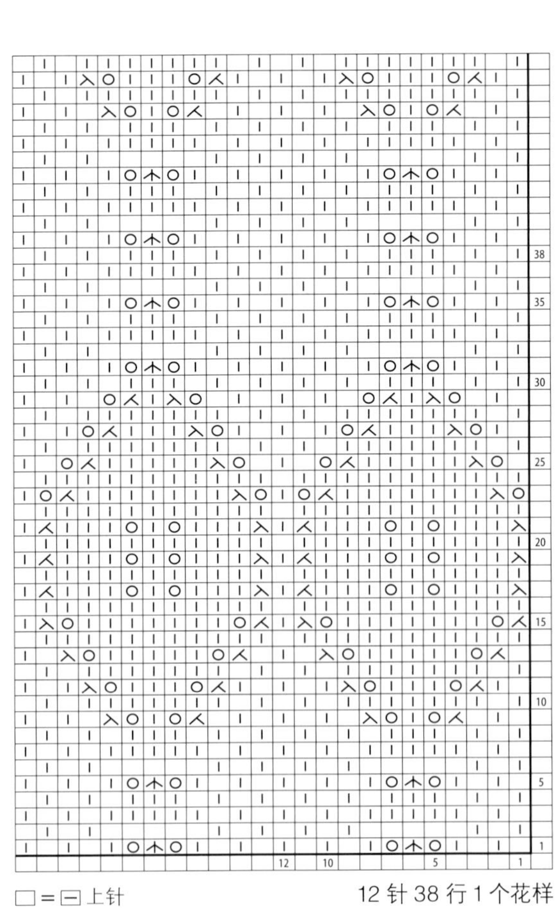

□ = ⊟ 上针

12 针 38 行 1 个花样

076

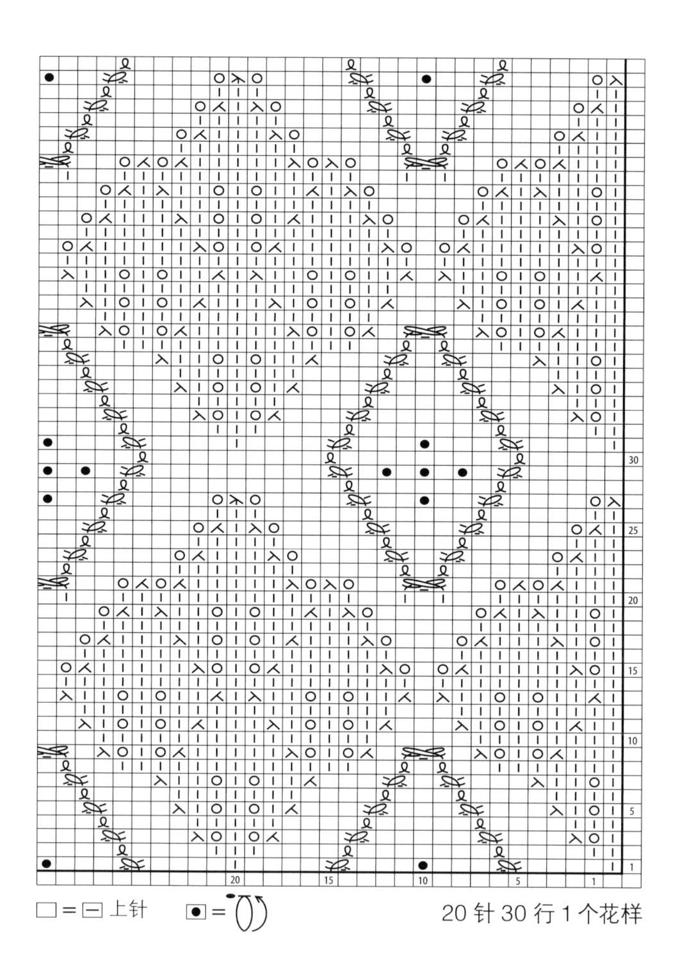

□=⊟ 上针　●=

20 针 30 行 1 个花样

077

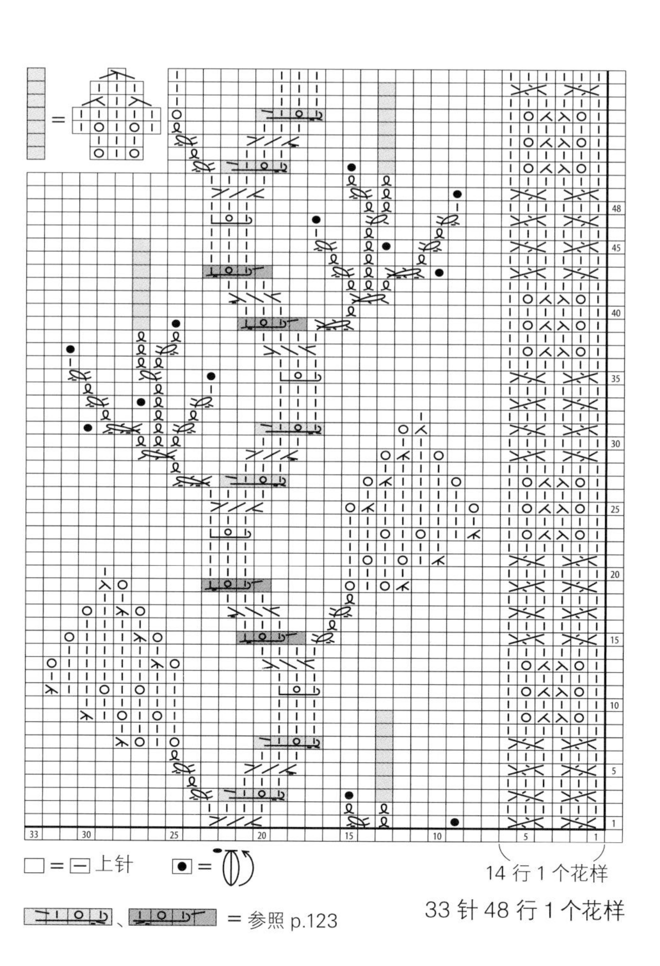

□=⊟ 上针　●=

14 行 1 个花样

33 针 48 行 1 个花样

=参照 p.123

078

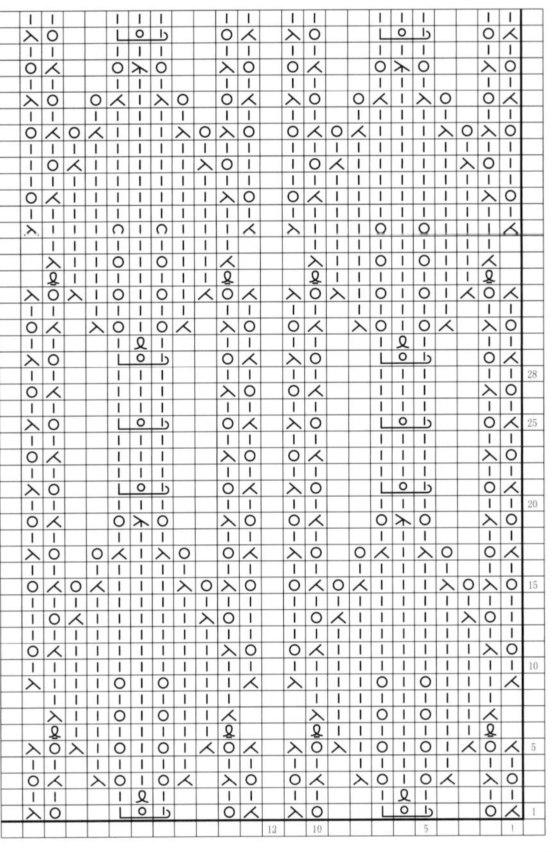

□＝⊟上针

12 针 28 行 1 个花样

079

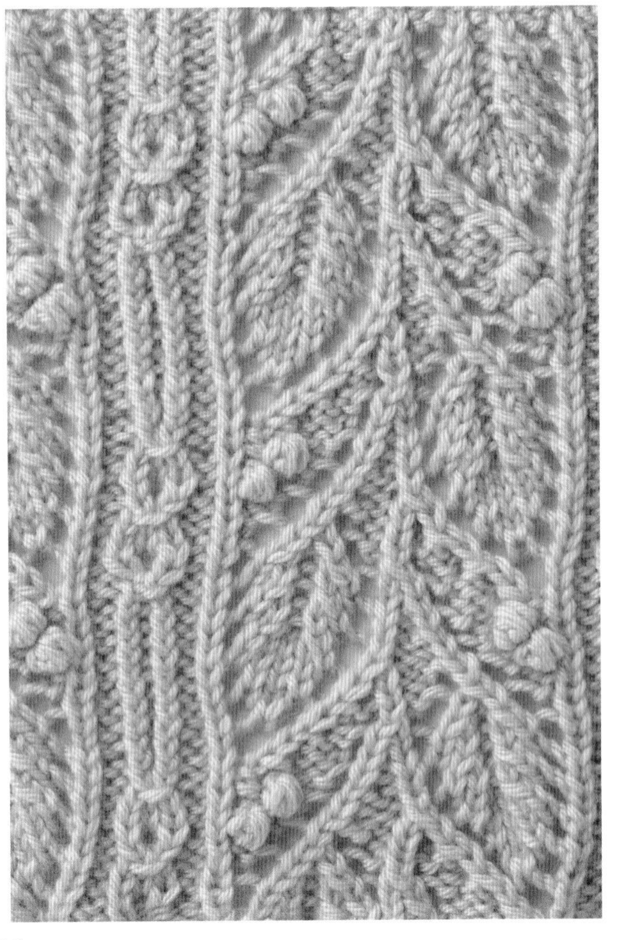

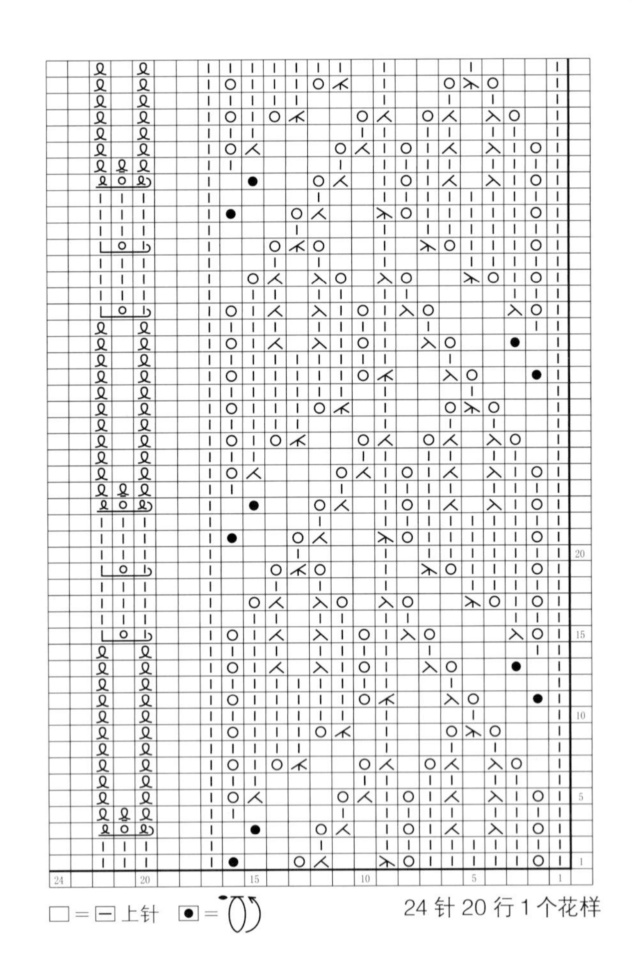

□＝⊟上针

24 针 20 行 1 个花样

080

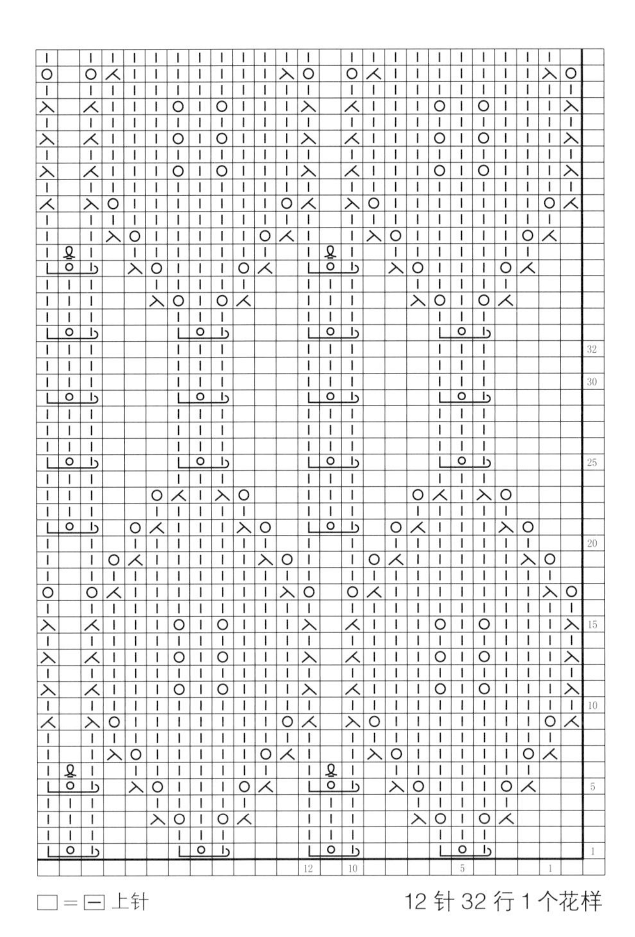

□ = ⊟ 上针

12 针 32 行 1 个花样

081

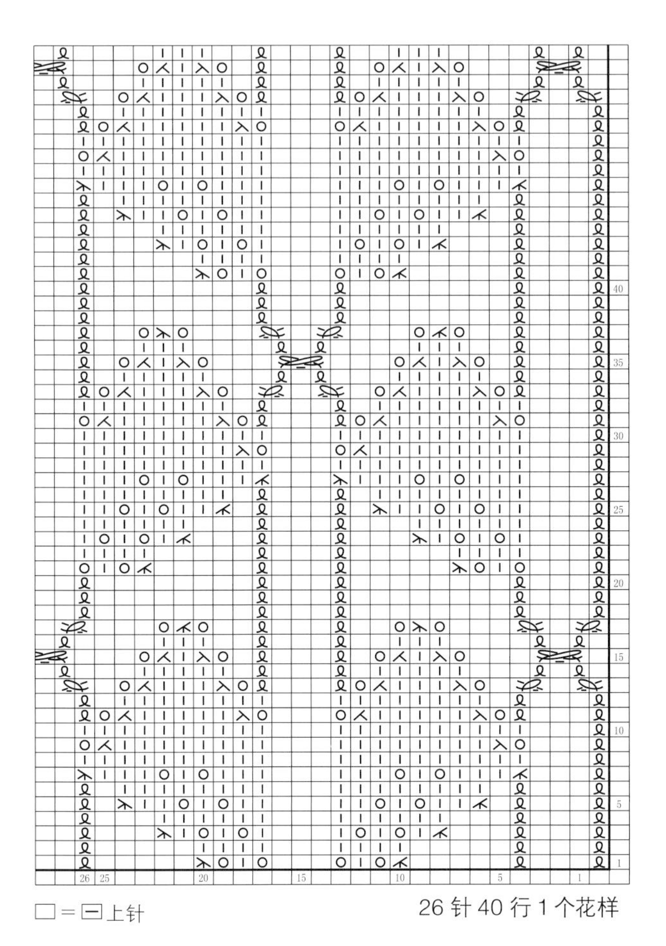

□ = ⊟ 上针

26 针 40 行 1 个花样

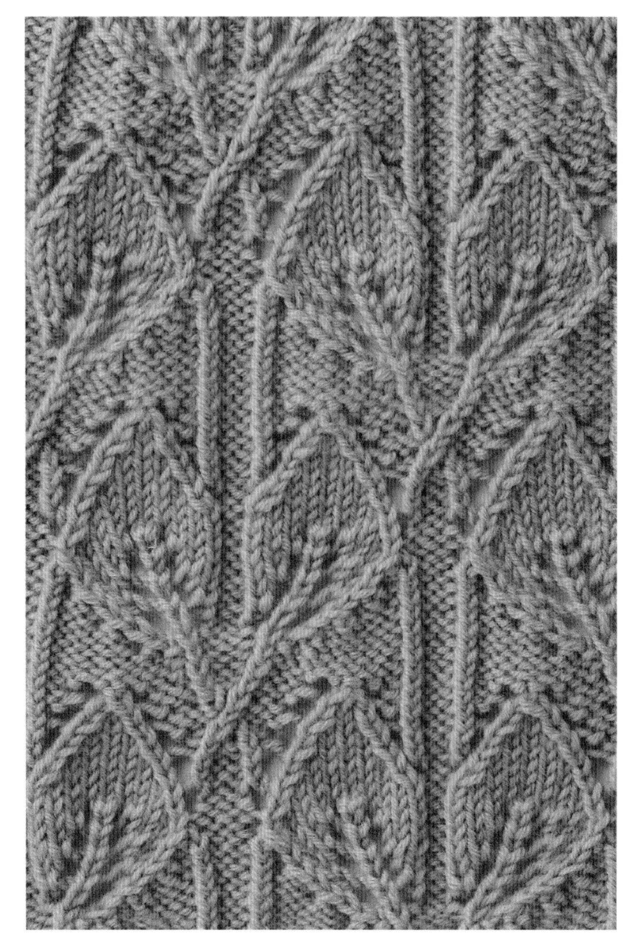

082

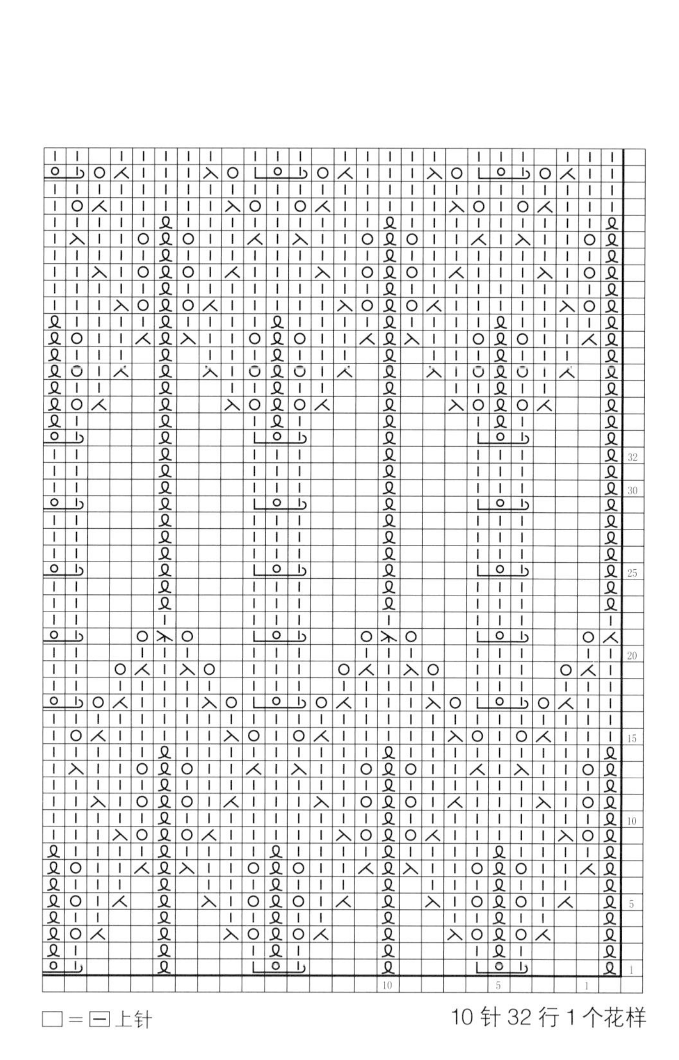

□ = ⊟ 上针

10 针 32 行 1 个花样

083

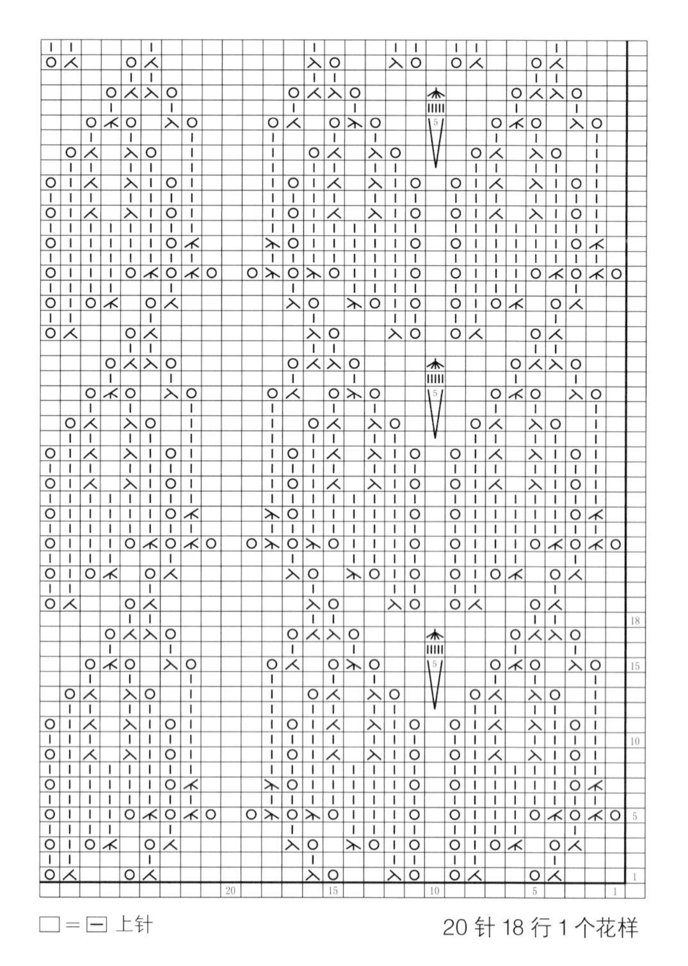

□ = ⊟ 上针

20 针 18 行 1 个花样

084

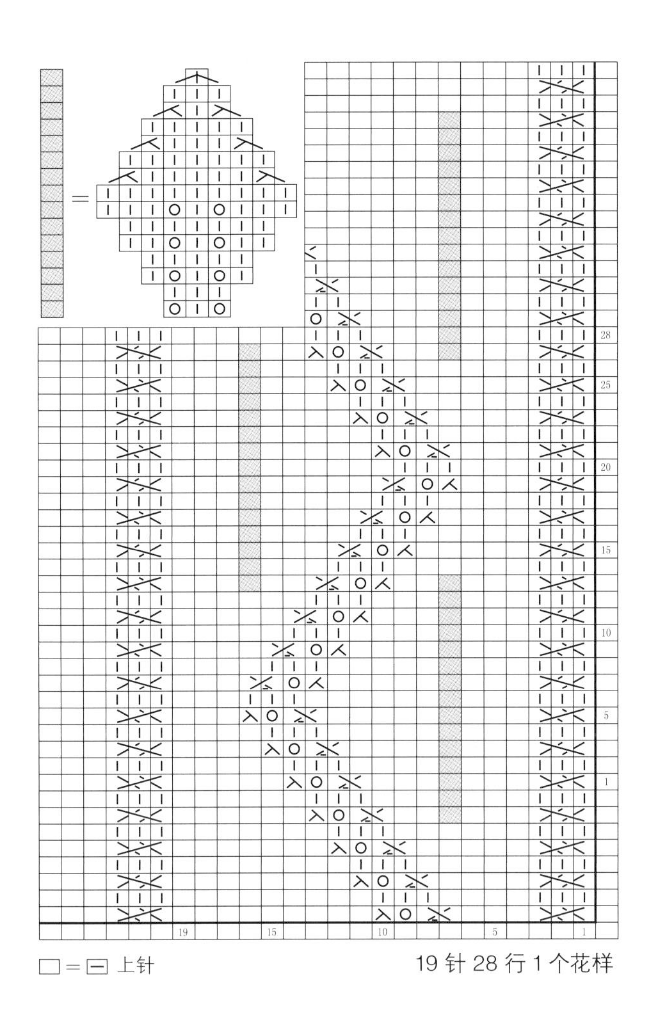

□＝⊟ 上针

19 针 28 行 1 个花样

085

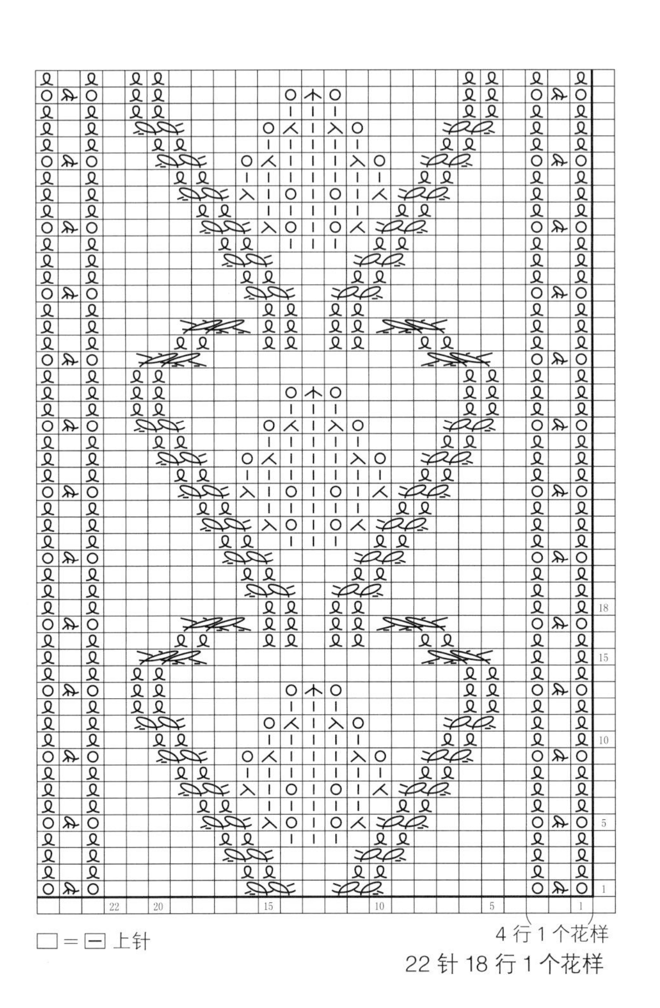

□＝⊟ 上针

4 行 1 个花样

22 针 18 行 1 个花样

086

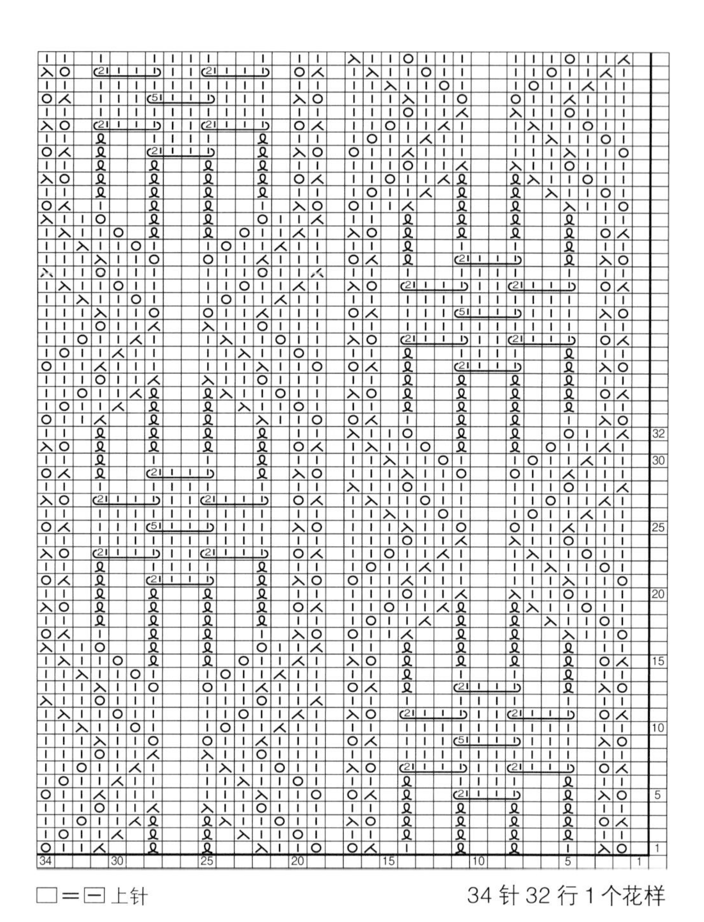

□＝⊟ 上针

34 针 32 行 1 个花样

087

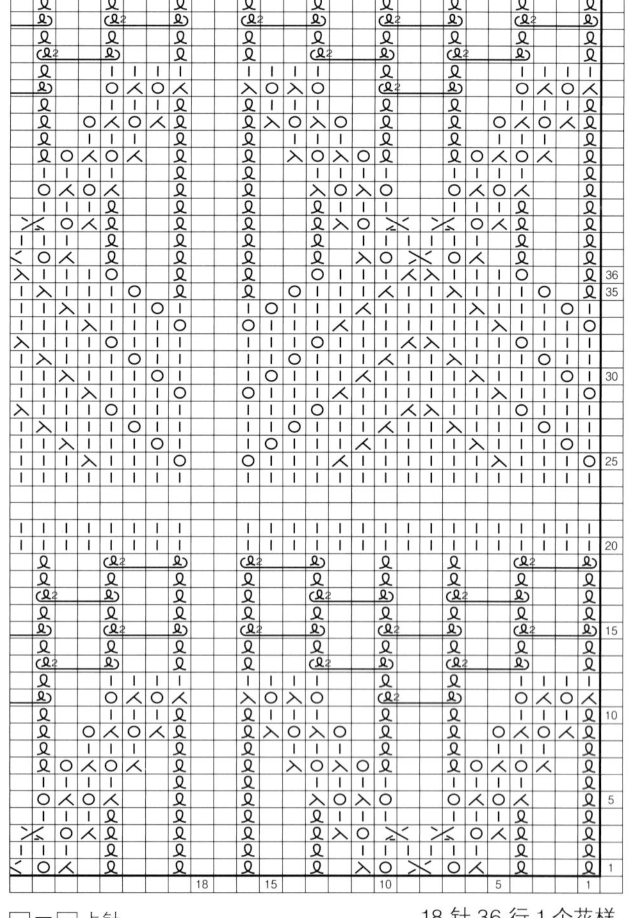

□＝⊟ 上针

18 针 36 行 1 个花样

088

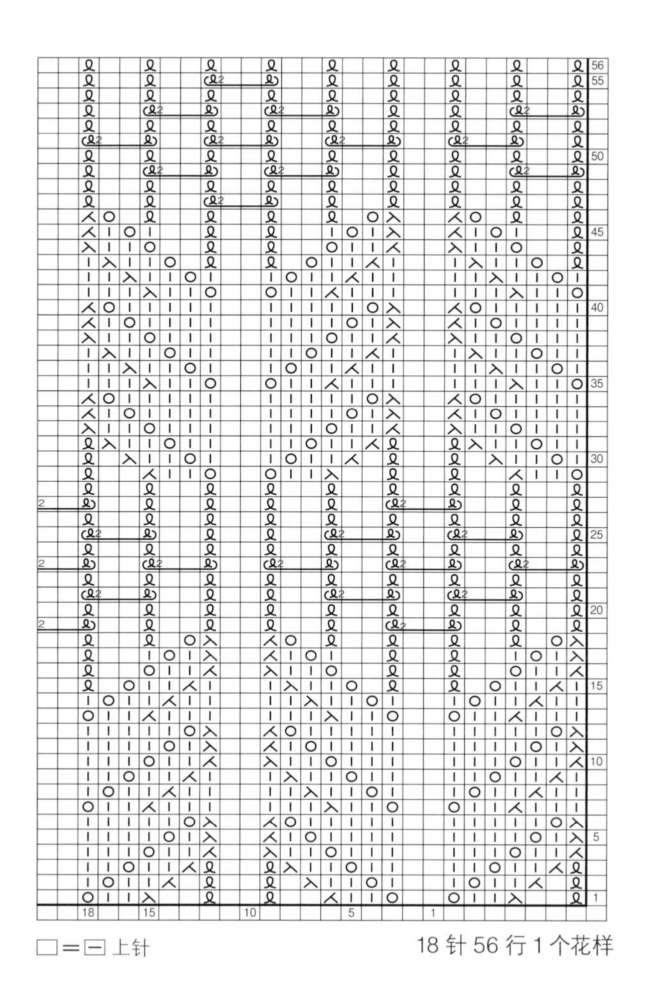

□＝□ 上针　　18 针 56 行 1 个花样

089

□＝□上针　●＝

16 针 24 行 1 个花样

090

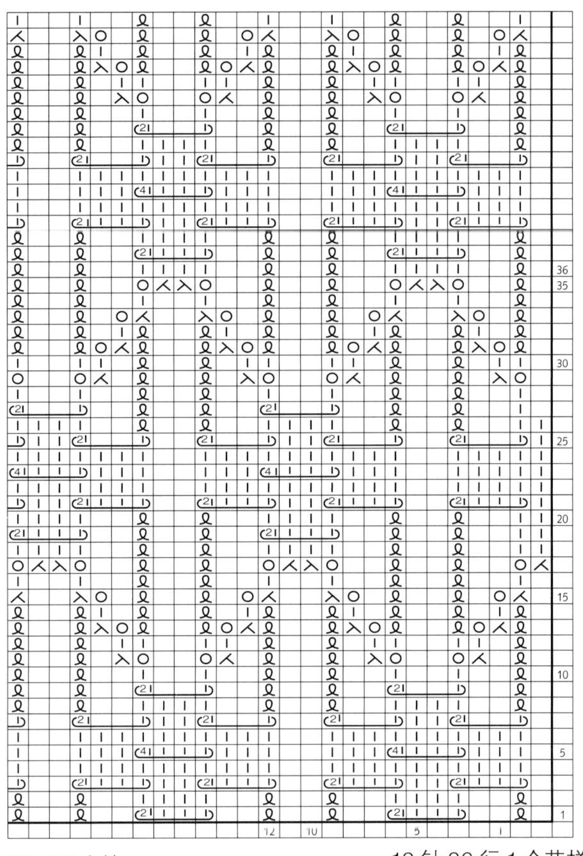

□=⊟ 上针

12针36行1个花样

091

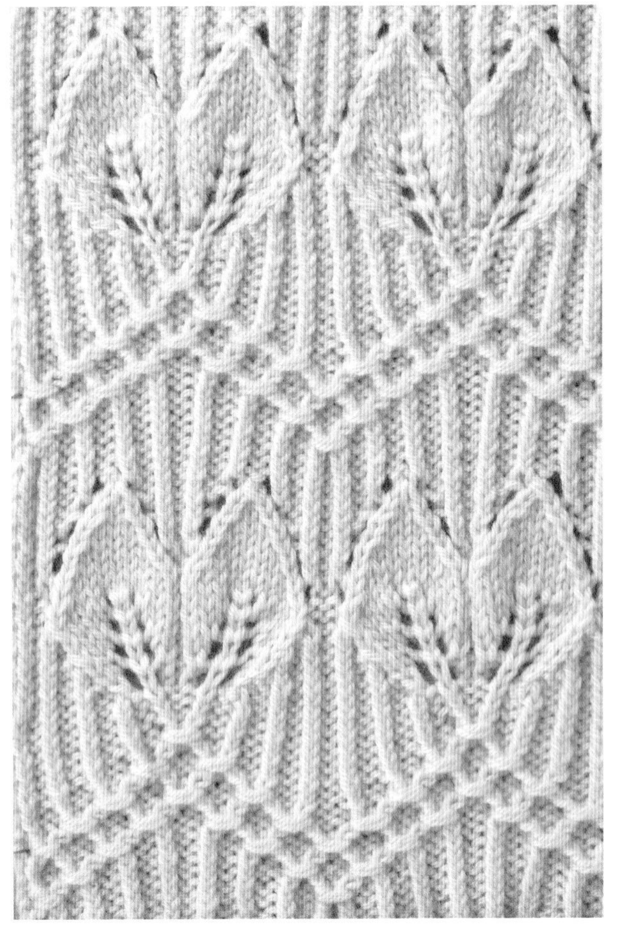

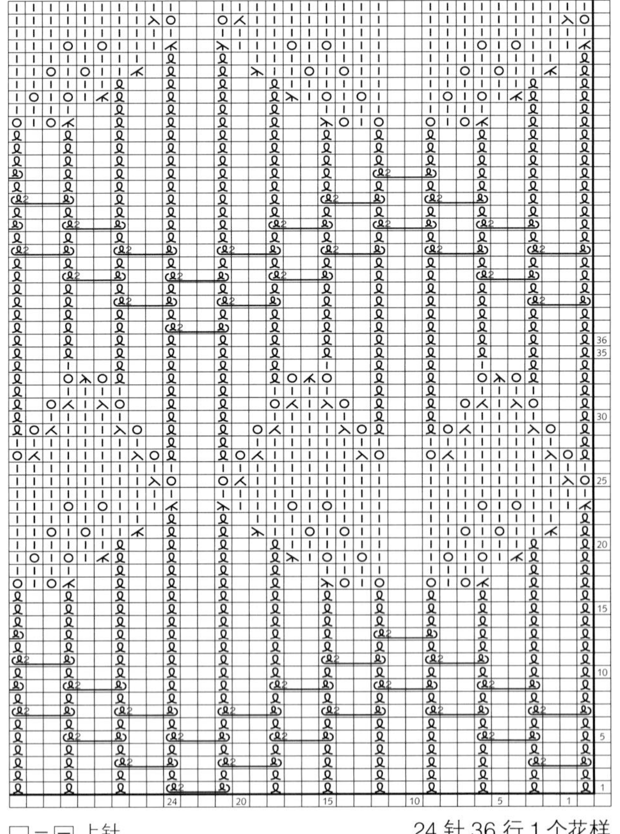

□=⊟ 上针

24针36行1个花样

092

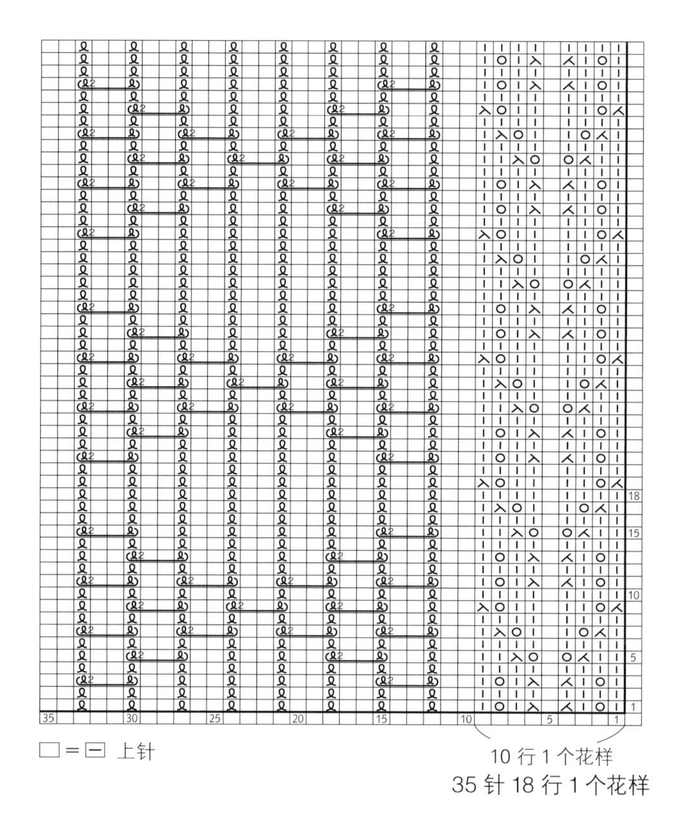

□=⊟ 上针

10 行 1 个花样

35 针 18 行 1 个花样

093

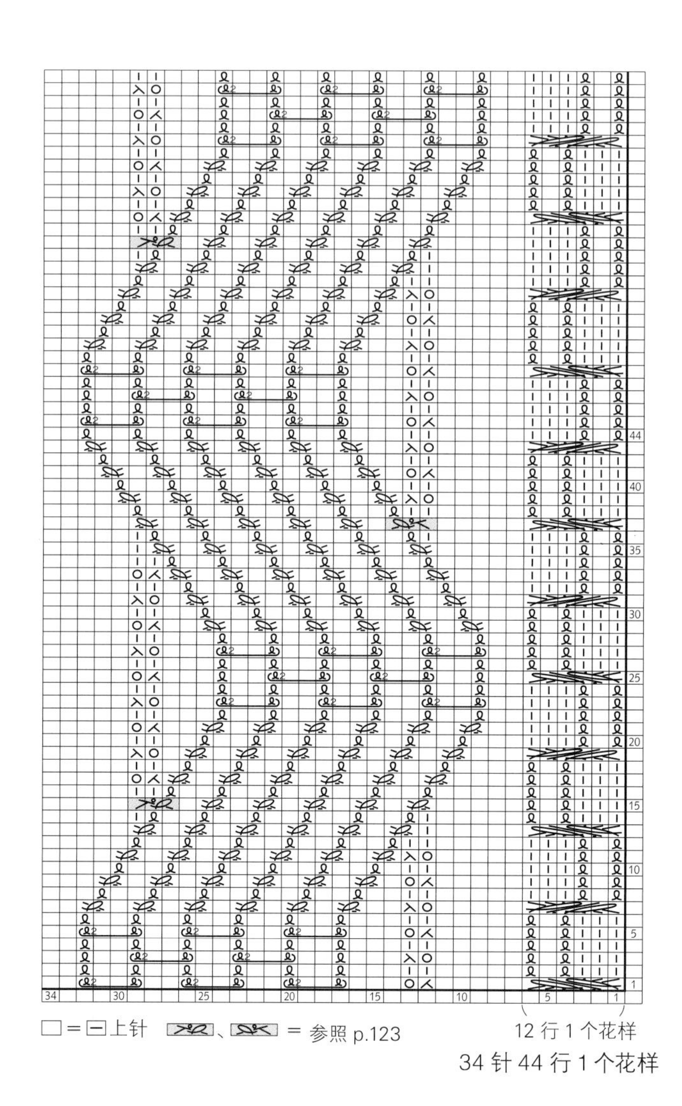

□=⊟上针 、 = 参照 p.123

12 行 1 个花样

34 针 44 行 1 个花样

094

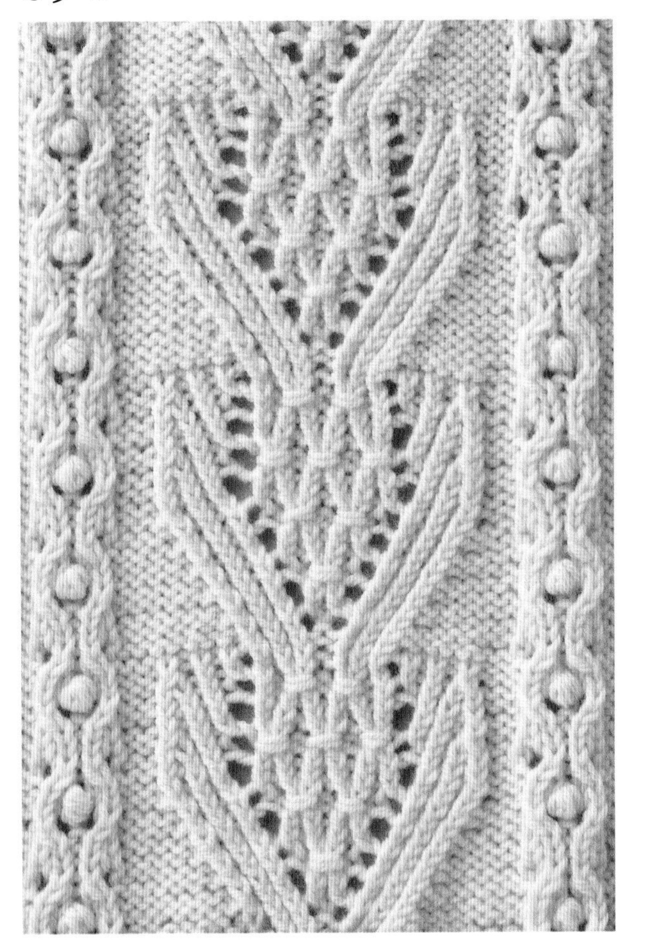

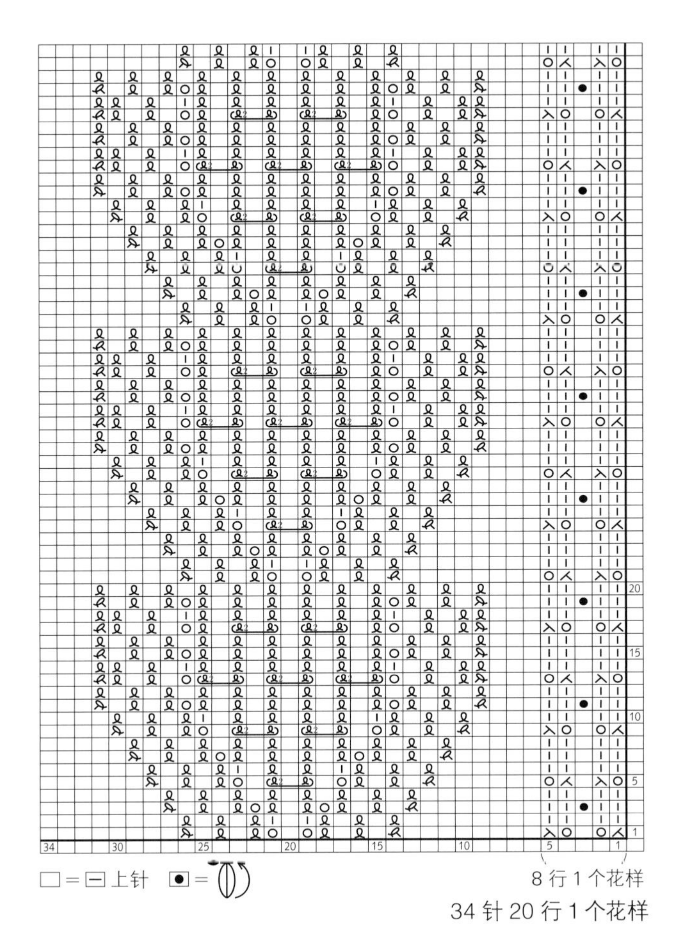

□＝⊟ 上针　●＝

8 行 1 个花样

34 针 20 行 1 个花样

095

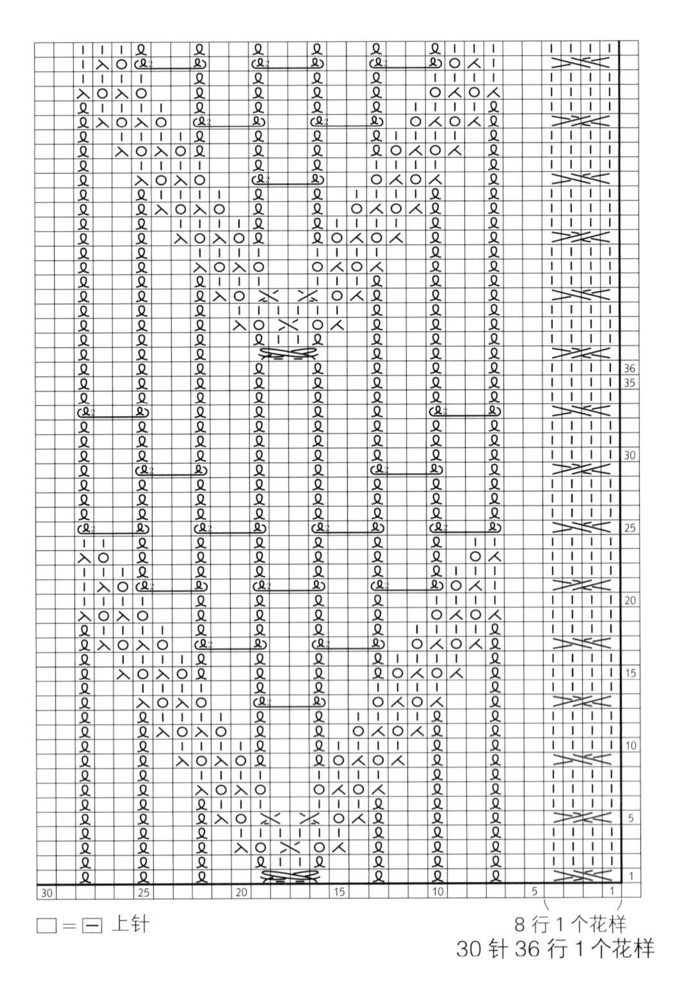

□＝⊟ 上针

8 行 1 个花样

30 针 36 行 1 个花样

096

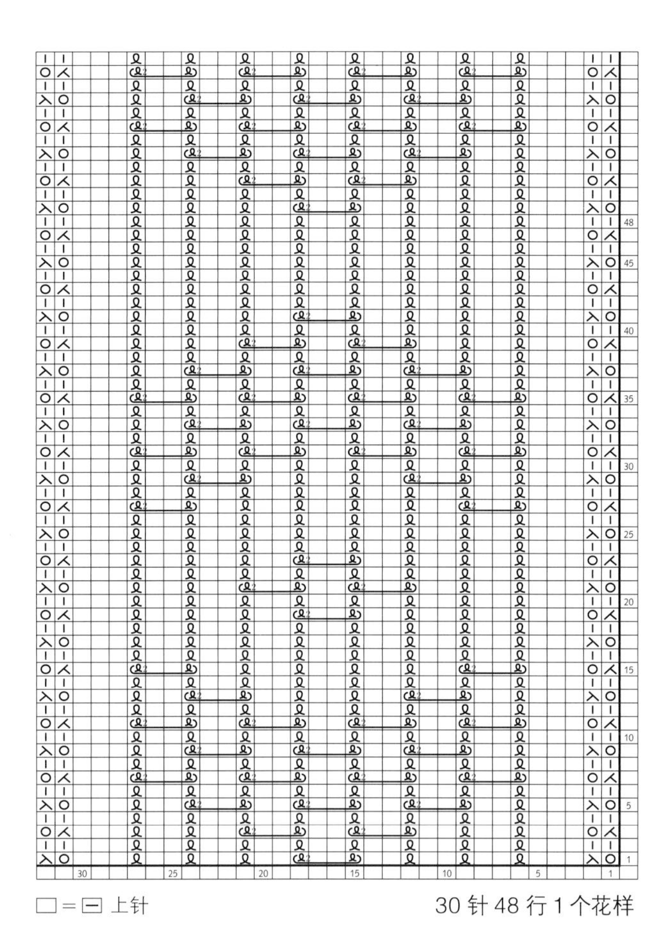

□=⊟ 上针

30 针 48 行 1 个花样

097

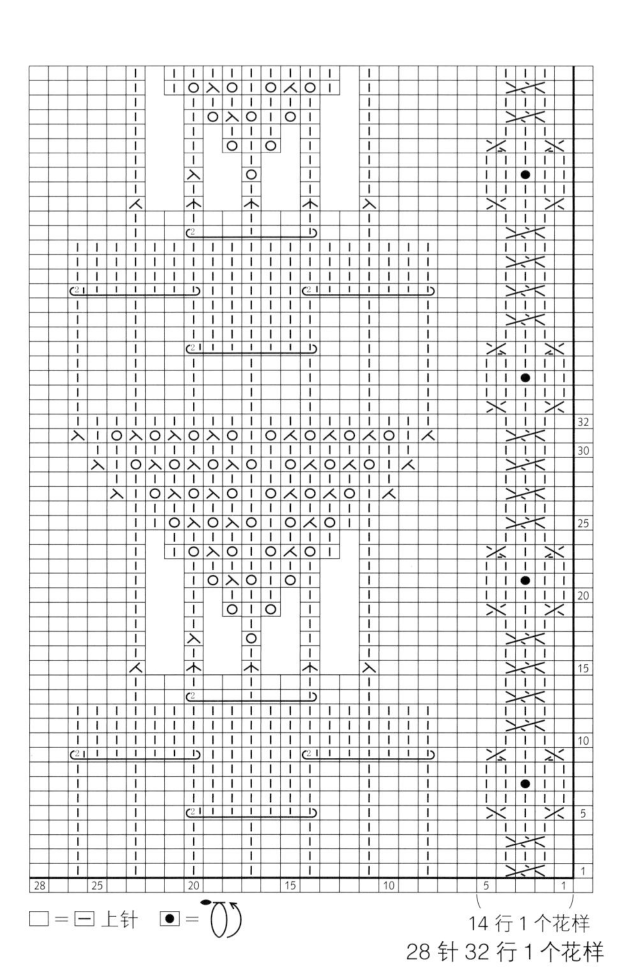

□=⊟ 上针

14 行 1 个花样

28 针 32 行 1 个花样

基础花样

第一次看到结编（铜钱花）时，还不知道这种花样的名称。
看上去就像小巧可爱的麻花，很是喜欢。
这是一款以结编花样为主的直筒形背心，
身片分为上下两部分，呈现出不同的视觉效果。
下半部分的结编花样呈交错状态，上半部分则是水平排列。
另外，边缘部分扭针的罗纹针中间也加入了一排结编花样。

使用花样／129　制作／草川澄子　使用线／钻石线 Tasmanian Merino <Tweed>　编织方法／p.131

098

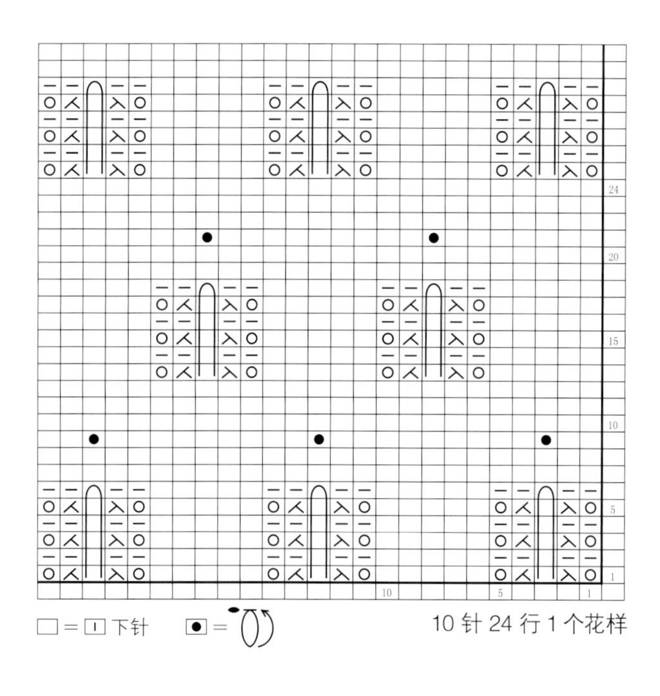

□ = 丨 下针　● =

10 针 24 行 1 个花样

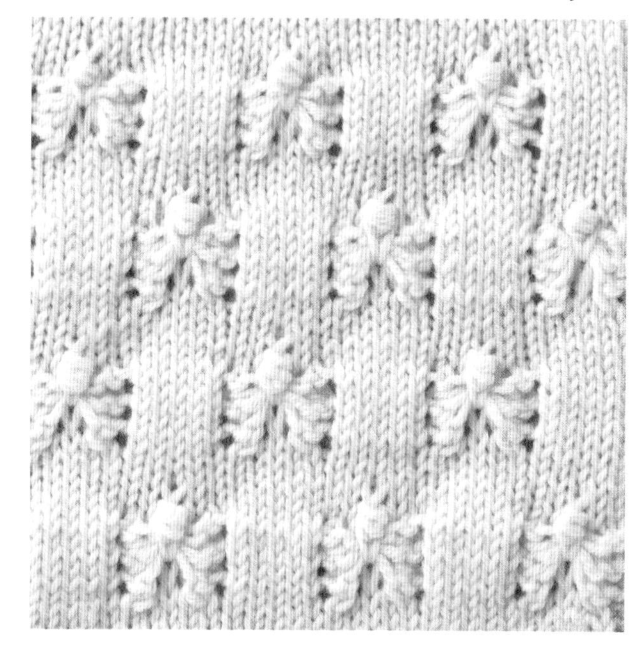

099

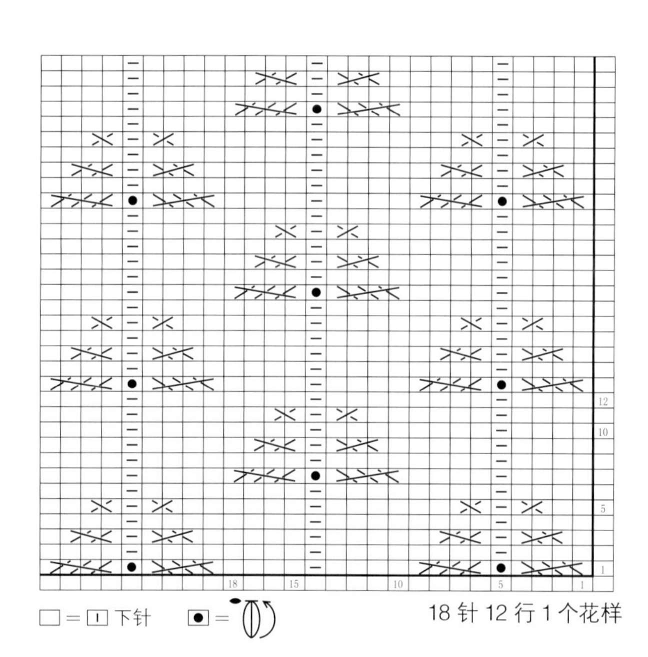

□ = 丨 下针　● =

18 针 12 行 1 个花样

100

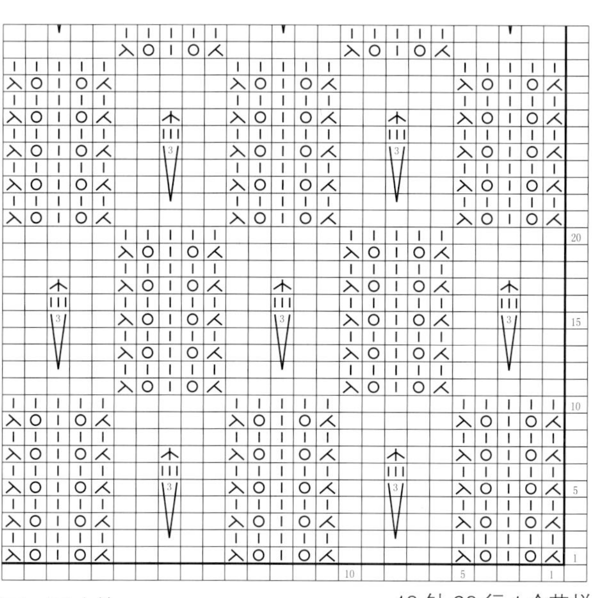

□ = − 上针

10 针 20 行 1 个花样

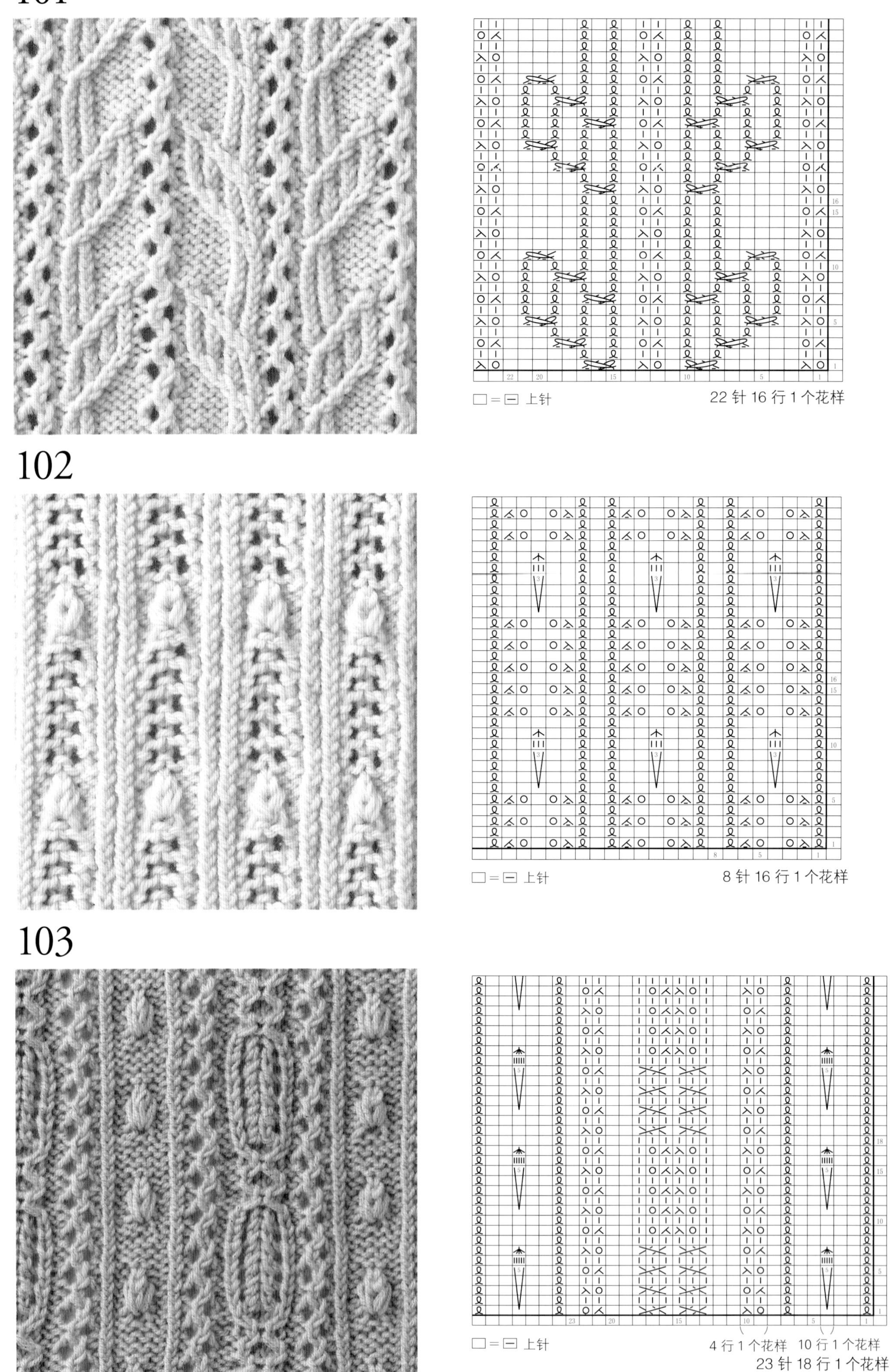
101
□ = ⊟ 上针
22 针 16 行 1 个花样
102
□ = ⊟ 上针
8 针 16 行 1 个花样
103
□ = ⊟ 上针
4 行 1 个花样
10 行 1 个花样
23 针 18 行 1 个花样

104

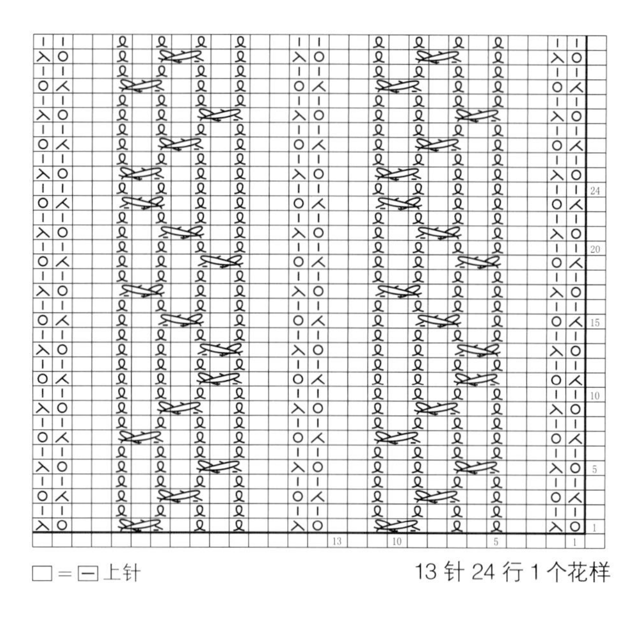

□＝⊟上针

13 针 24 行 1 个花样

105

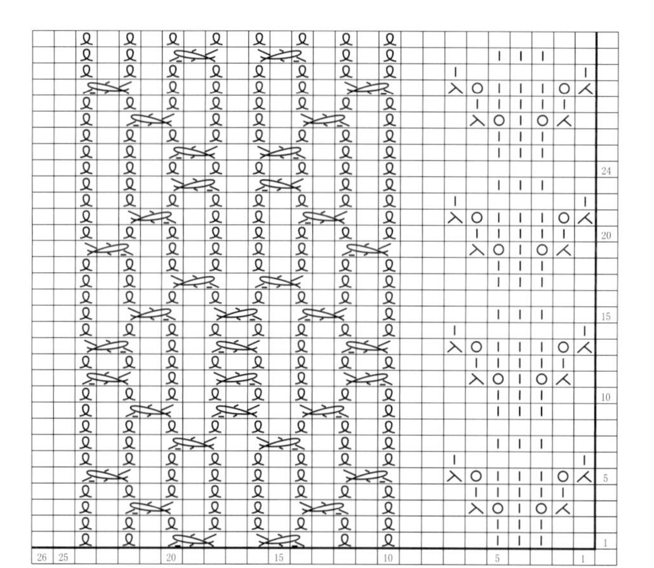

□＝⊟上针

26 针 24 行 1 个花样

106

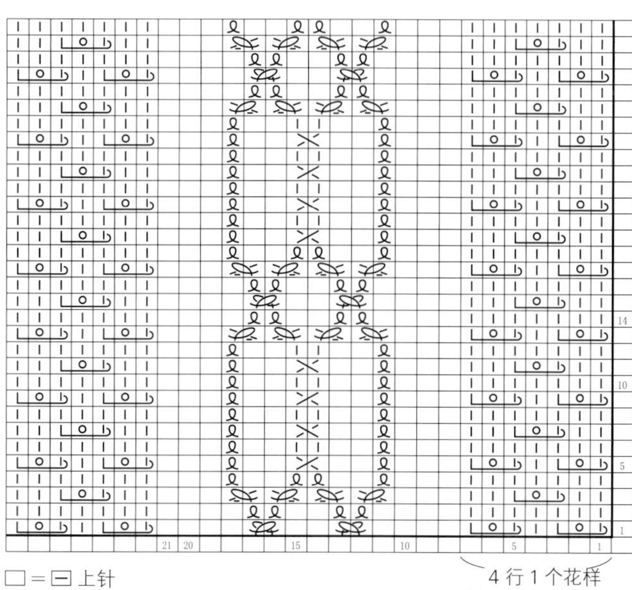

□＝⊟上针

4 行 1 个花样

21 针 14 行 1 个花样

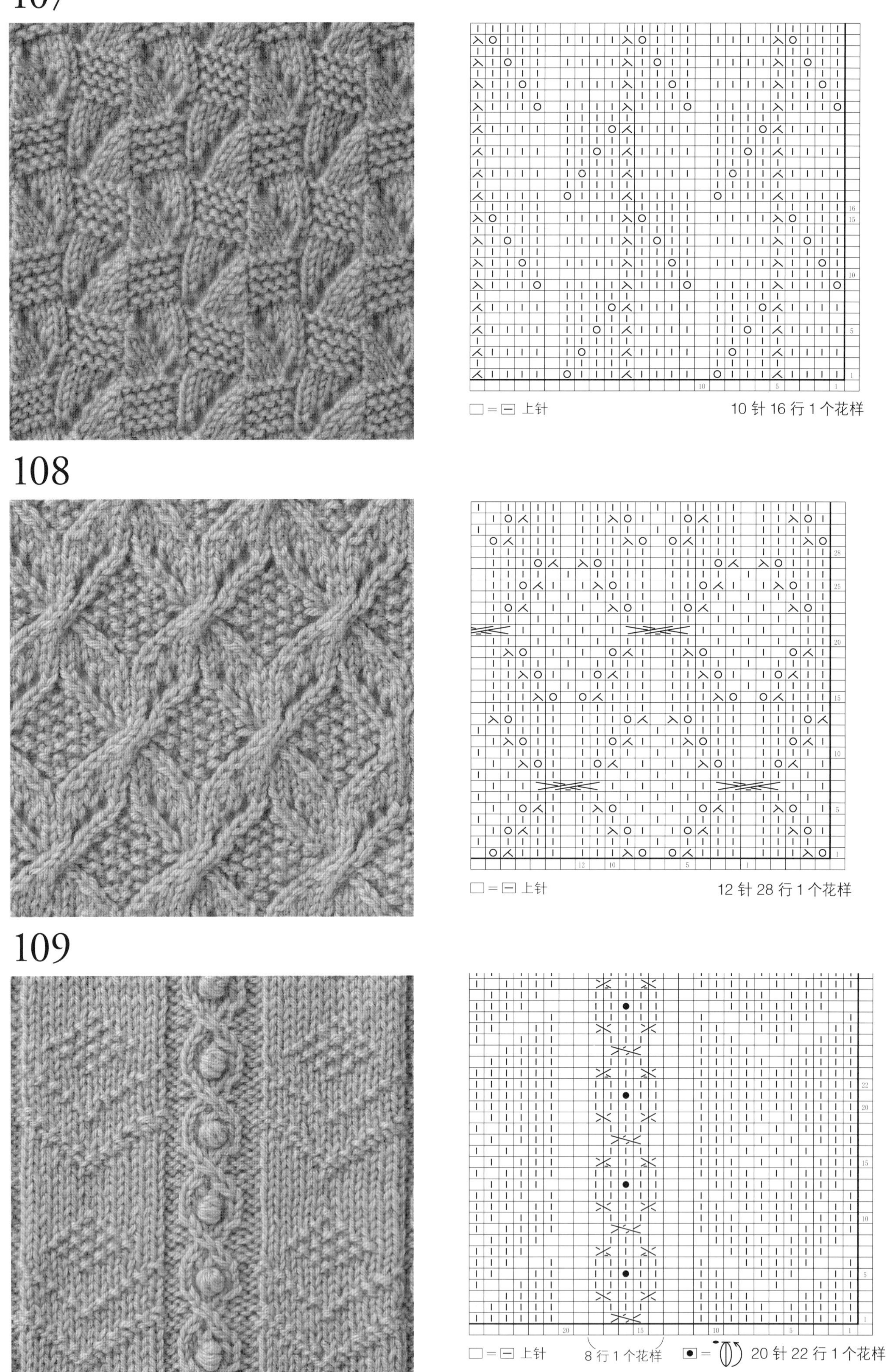
107
□＝⊟ 上针
10 针 16 行 1 个花样
108
□＝⊟ 上针
12 针 28 行 1 个花样
109
□＝⊟ 上针
8 行 1 个花样
20 针 22 行 1 个花样

110

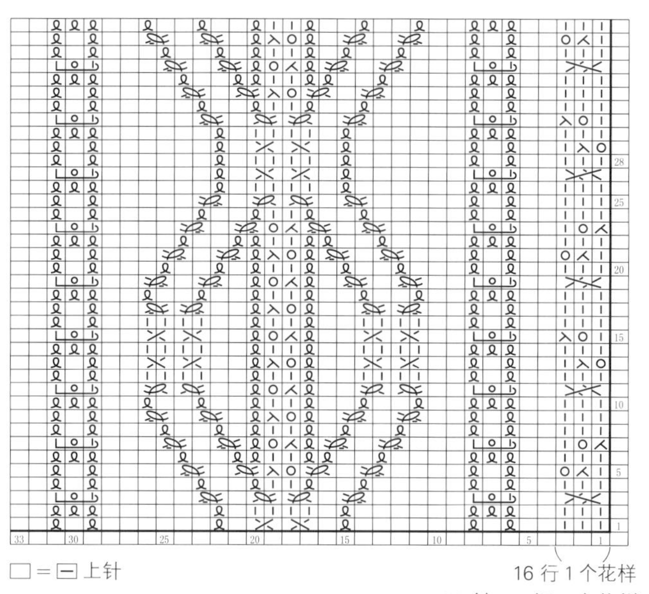

□＝⊟ 上针

16 行 1 个花样

33 针 28 行 1 个花样

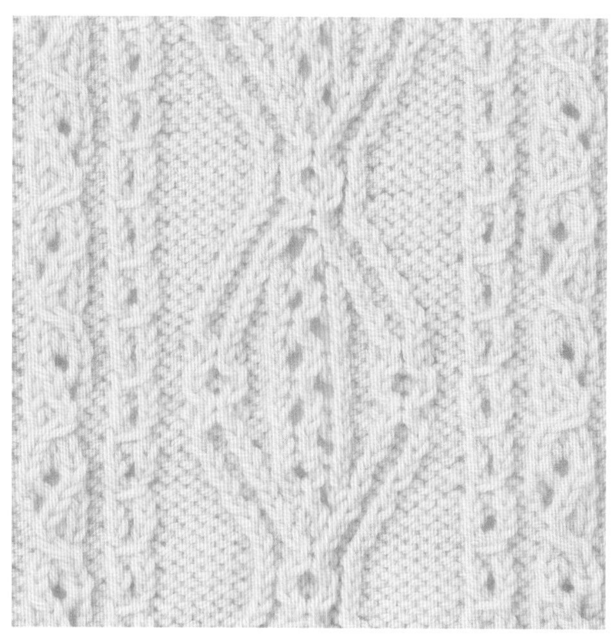

111

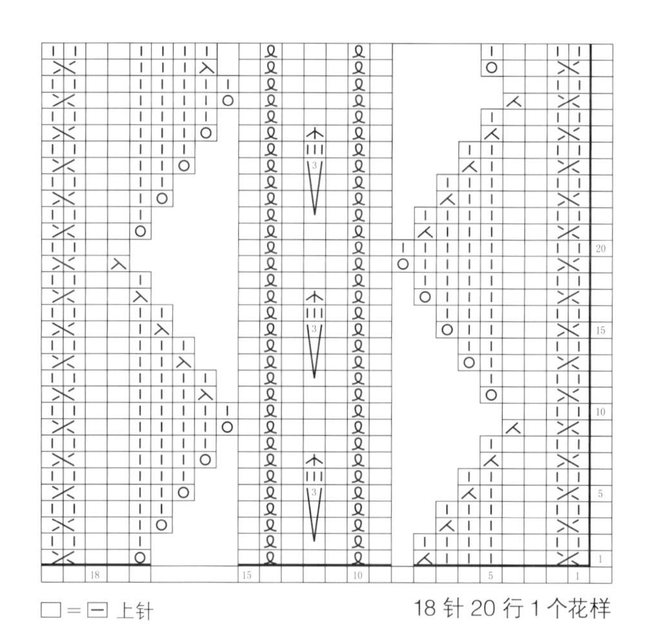

□＝⊟ 上针

18 针 20 行 1 个花样

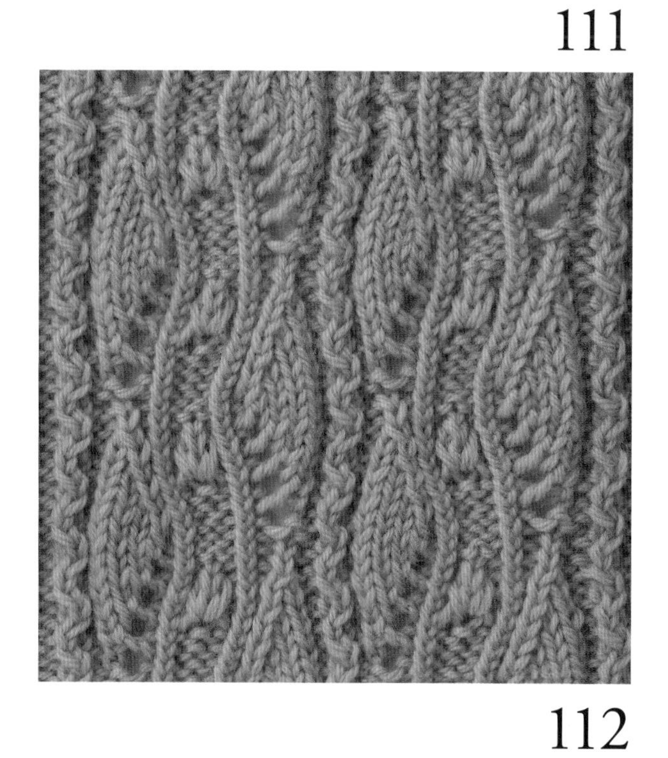

112

□＝⊟ 上针

8 针 20 行 1 个花样

113

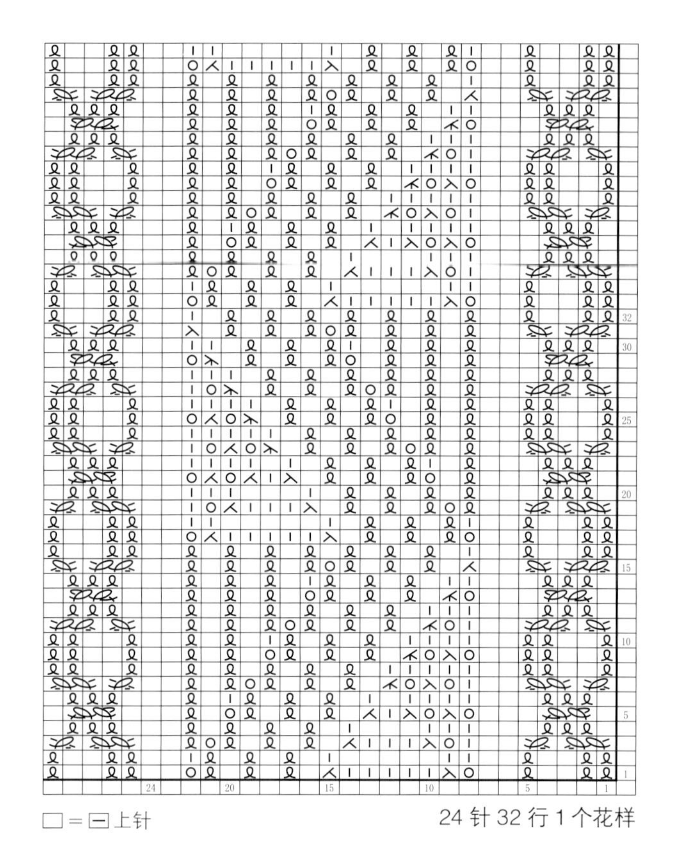

□ = ⊟ 上针

24 针 32 行 1 个花样

114

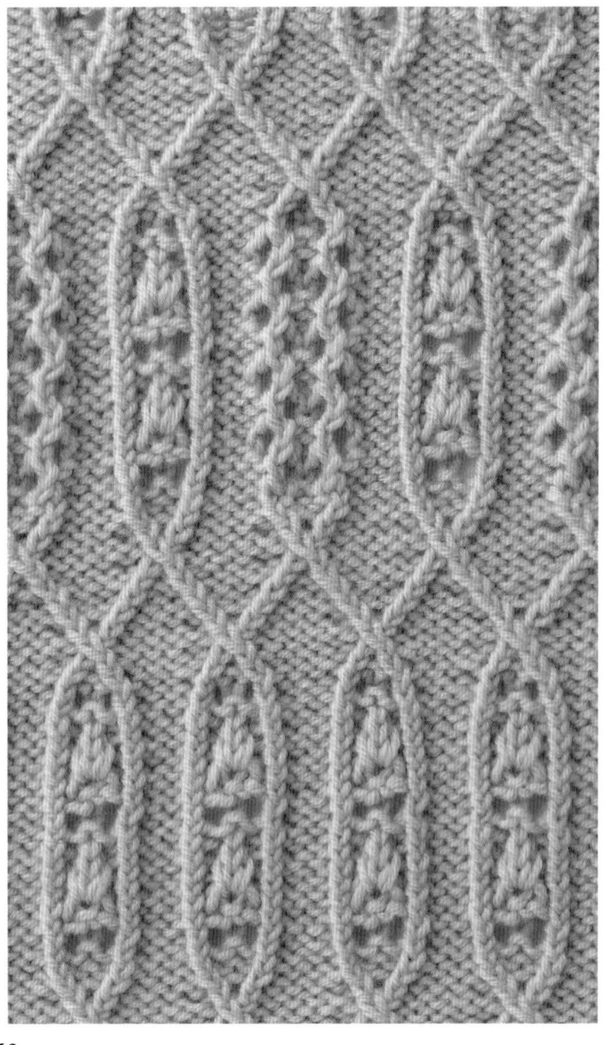

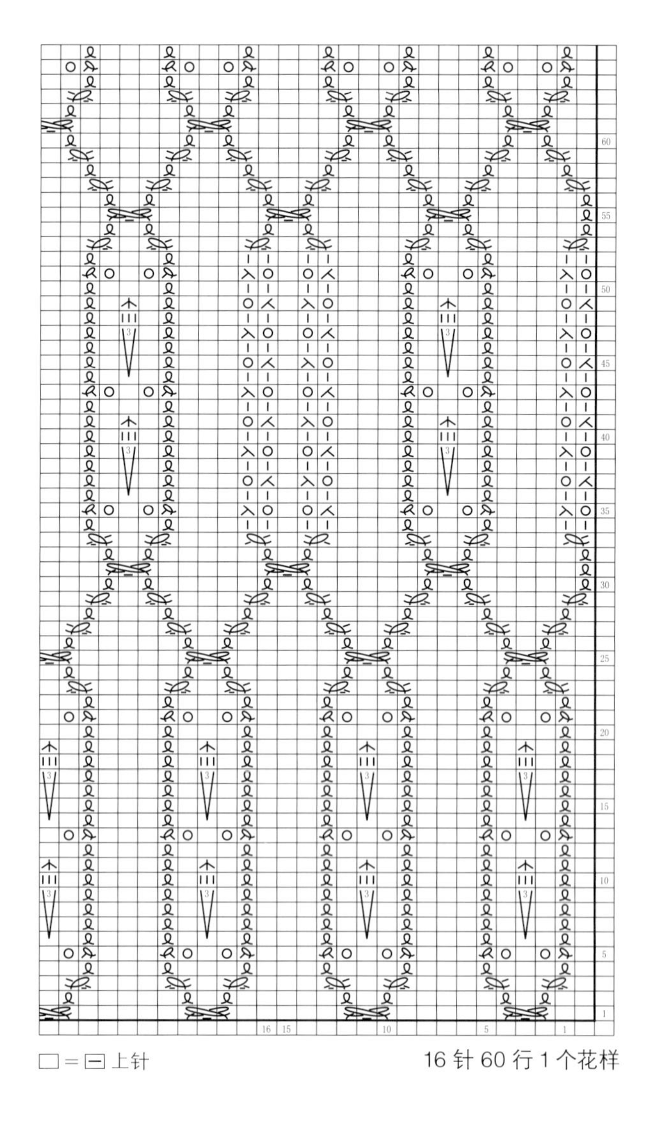

□ = ⊟ 上针

16 针 60 行 1 个花样

115

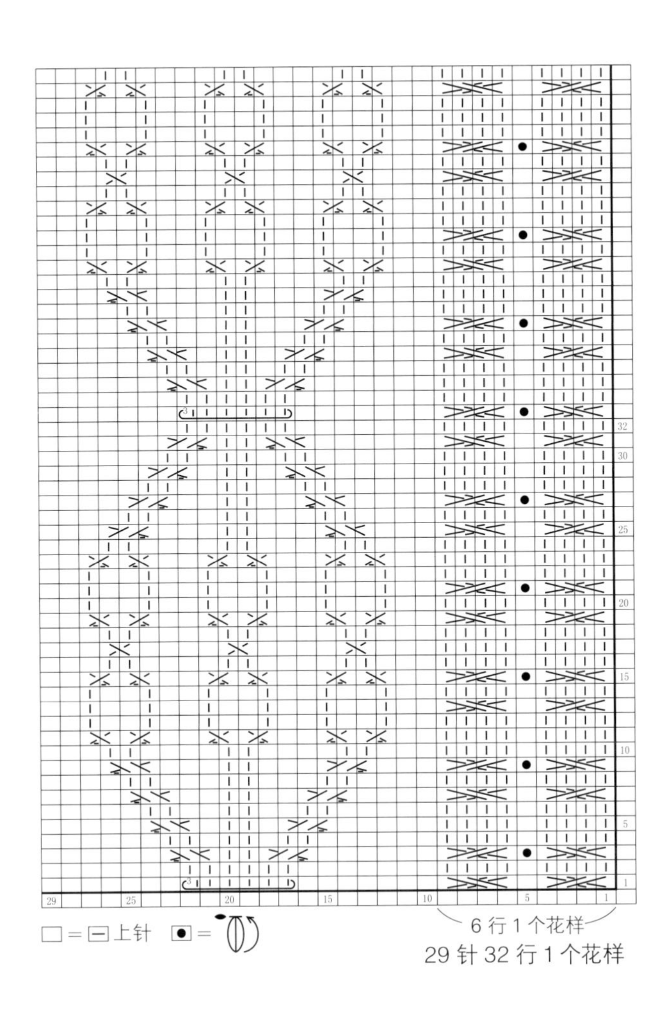

□＝⊟ 上针

6 行 1 个花样

29 针 32 行 1 个花样

116

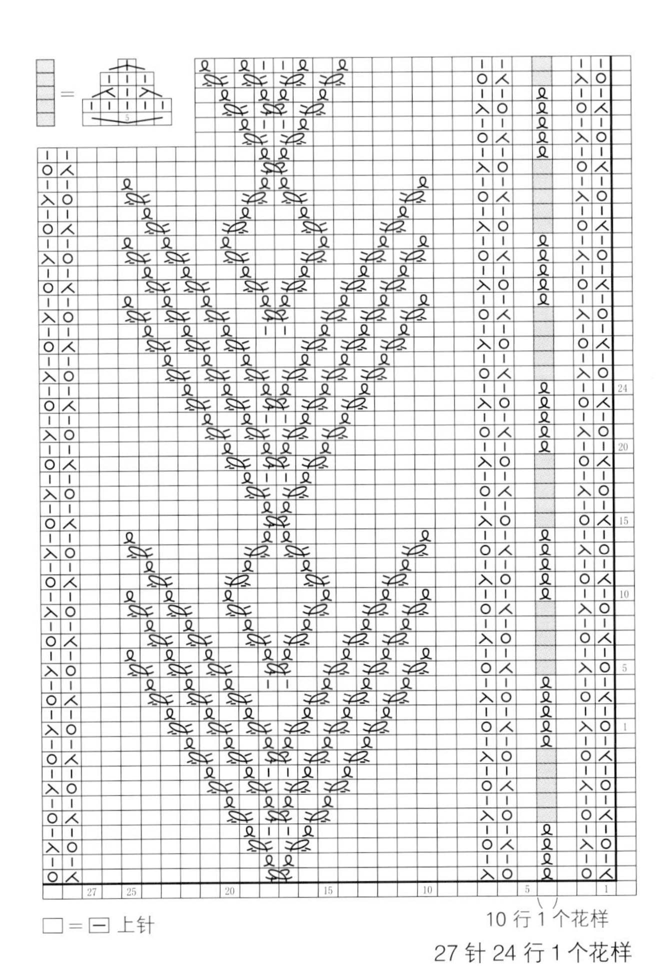

□＝⊟ 上针

10 行 1 个花样

27 针 24 行 1 个花样

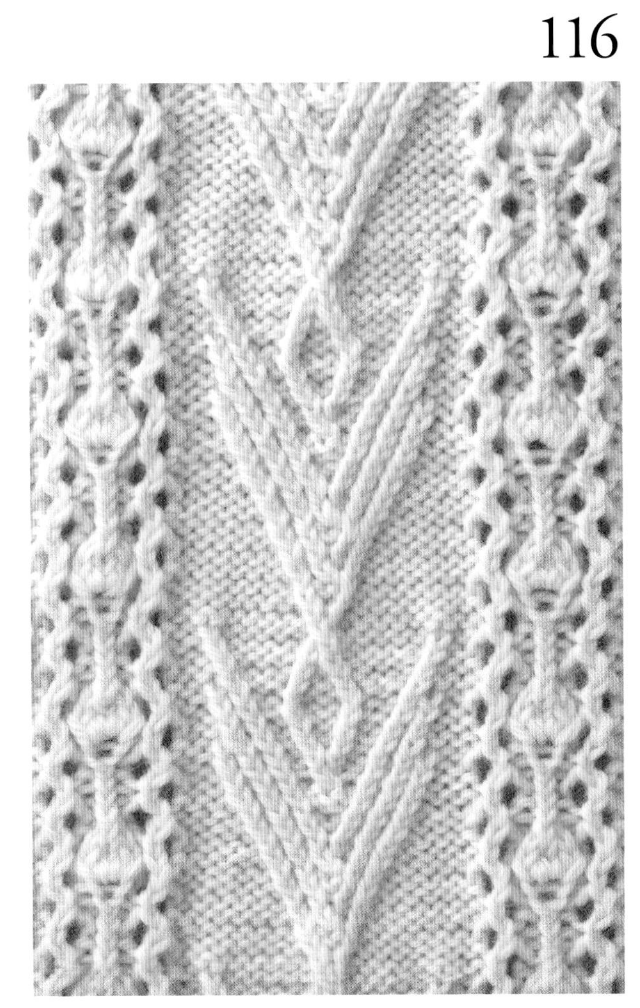

117

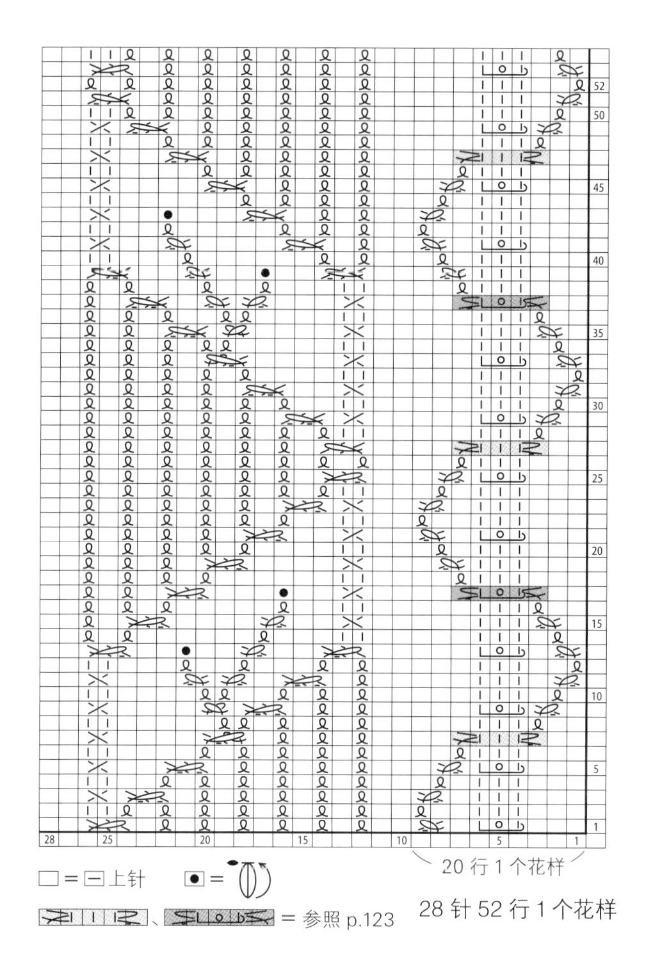

118

119

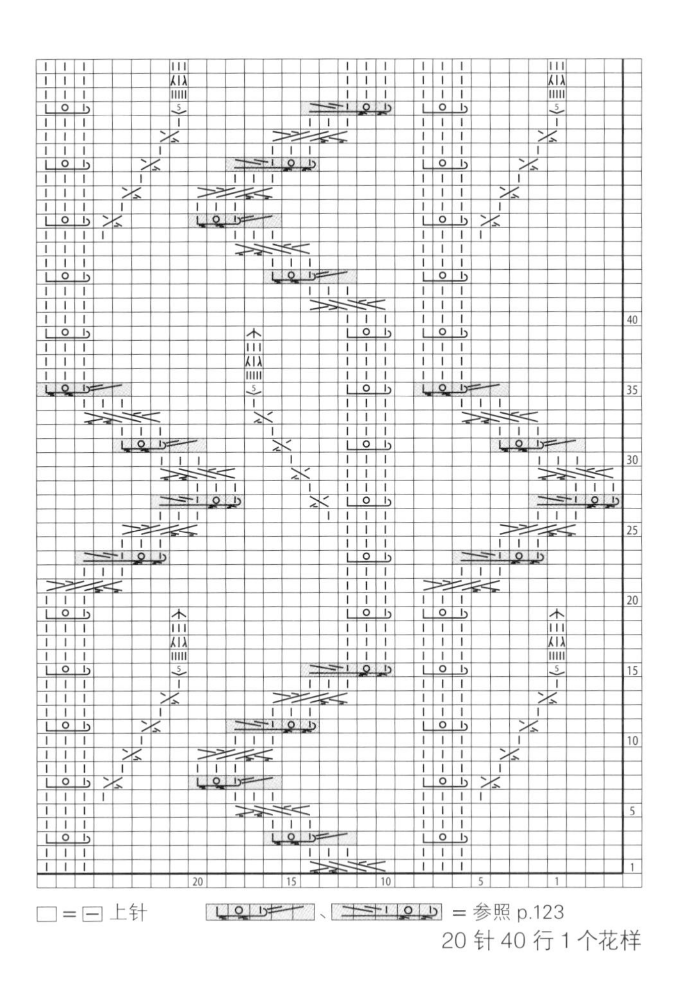

□ = ⊟ 上针　　、 = 参照 p.123

20 针 40 行 1 个花样

120

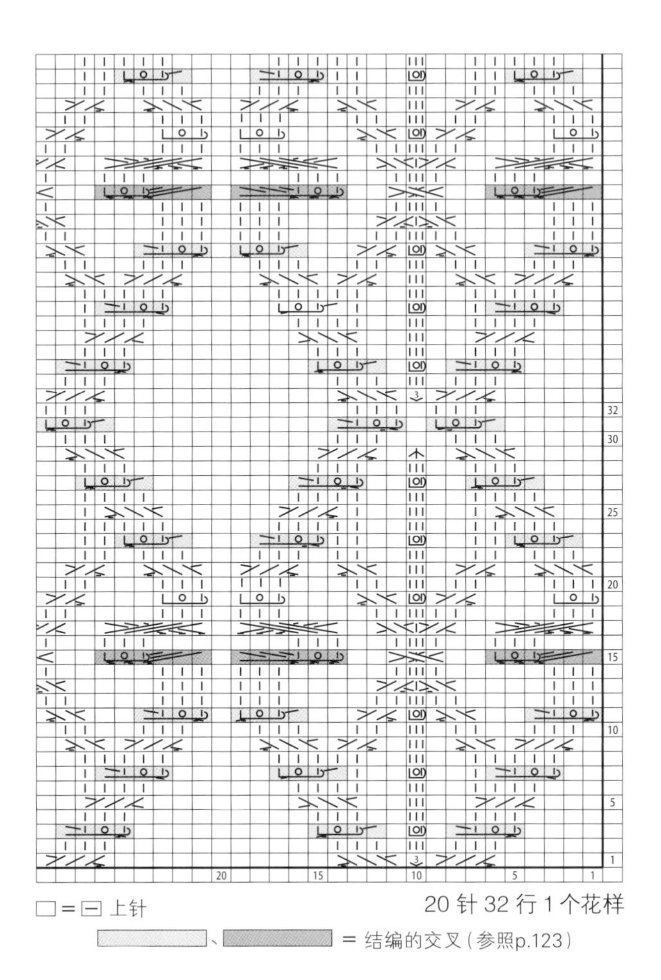

□ = ⊟ 上针

20 针 32 行 1 个花样

、 = 结编的交叉（参照p.123）

121

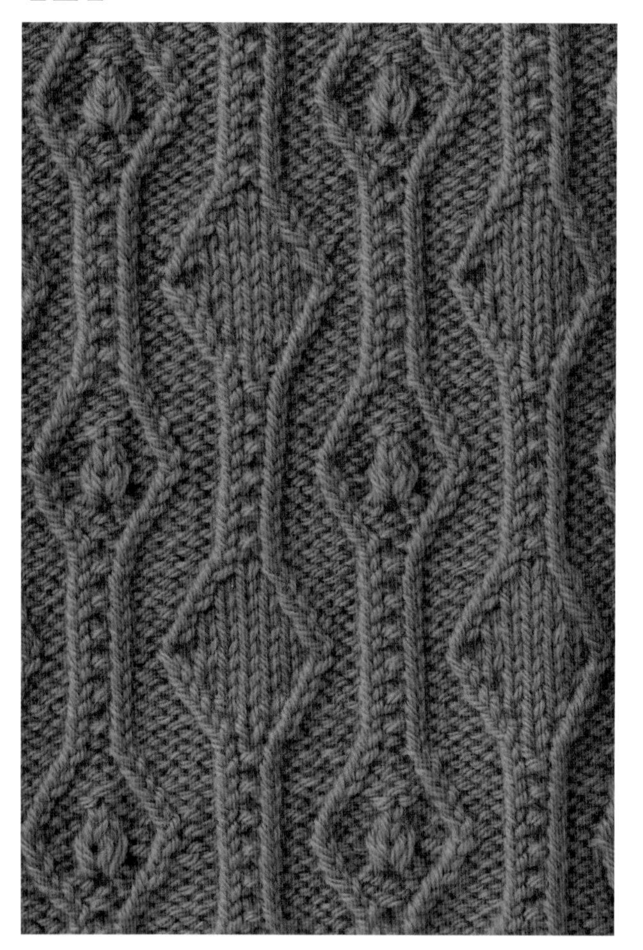

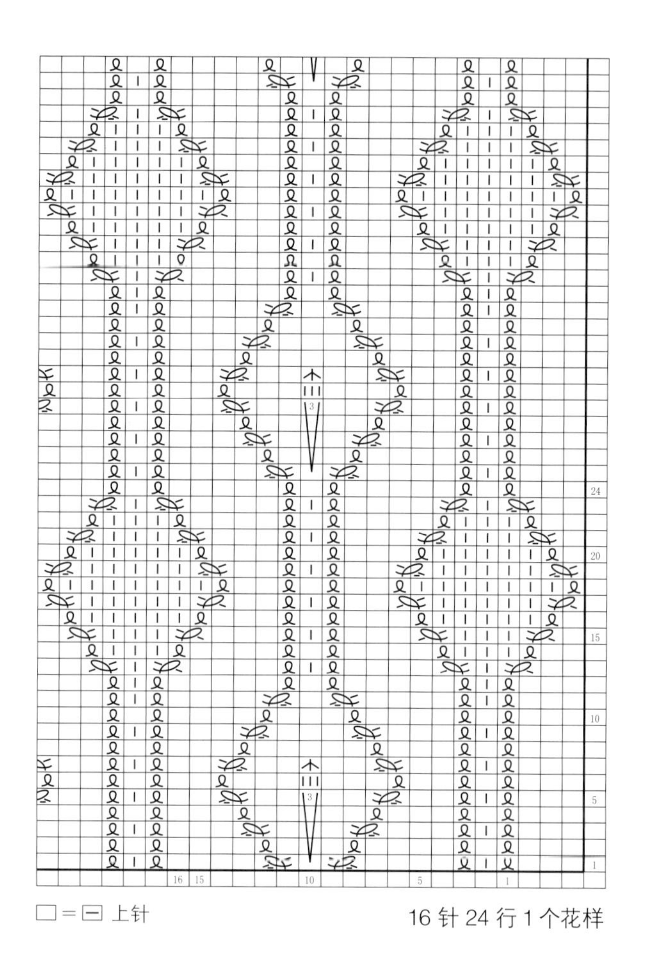

□ = ⊟ 上针

16 针 24 行 1 个花样

122

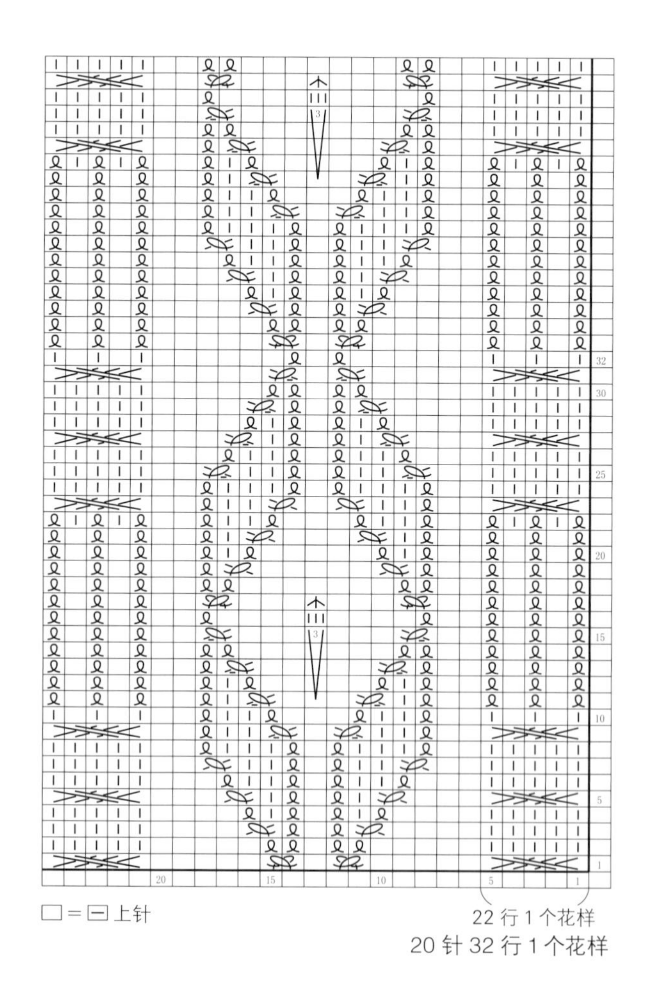

□ = ⊟ 上针

22 行 1 个花样

20 针 32 行 1 个花样

123

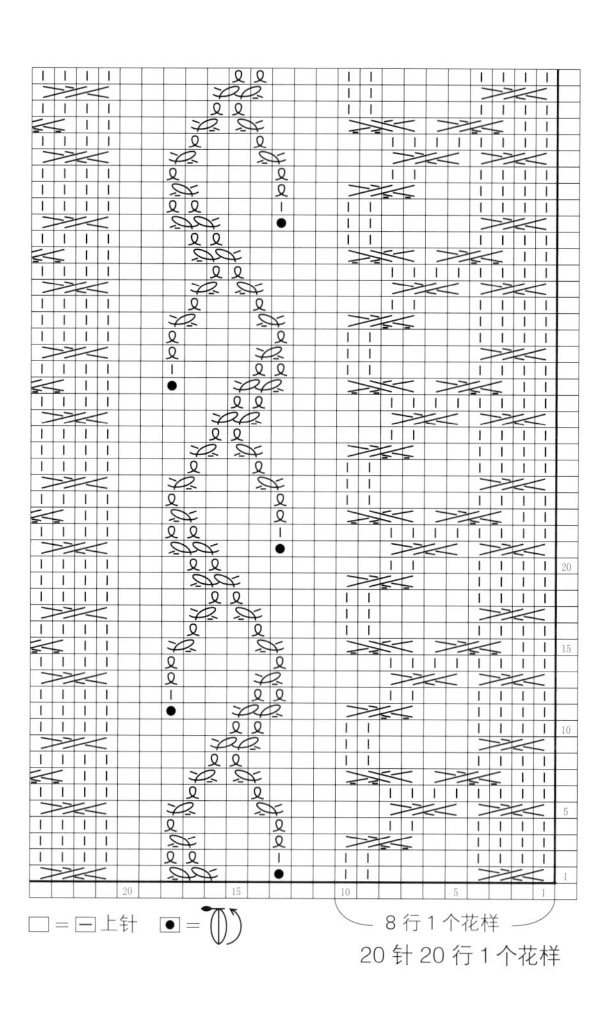

□ = ⊟ 上针　● =

8 行 1 个花样

20 针 20 行 1 个花样

124

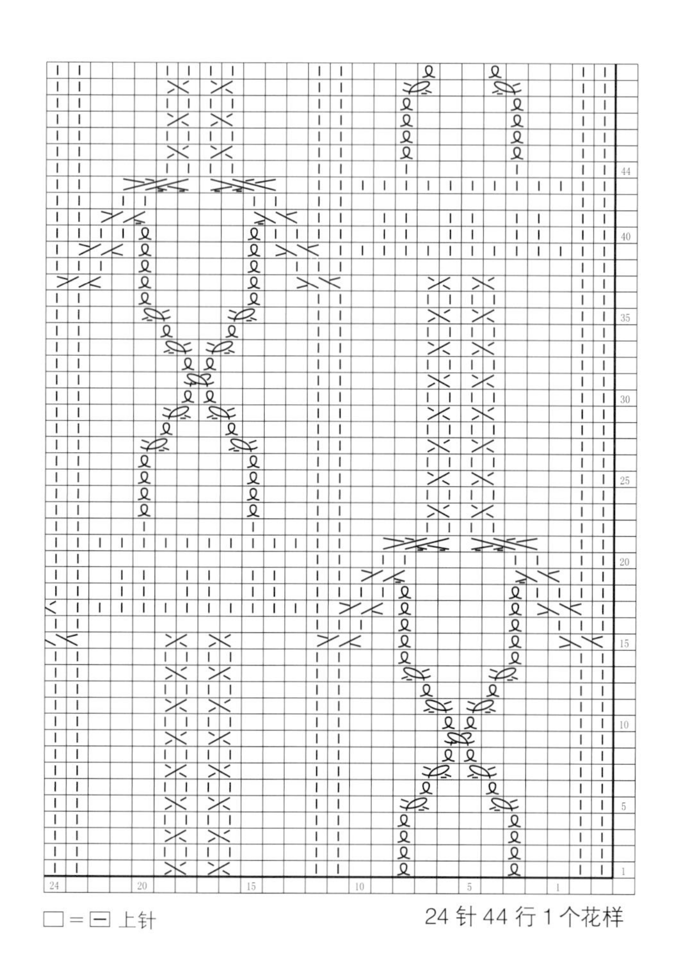

□ = ⊟ 上针

24 针 44 行 1 个花样

125

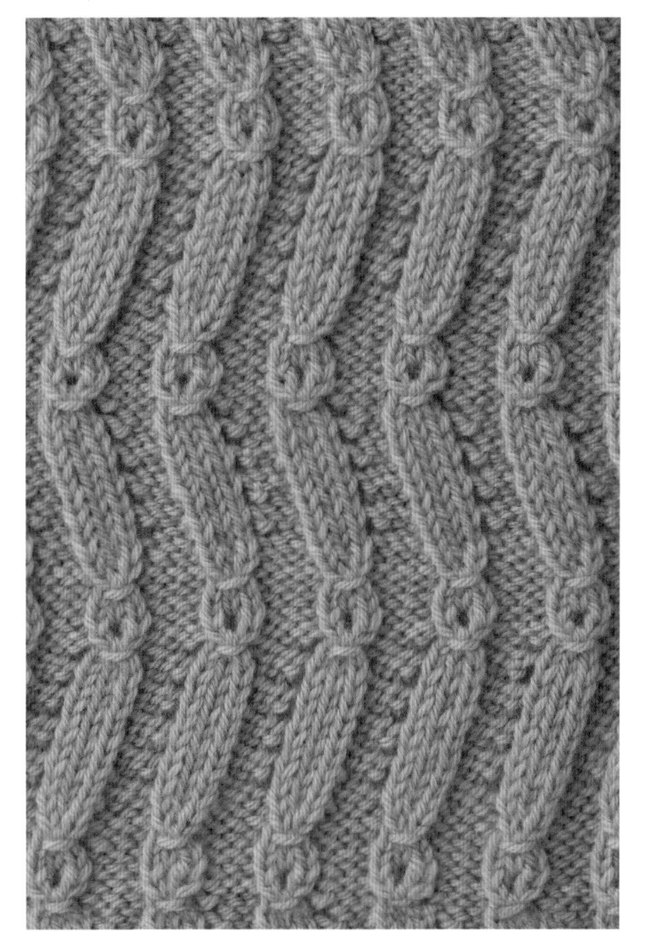

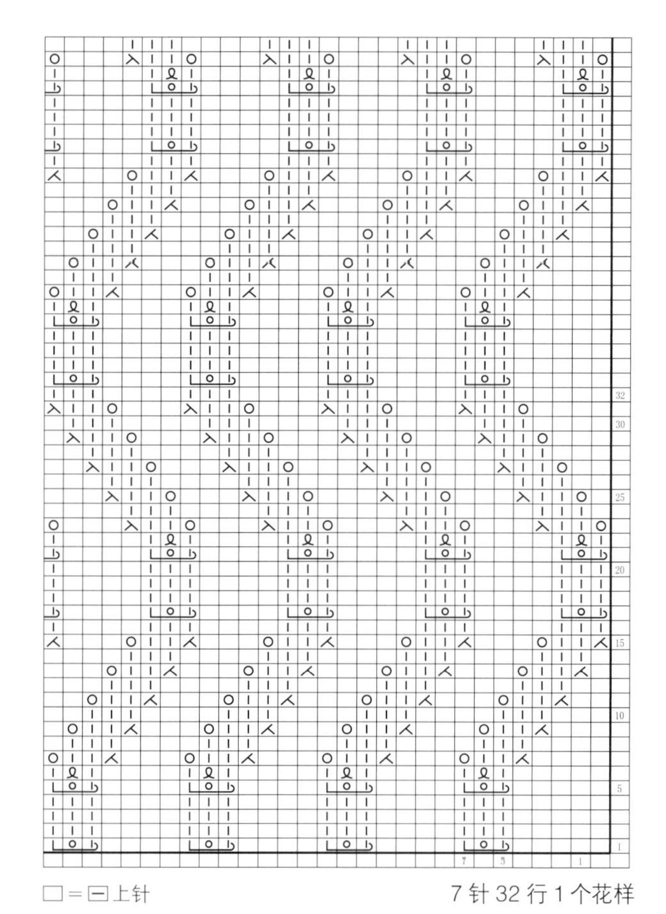

□ = ⊟ 上针

7 针 32 行 1 个花样

126

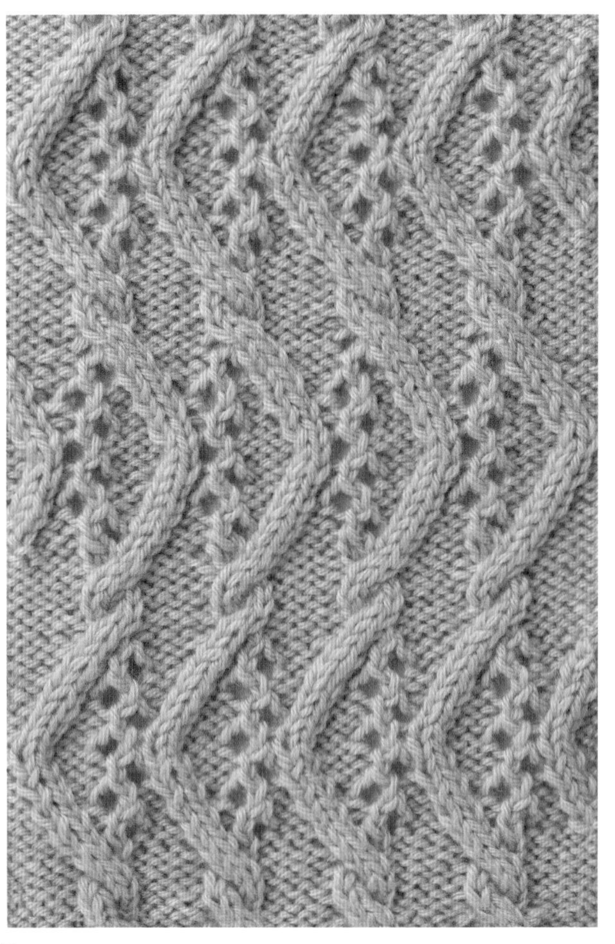

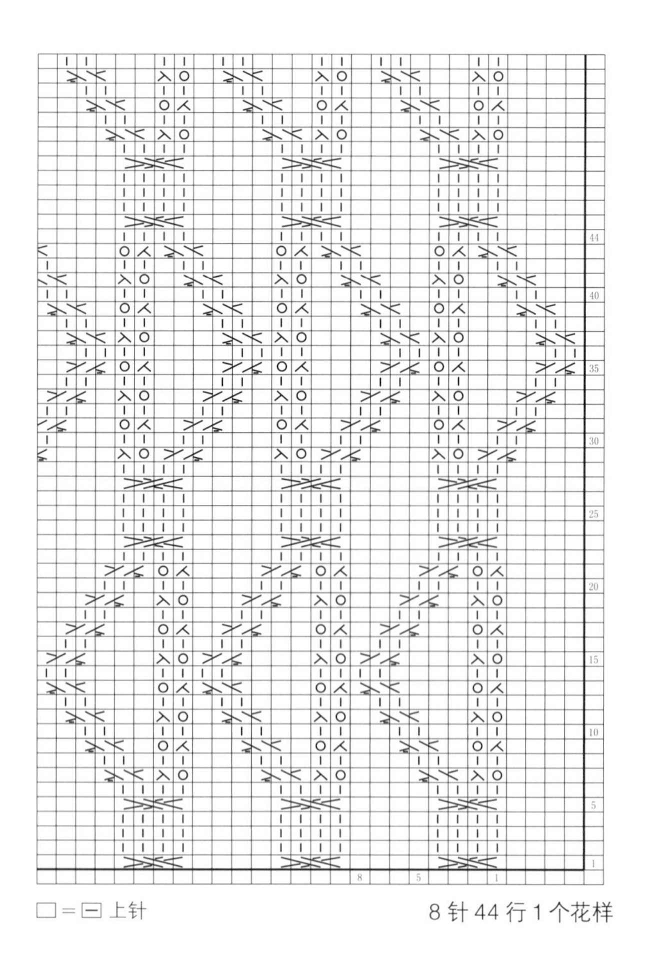

□ = ⊟ 上针

8 针 44 行 1 个花样

127

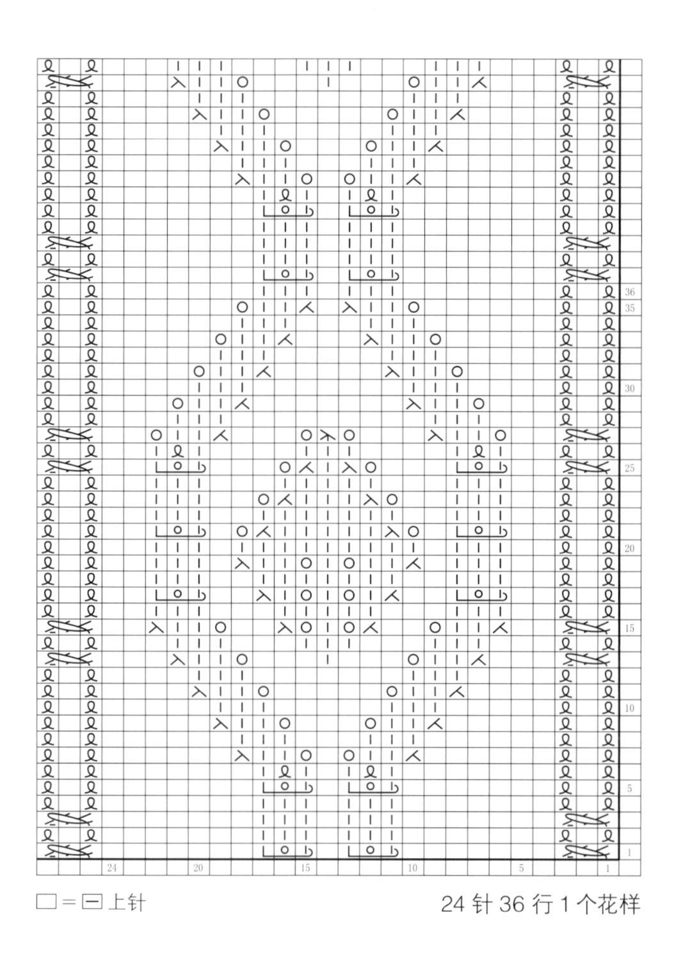

□ = ⊟ 上针

24 针 36 行 1 个花样

基础花样

128

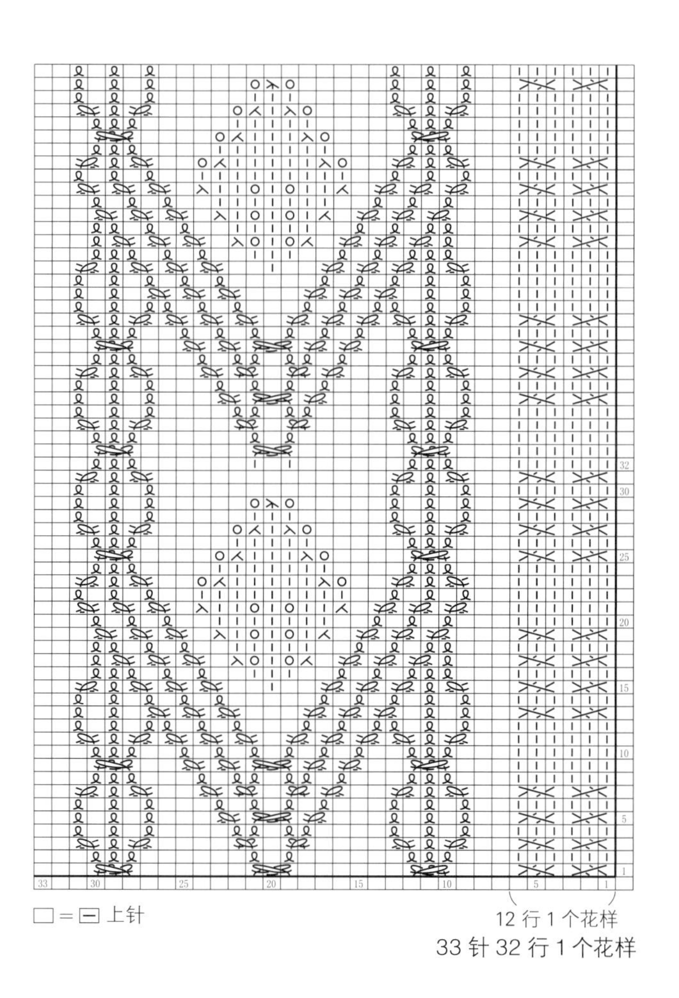

□ = ⊟ 上针

12 行 1 个花样

33 针 32 行 1 个花样

129

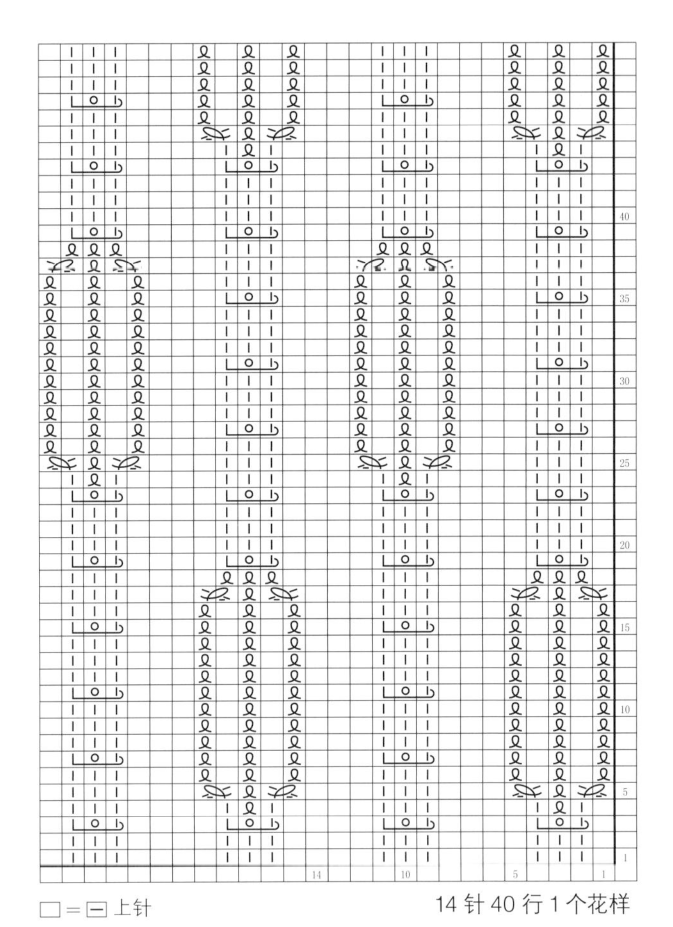

□ = ⊟ 上针

14 针 40 行 1 个花样

130

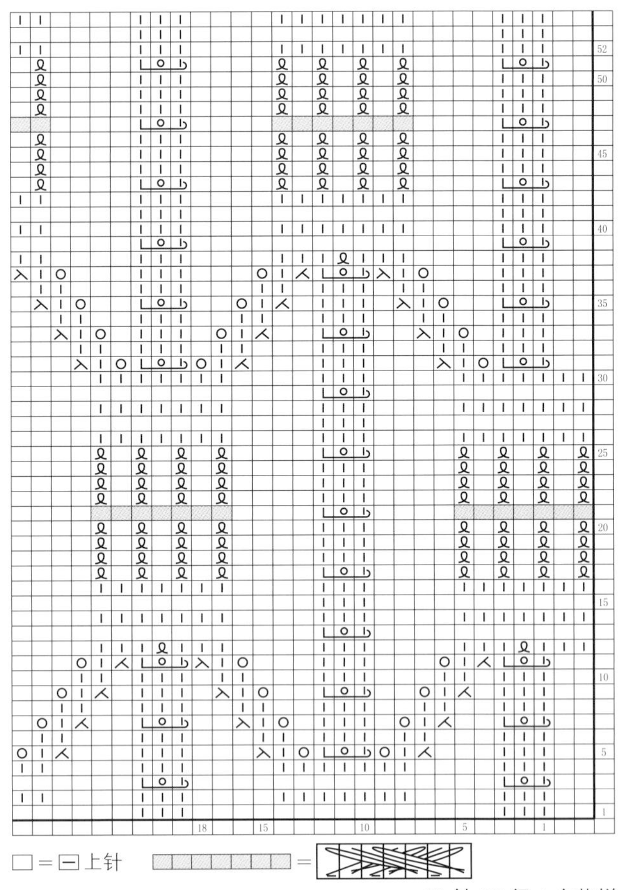

□ = ⊟ 上针

18 针 52 行 1 个花样

131

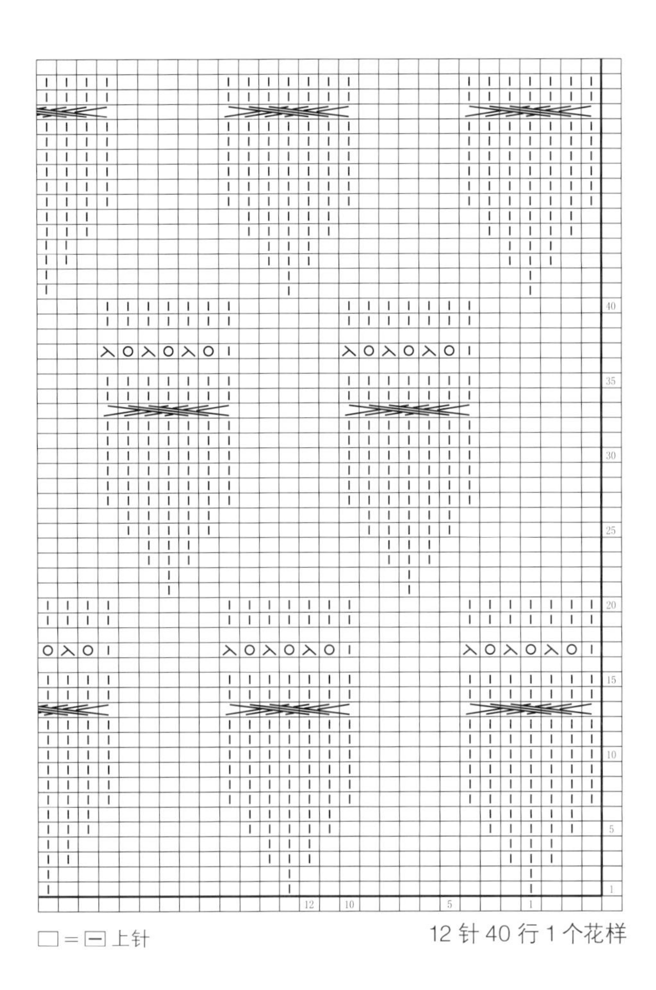

□ = ⊟ 上针　　12 针 40 行 1 个花样

132

□ = ⊟ 上针　● =　　12 针 24 行 1 个花样

花样的应用变化

横向重复同一种花样，花样之间就会形成新的空间。
我们还可以在这个小空间里进行设计，比如加入一些花样。
这款小袖套头衫就在空白处加入了下滑编织的小球花样。
带狗牙针的蕾丝花样为袖子和下摆的扇形边缘增添了华丽的气息。
另一款玛格丽特披肩则对花样做了进一步的改变，
将套头衫的花样错开一半凑成一个花样，
再加上蕾丝交叉花样，整体给人纵向延伸的感觉。
边缘用起伏针和蕾丝花样编织出了大大的锯齿形，更富灵动感和女人味。

使用花样／133、134 制作／岛村孝子 使用线／钻石线 Dia Chloe 编织方法／p.133

133

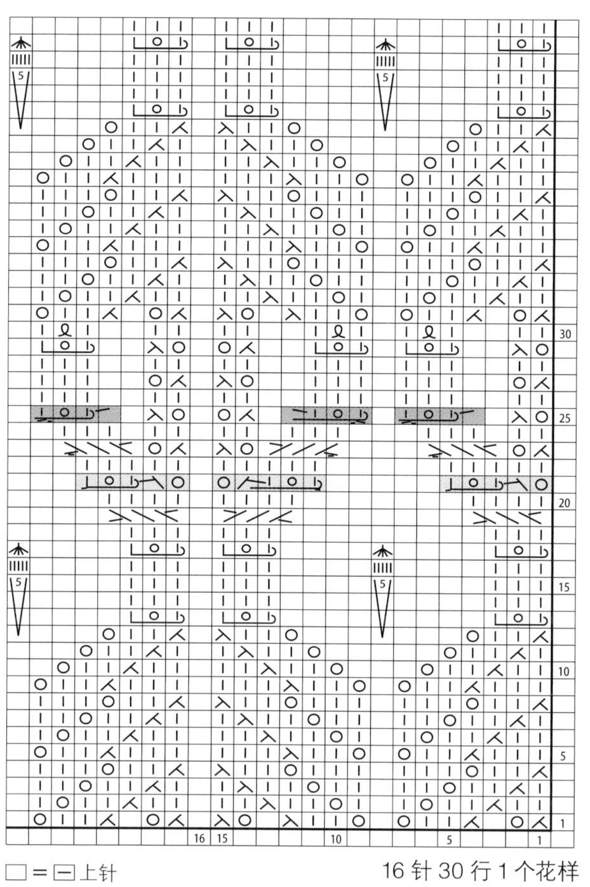

□ = ⊟ 上针

16 针 30 行 1 个花样

= 参照 p.123

花样的应用变化

134

□ = ⊟ 上针

12 行 1 个花样

25 针 30 行 1 个花样

135

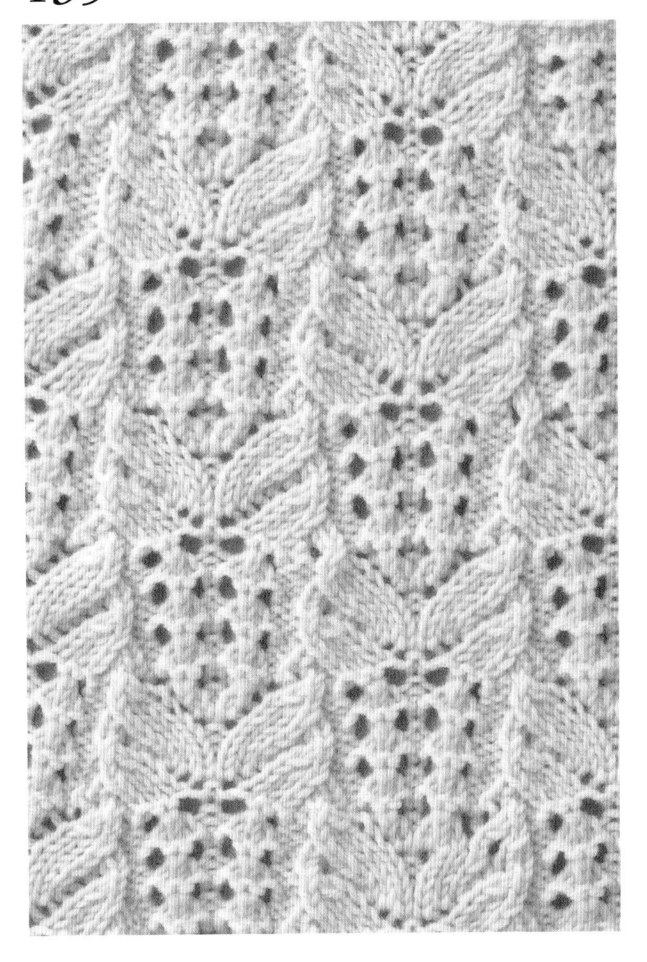

□＝⊟上针

26针24行1个花样

136

□＝⊟上针

34针24行1个花样

137

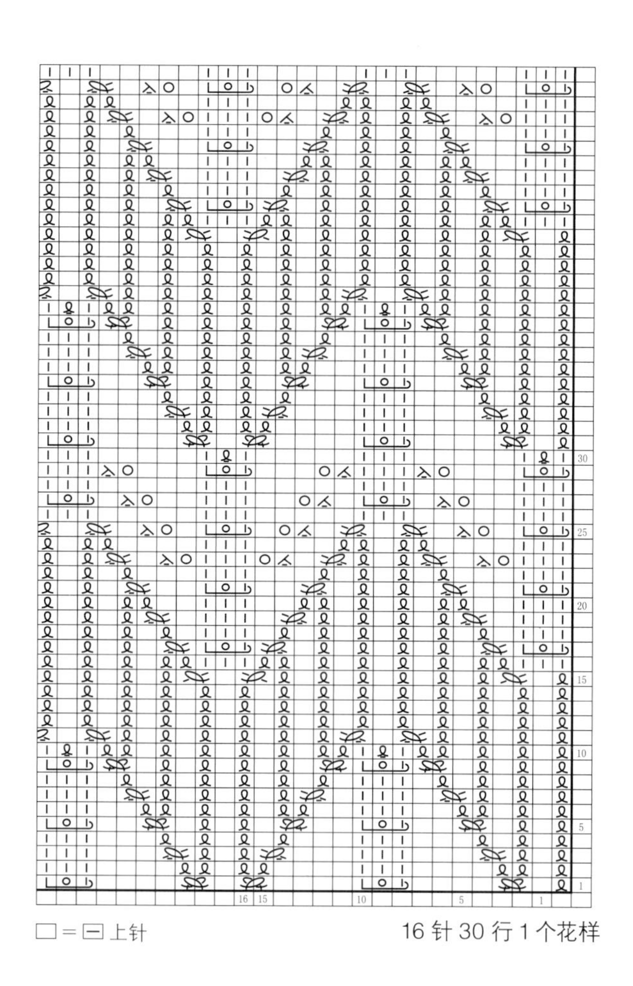

□＝⊟ 上针

16 针 30 行 1 个花样

138

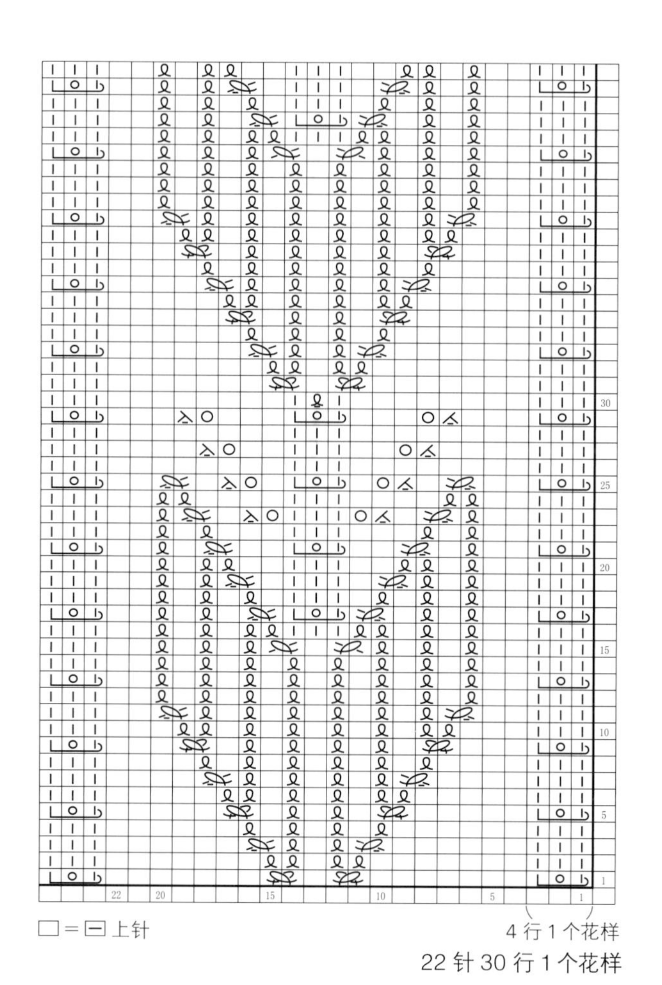

□＝⊟ 上针

4 行 1 个花样

22 针 30 行 1 个花样

139

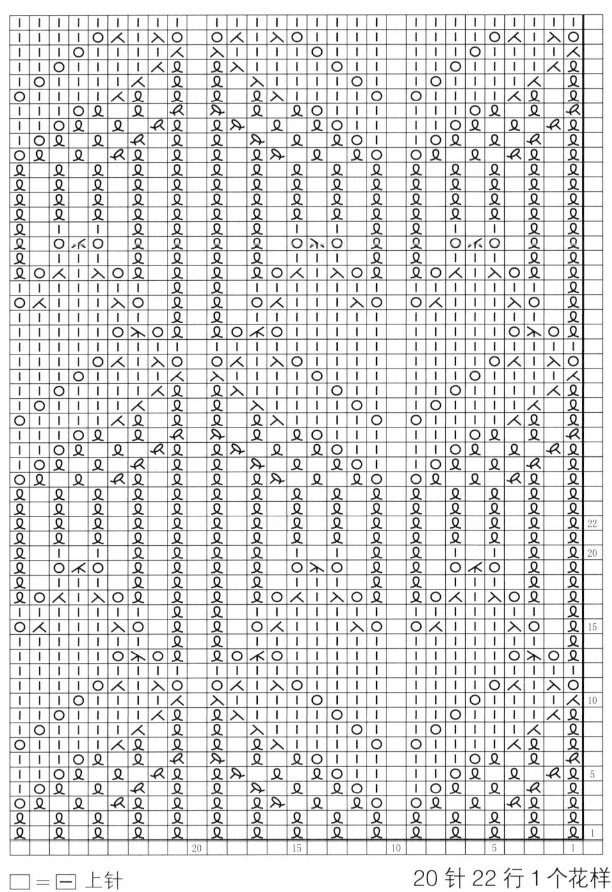

□ = ⊟ 上针

20 针 22 行 1 个花样

140

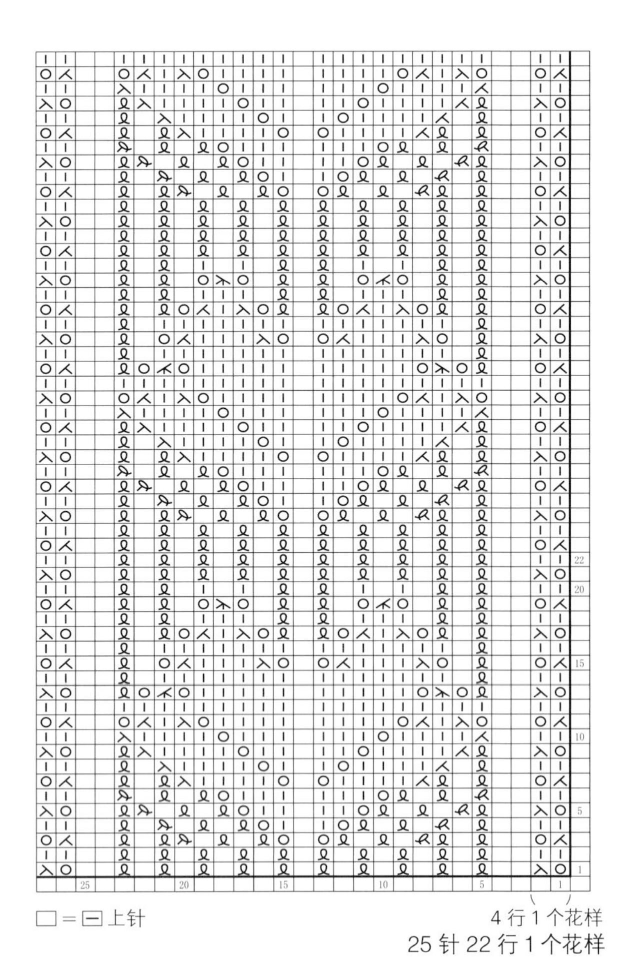

□ = ⊟ 上针

4 行 1 个花样

25 针 22 行 1 个花样

141

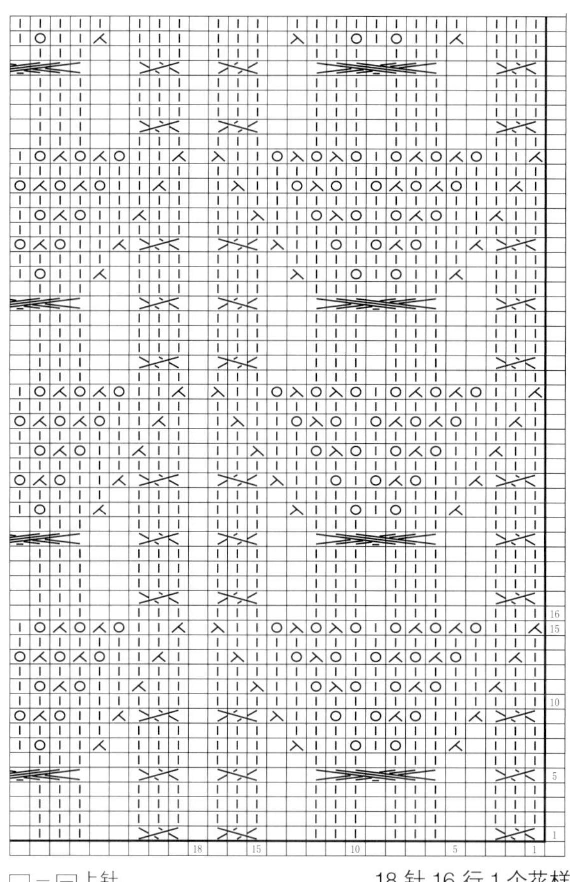

□＝⊟上针

18 针 16 行 1 个花样

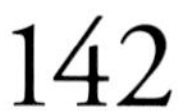

142

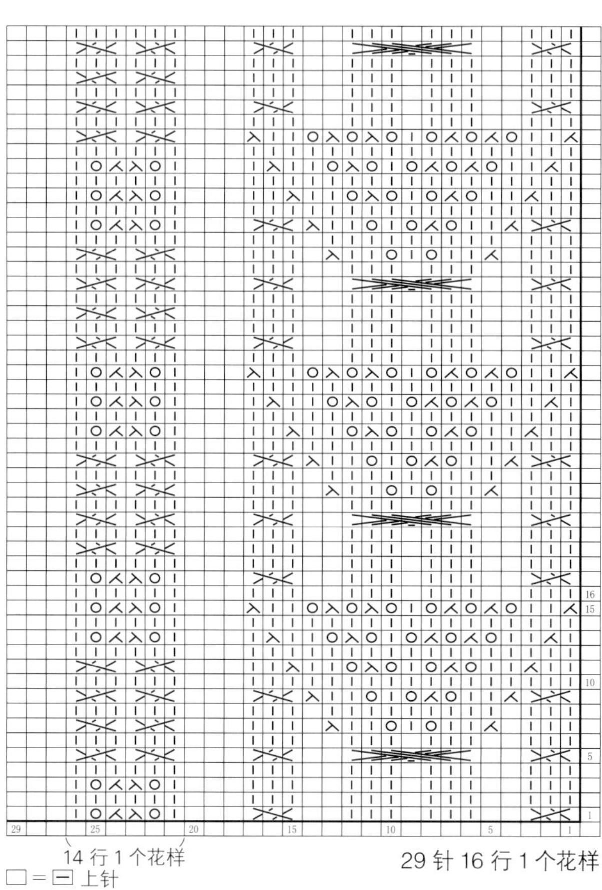

14 行 1 个花样

□＝⊟ 上针

29 针 16 行 1 个花样

143

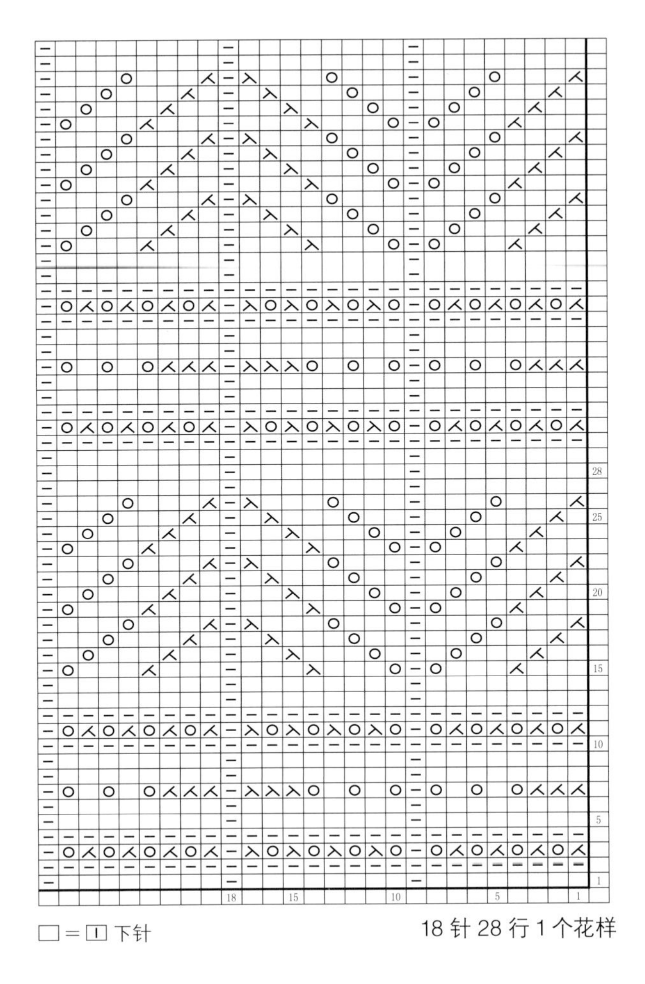

□ = ⊡ 下针

18 针 28 行 1 个花样

144

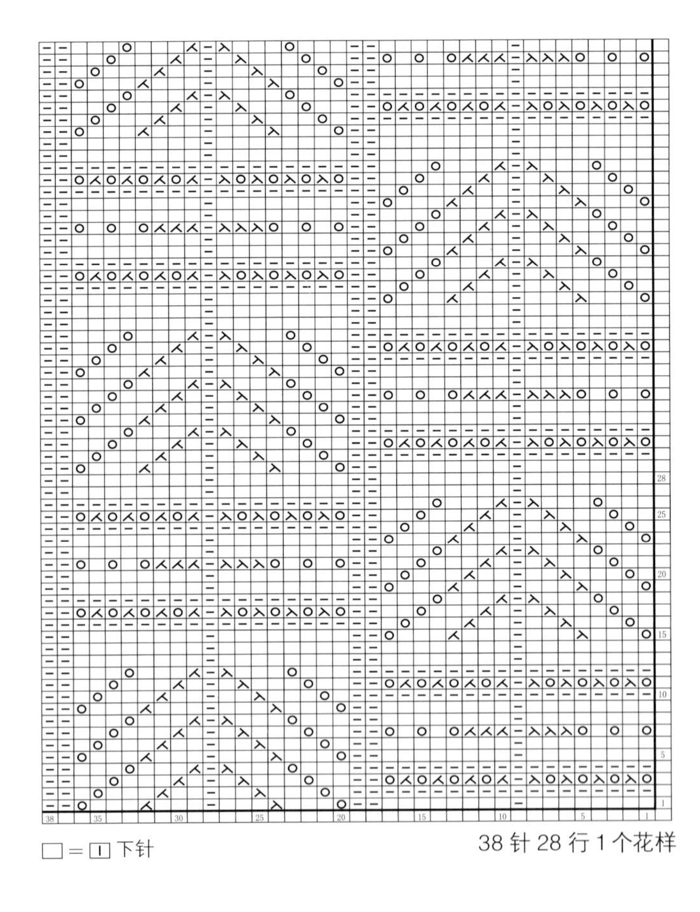

□ = ⊡ 下针

38 针 28 行 1 个花样

145

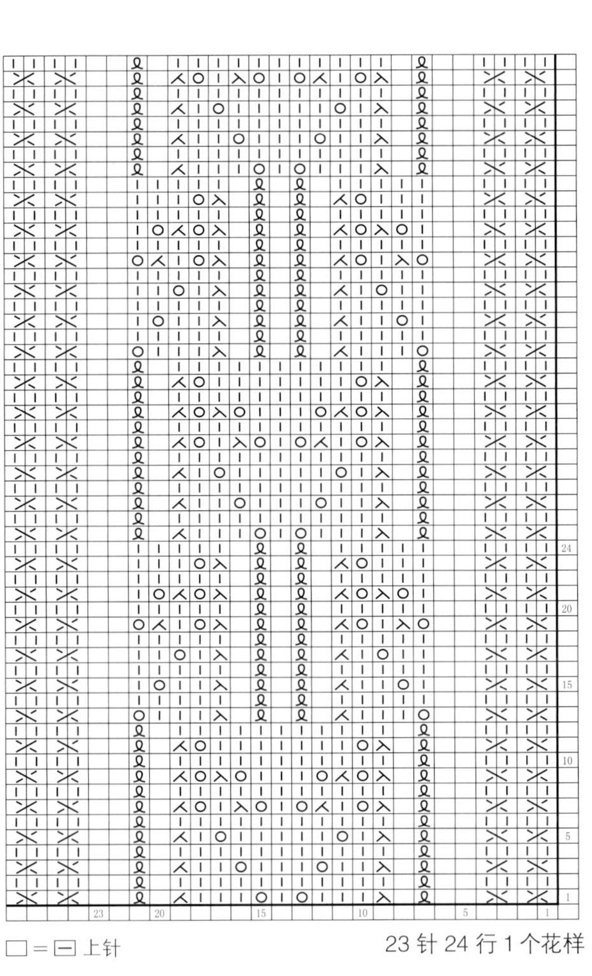

□ = ⊟ 上针

23 针 24 行 1 个花样

146

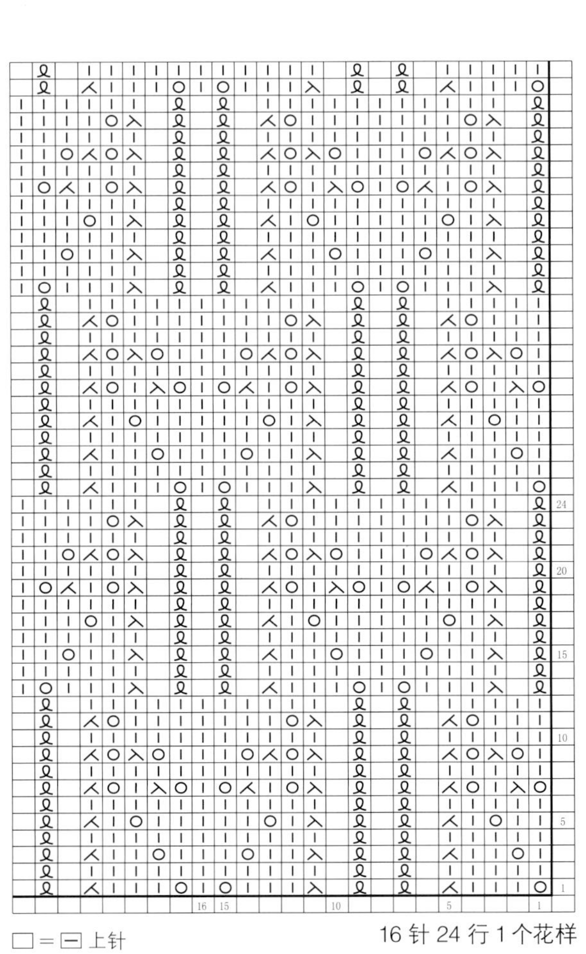

□ = ⊟ 上针

16 针 24 行 1 个花样

147

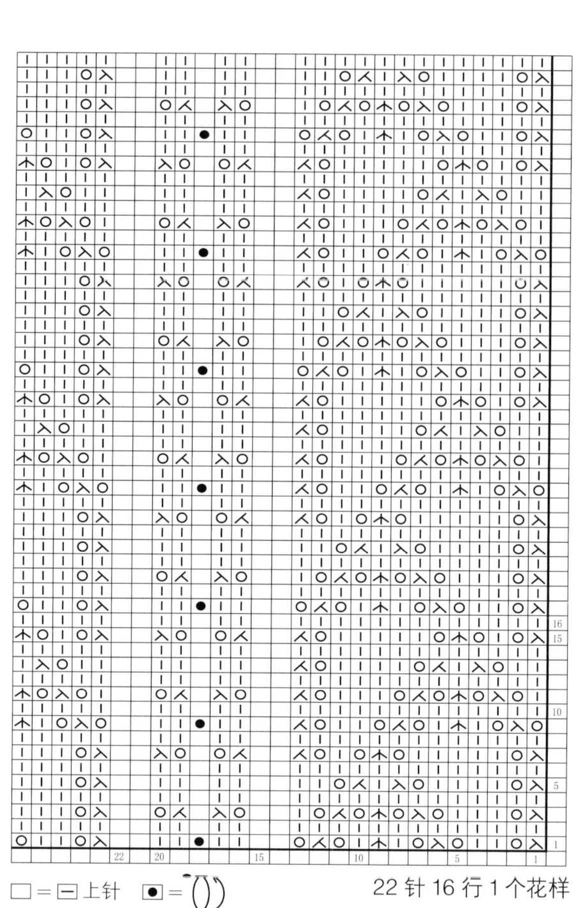

□ = ⊟ 上针　● =

22 针 16 行 1 个花样

148

□ = ⊟ 上针

28 针 16 行 1 个花样

149

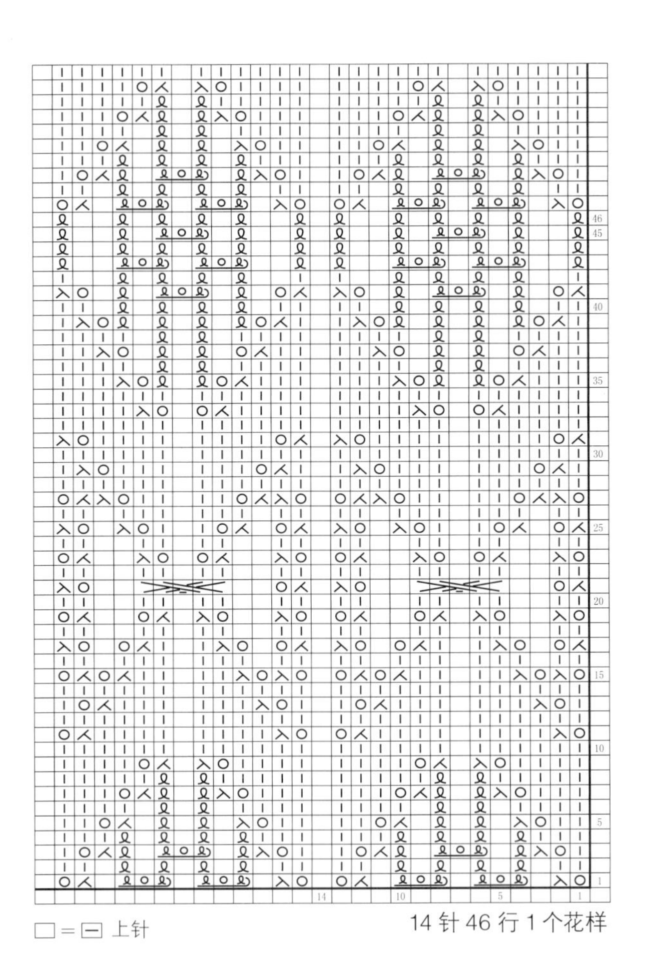

□＝⊟ 上针

14 针 46 行 1 个花样

花样的应用变化

150

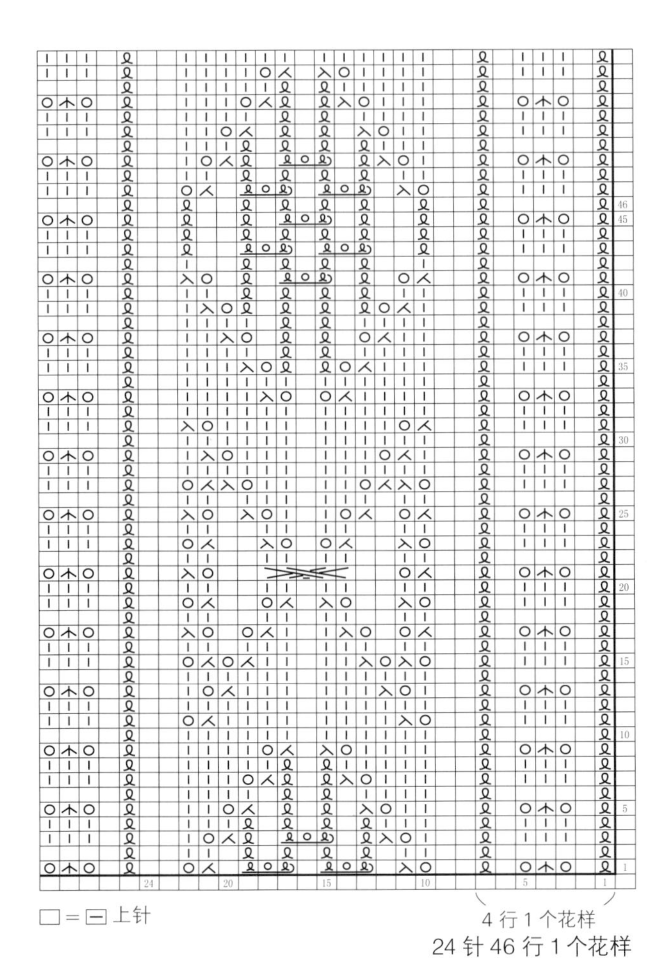

□＝⊟ 上针

4 行 1 个花样

24 针 46 行 1 个花样

151

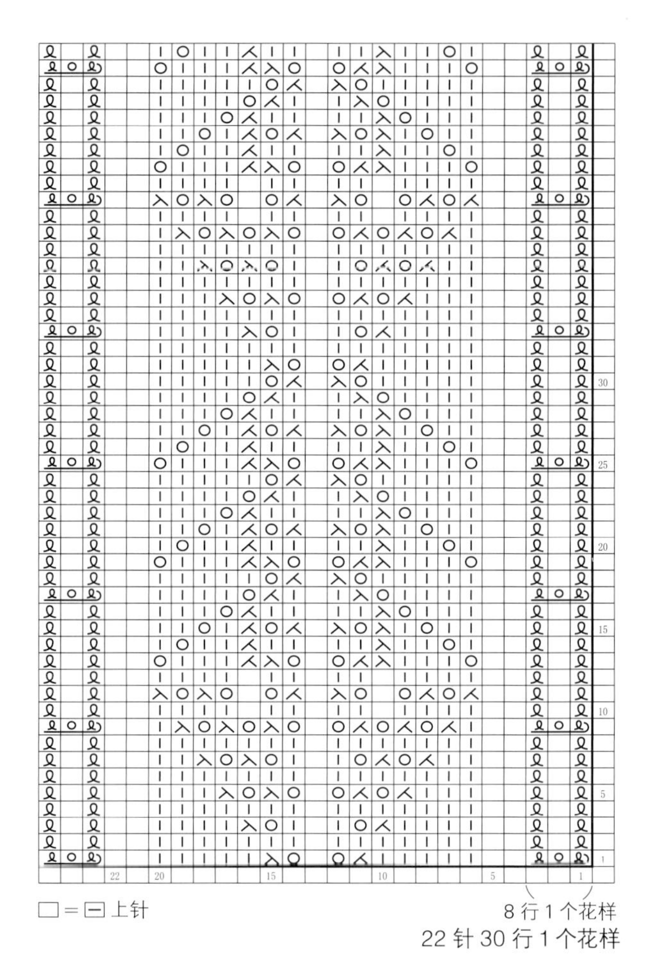

□＝⊟上针

8 行 1 个花样

22 针 30 行 1 个花样

152

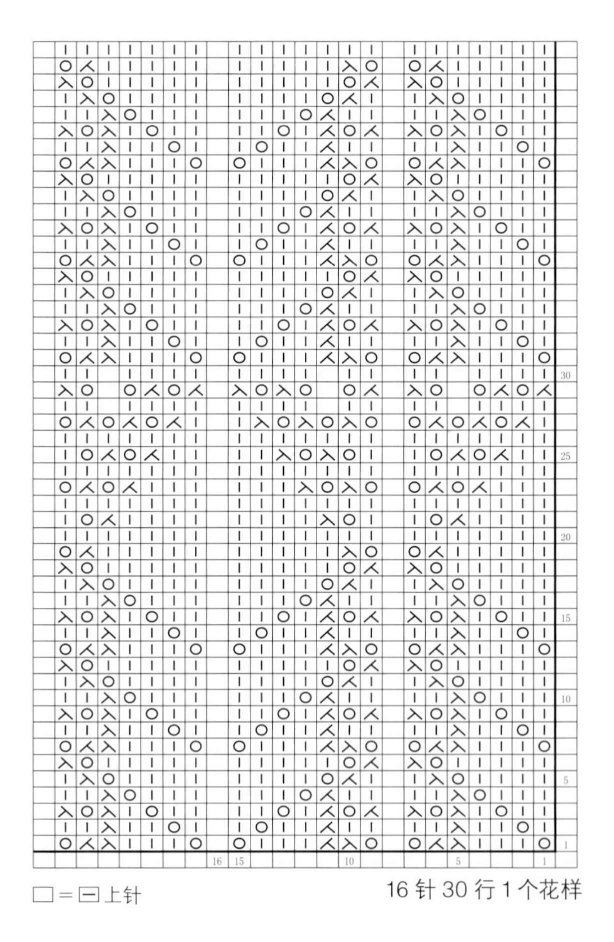

□＝⊟上针

16 针 30 行 1 个花样

153

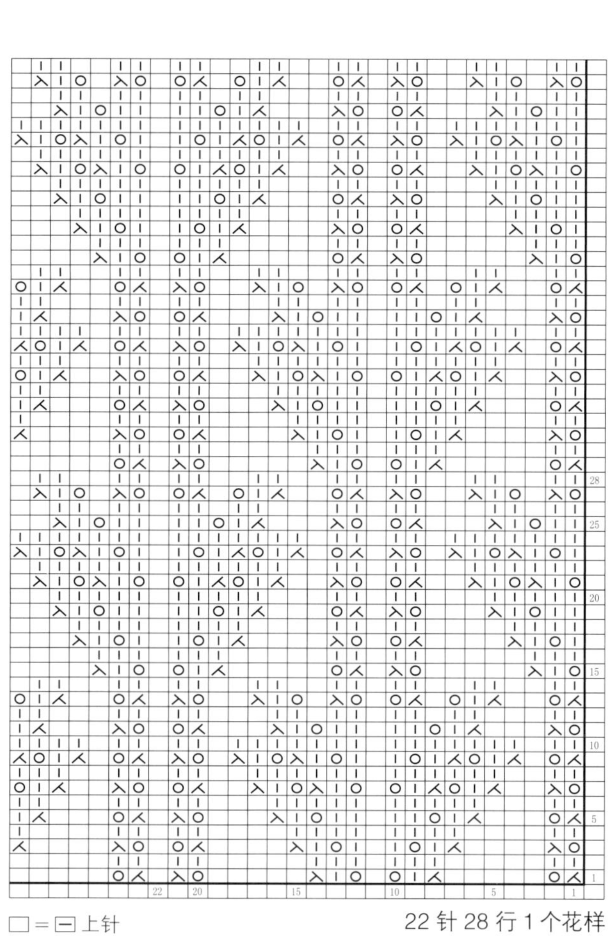

□ = ⊟ 上针

22 针 28 行 1 个花样

154

□ = ⊟ 上针

29 针 28 行 1 个花样

155

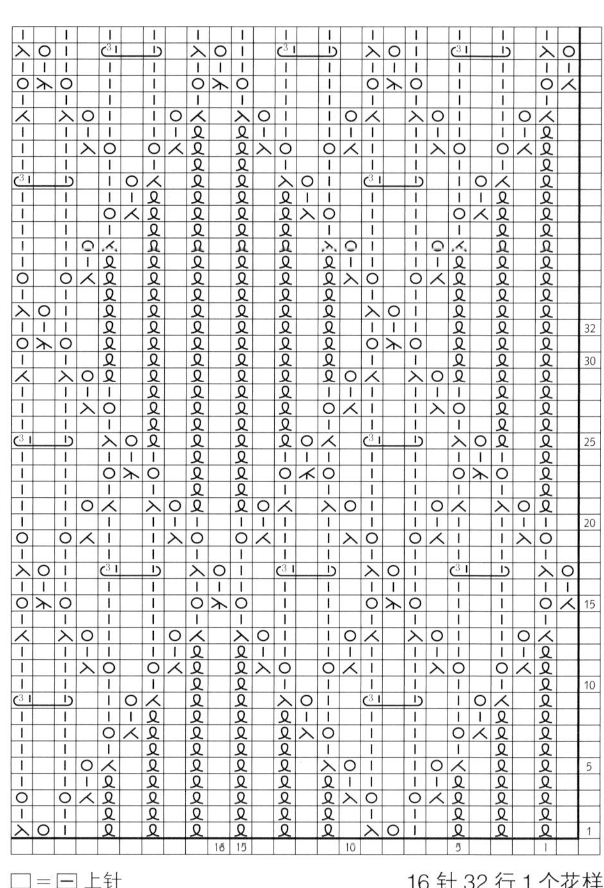

□ = ⊟ 上针

16 针 32 行 1 个花样

156

16
15
10
5
1
8
5
1

□ = ⊟ 上针

8 针 16 行 1 个花样

157

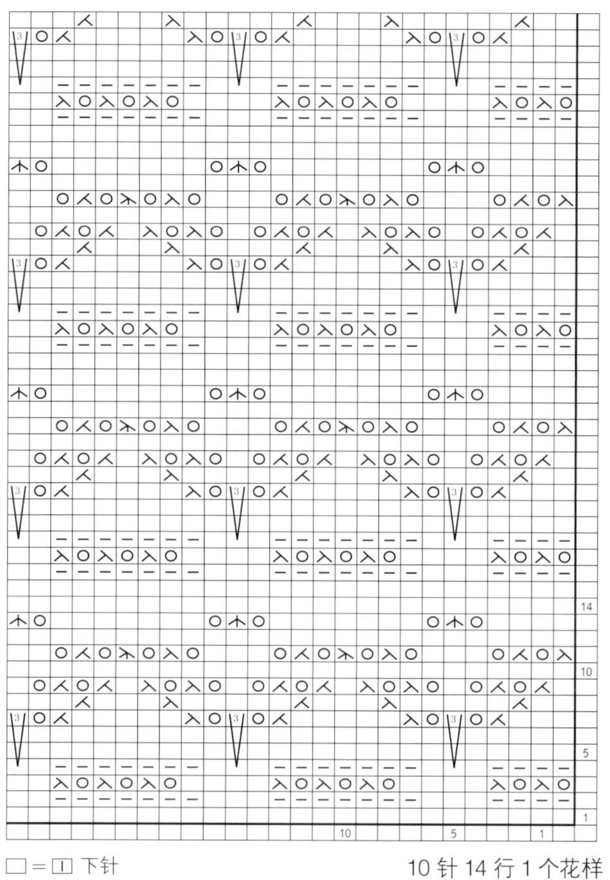

□ = 丨 下针

10 针 14 行 1 个花样

花样的应用变化

158

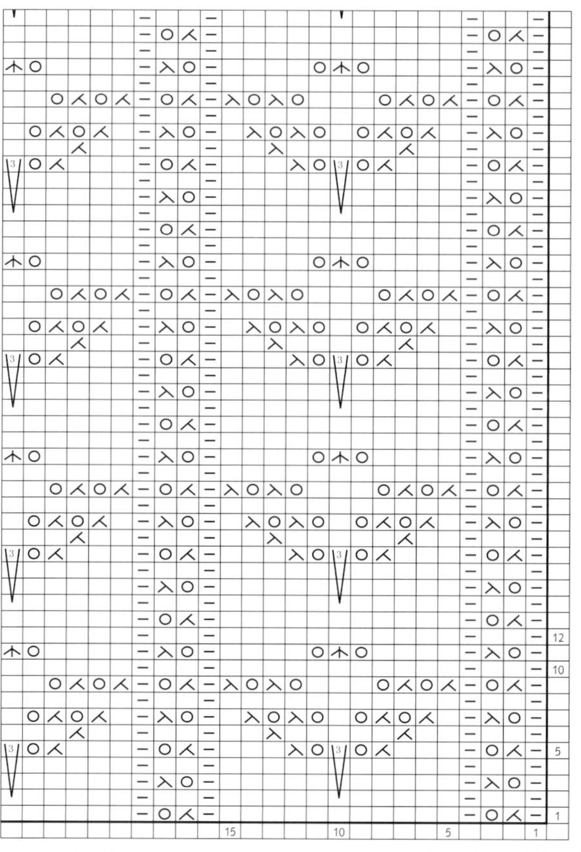

□ = 丨 下针

15 针 12 行 1 个花样

交叉花样

这是一款交叉花样的开衫。
主要花样是结编的交叉，中间的椭圆形部分加入了扭针的交叉。
这是我最喜欢的花样之一。
为了使肩部保留主要花样，另外增加了2种花样。
边缘部分也与身片一样加入了交叉花样。

使用花样／164 制作／今井泰子 使用线／钻石线 Diadomina <novum> 编织方法／p.137

159

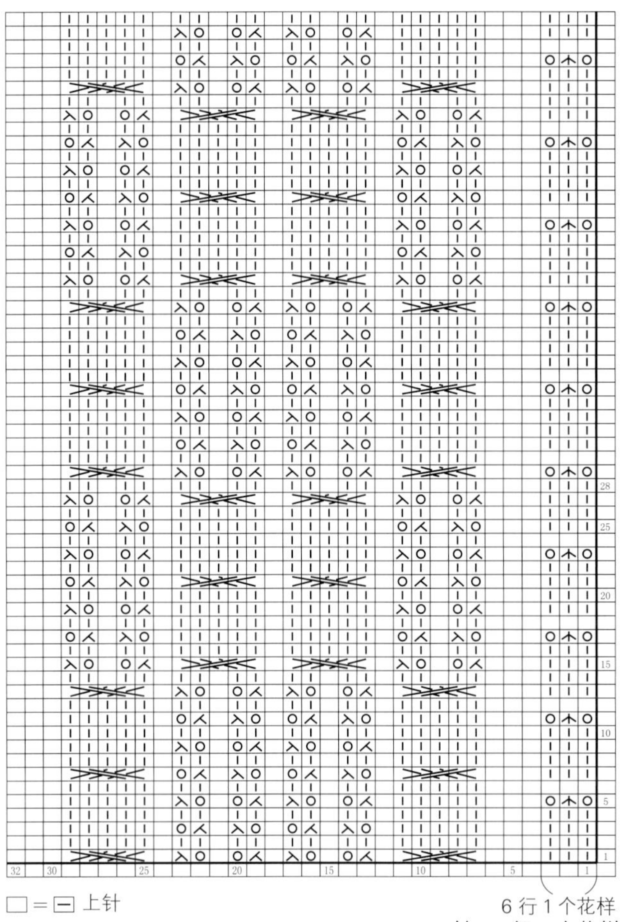

□＝⊟ 上针

6 行 1 个花样

32 针 28 行 1 个花样

160

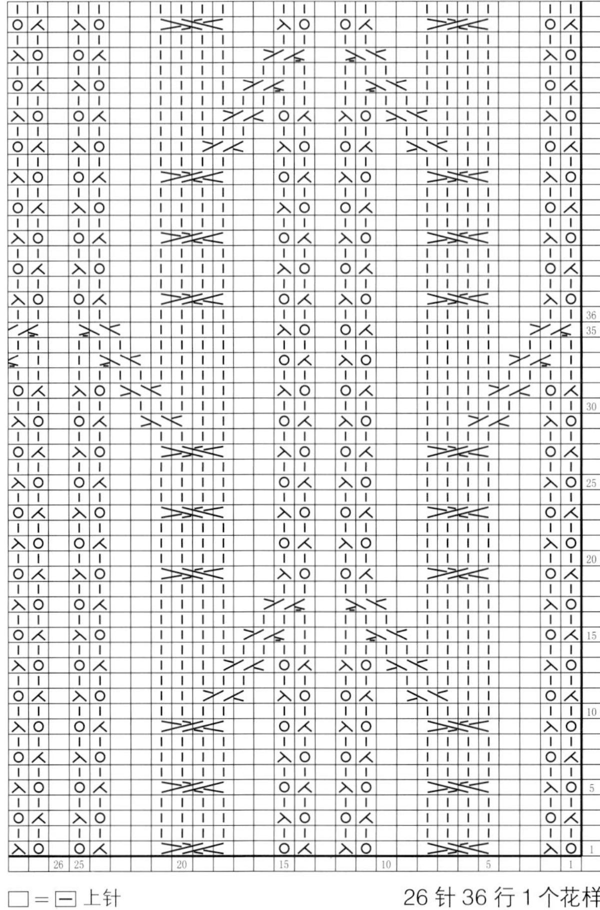

□＝⊟ 上针

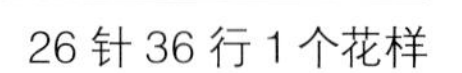

26 针 36 行 1 个花样

161

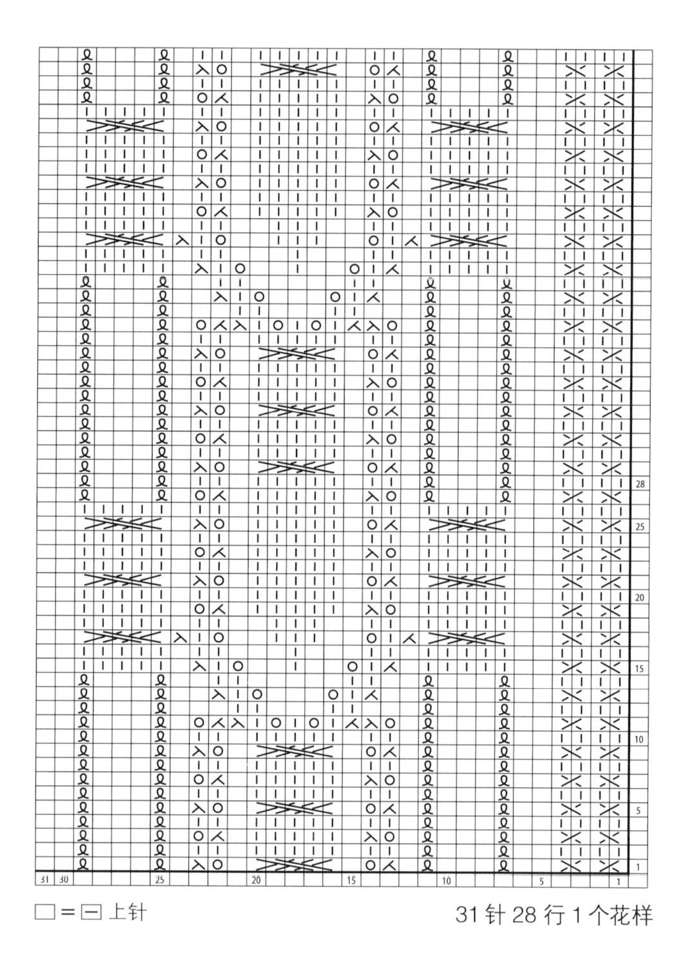

□＝⊟ 上针

31 针 28 行 1 个花样

162

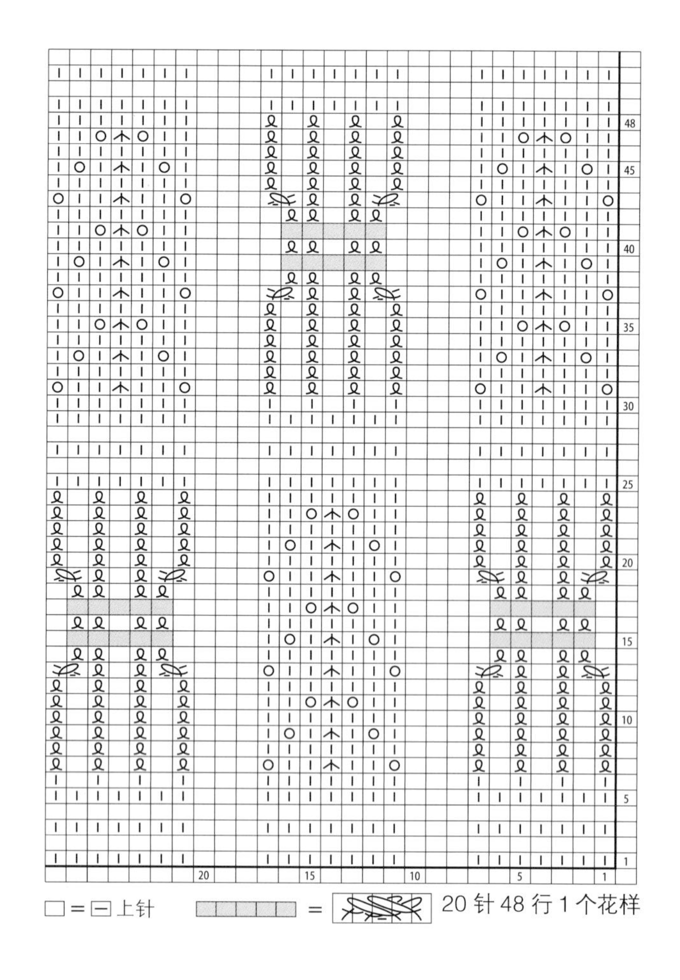

□＝⊟ 上针

20 针 48 行 1 个花样

163

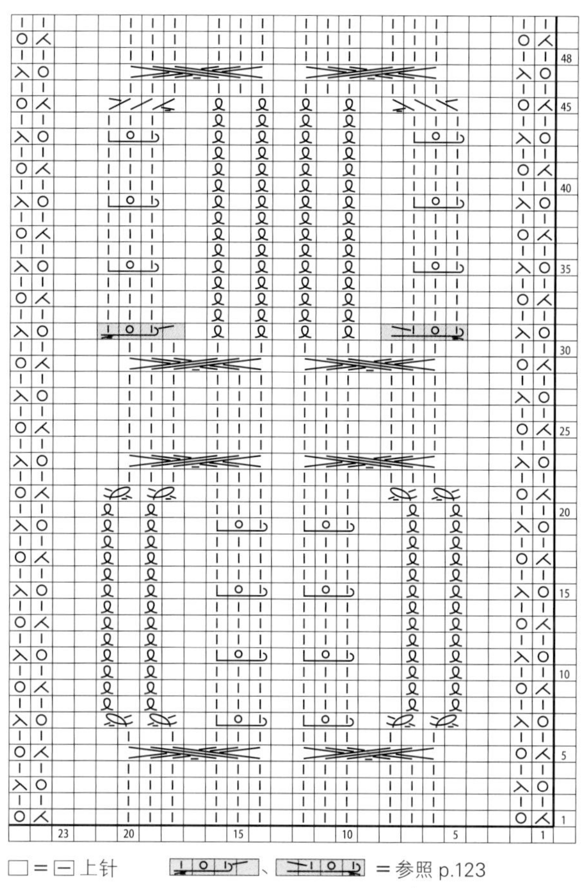

□＝⊟上针　　[symbol]、[symbol] ＝参照 p.123

23 针 48 行 1 个花样

164

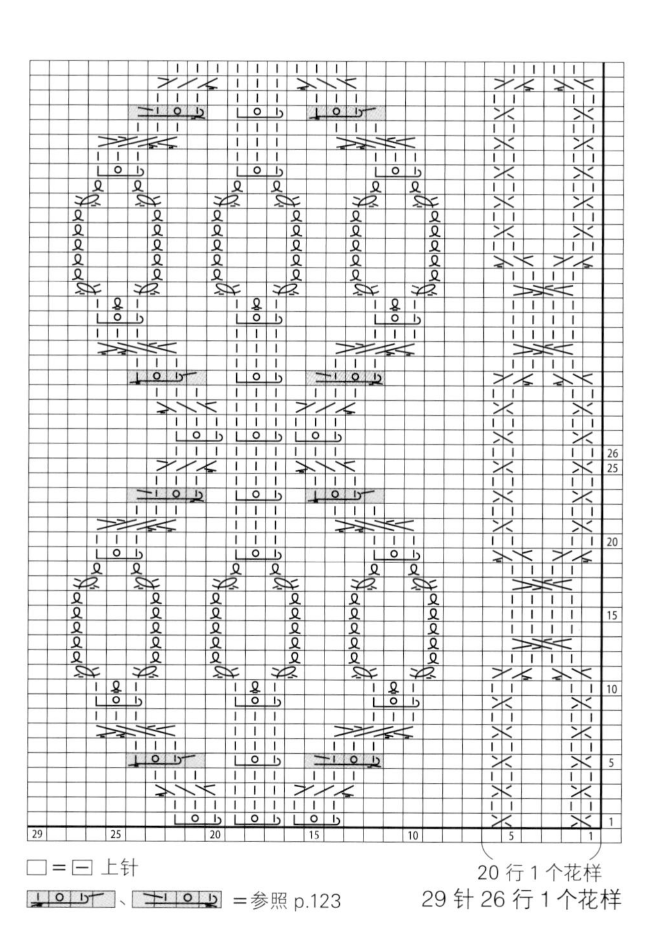

□＝⊟ 上针

[symbol]、[symbol] ＝参照 p.123

20 行 1 个花样

29 针 26 行 1 个花样

165

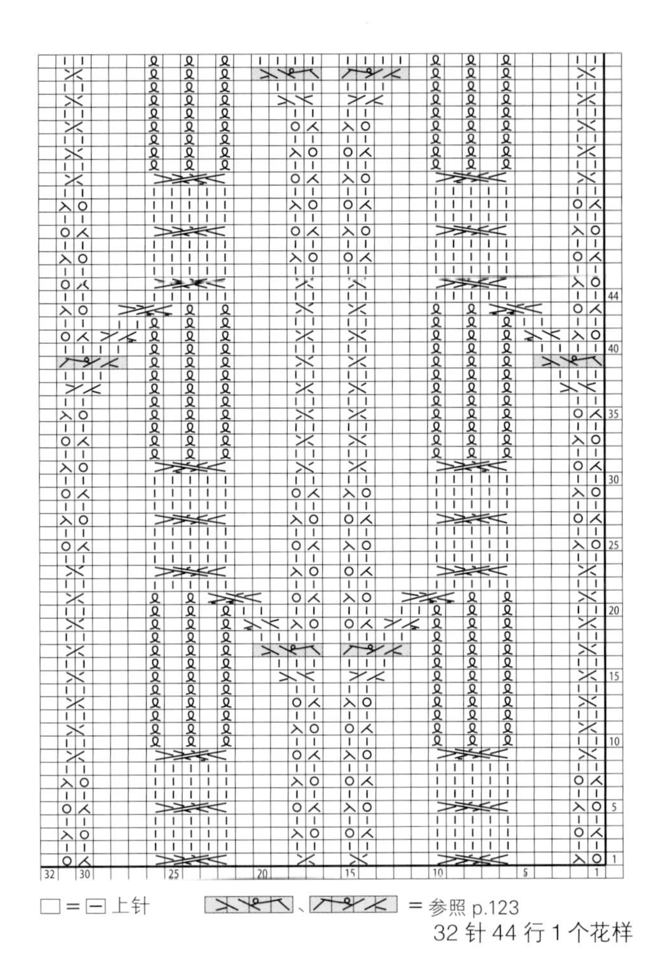

□＝⊟上针　　（图示符号）、（图示符号）＝参照 p.123

32 针 44 行 1 个花样

166

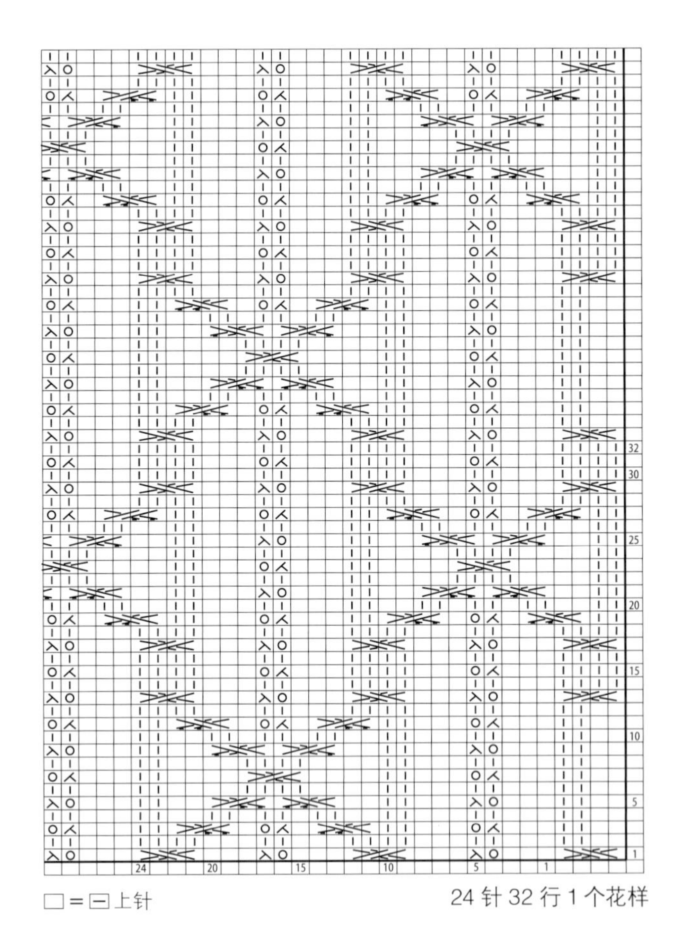

□＝⊟上针

24 针 32 行 1 个花样

167

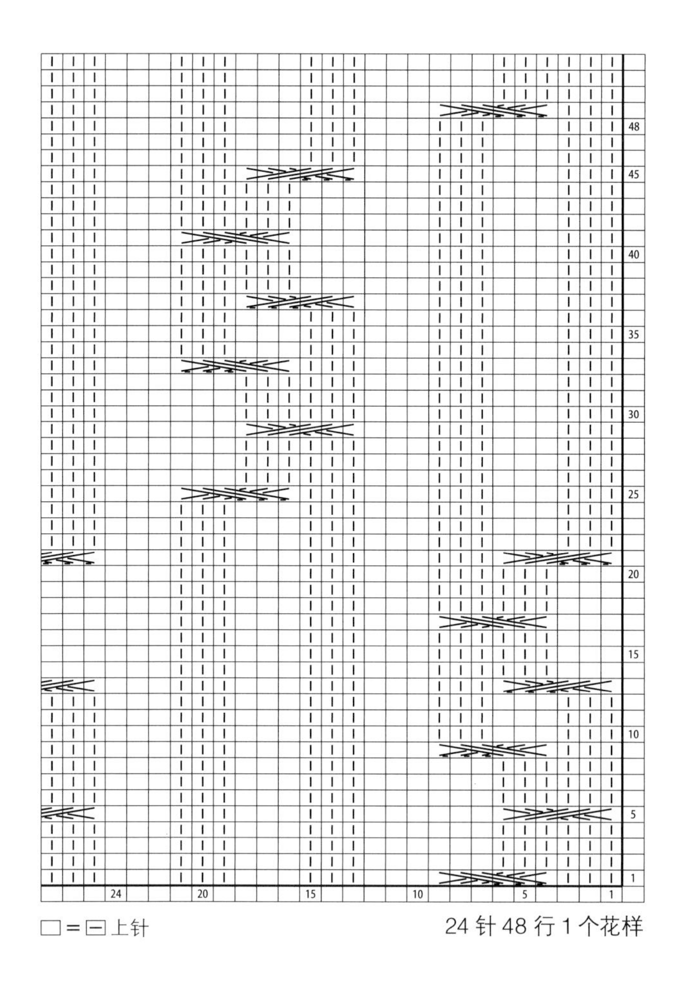

□＝⊟ 上针

24 针 48 行 1 个花样

交叉花样

168

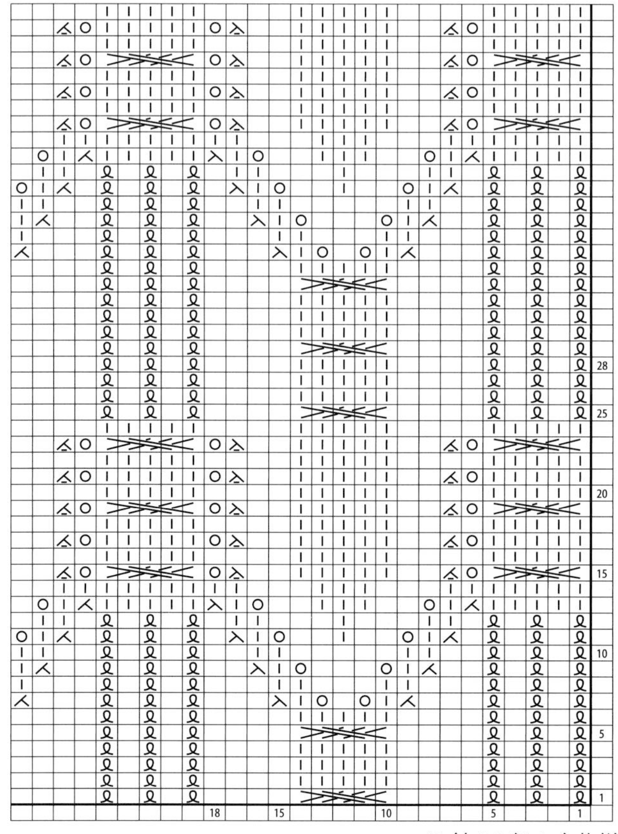

□＝⊟ 上针

18 针 28 行 1 个花样

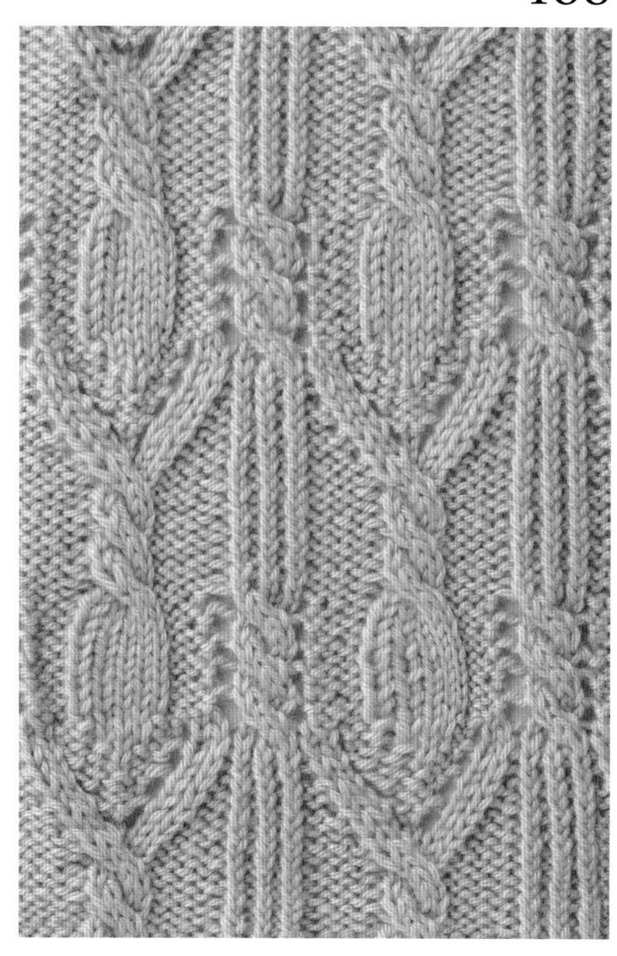

169

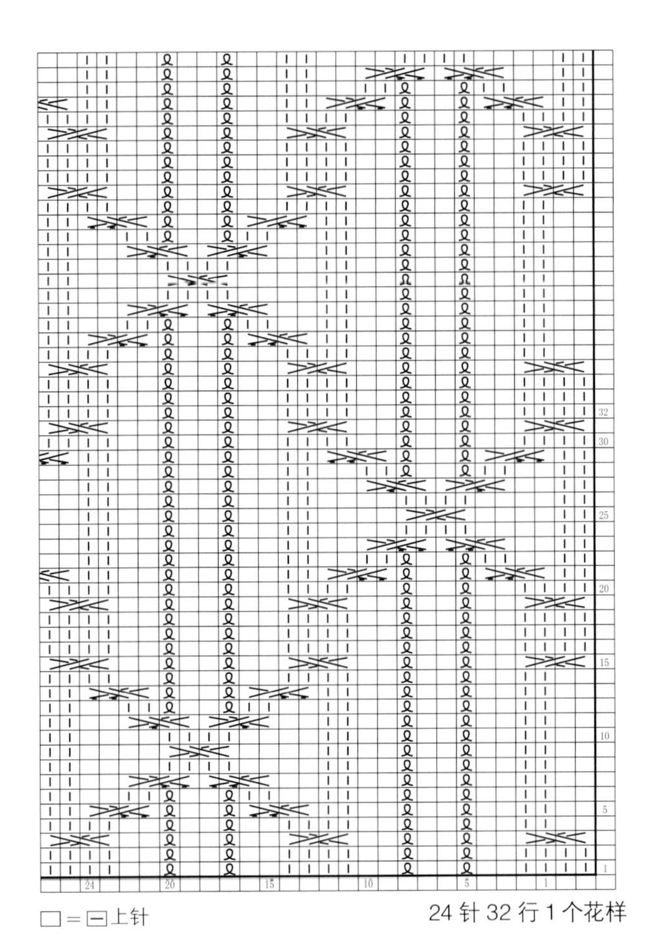

□ = ⊟ 上针

24 针 32 行 1 个花样

170

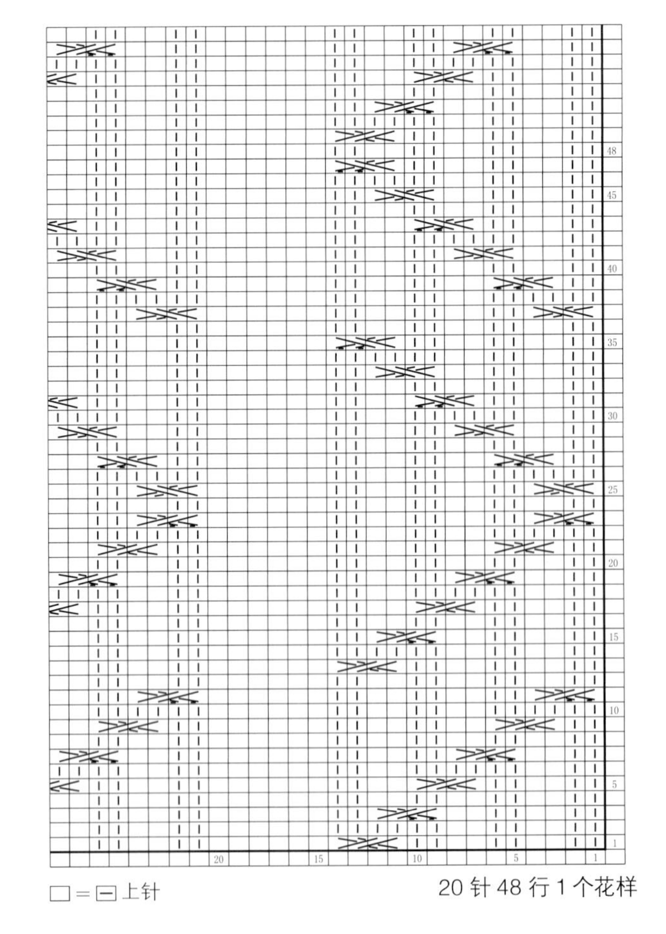

□ = ⊟ 上针

20 针 48 行 1 个花样

171

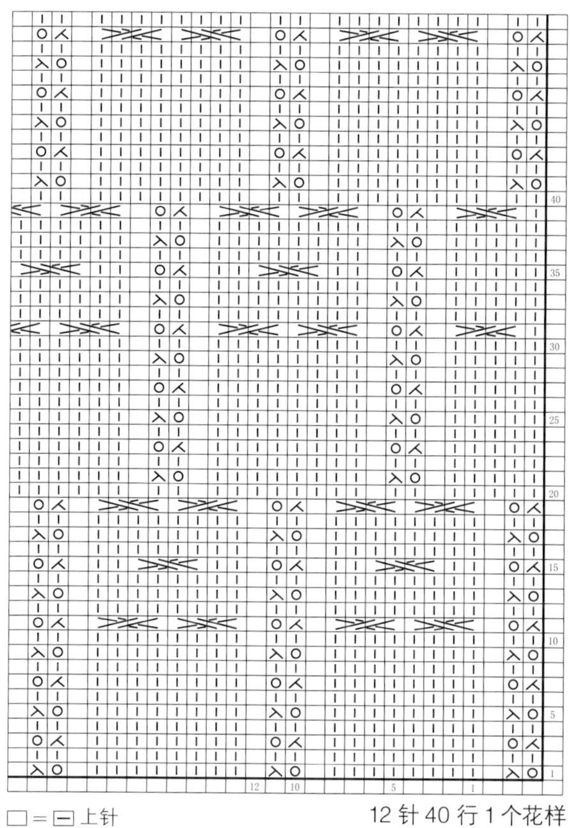

□＝⊟上针

12 针 40 行 1 个花样

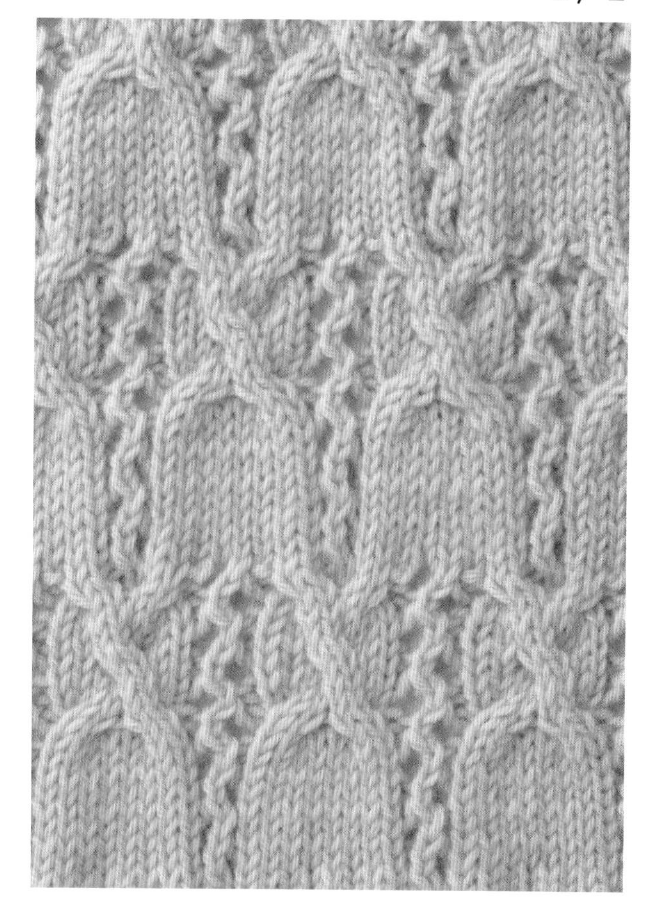

交叉花样

172

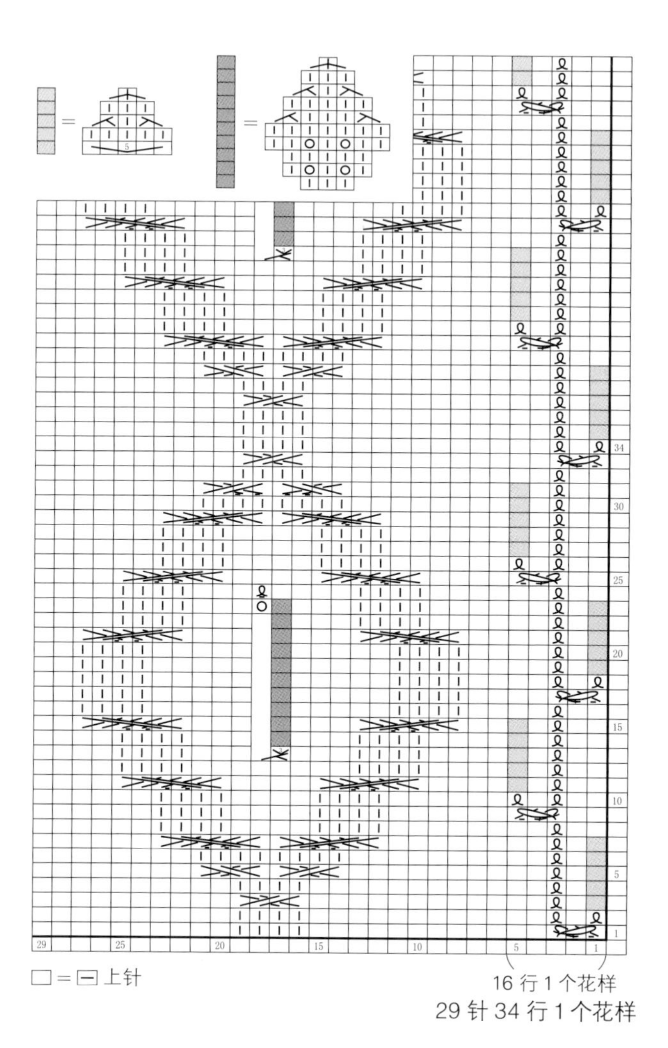

□＝⊟上针

16 行 1 个花样

29 针 34 行 1 个花样

173

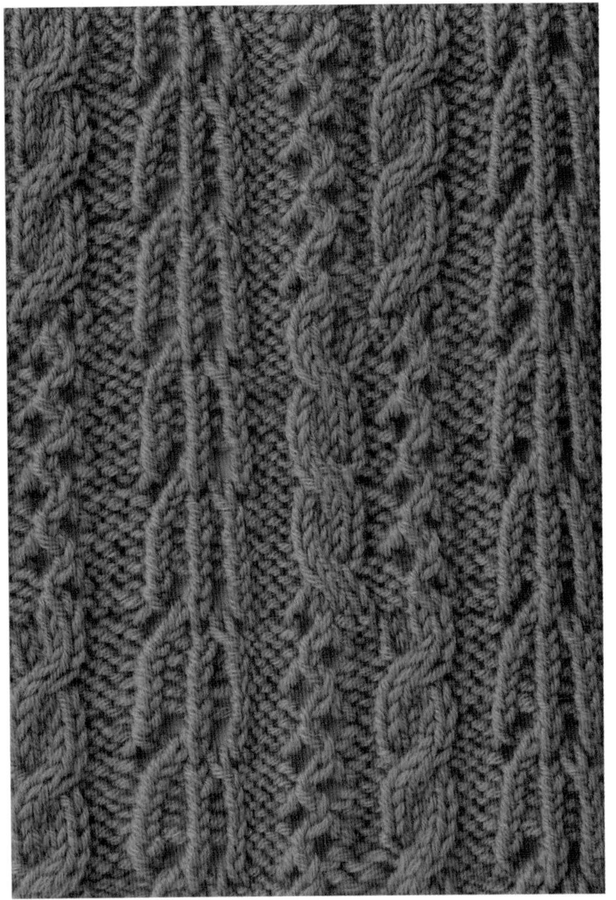

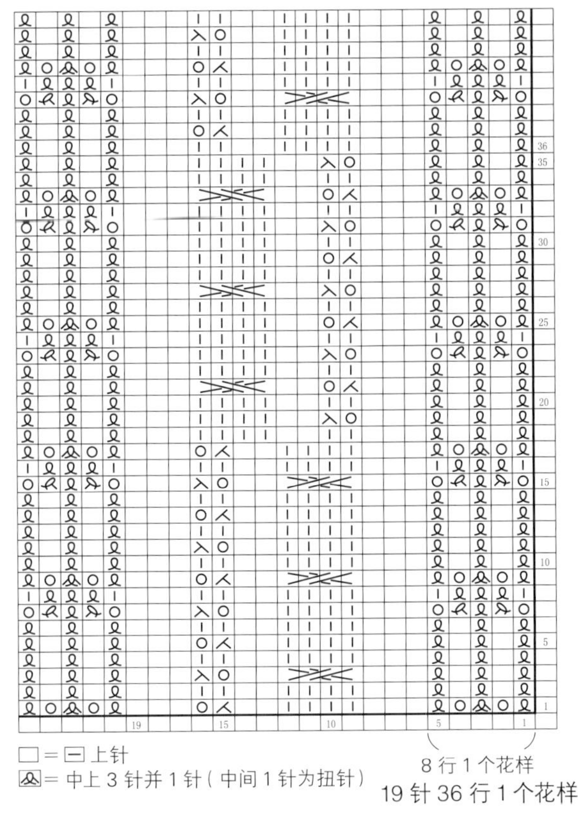

□ = ⊟ 上针

[符号] = 中上 3 针并 1 针（中间 1 针为扭针）

8 行 1 个花样

19 针 36 行 1 个花样

174

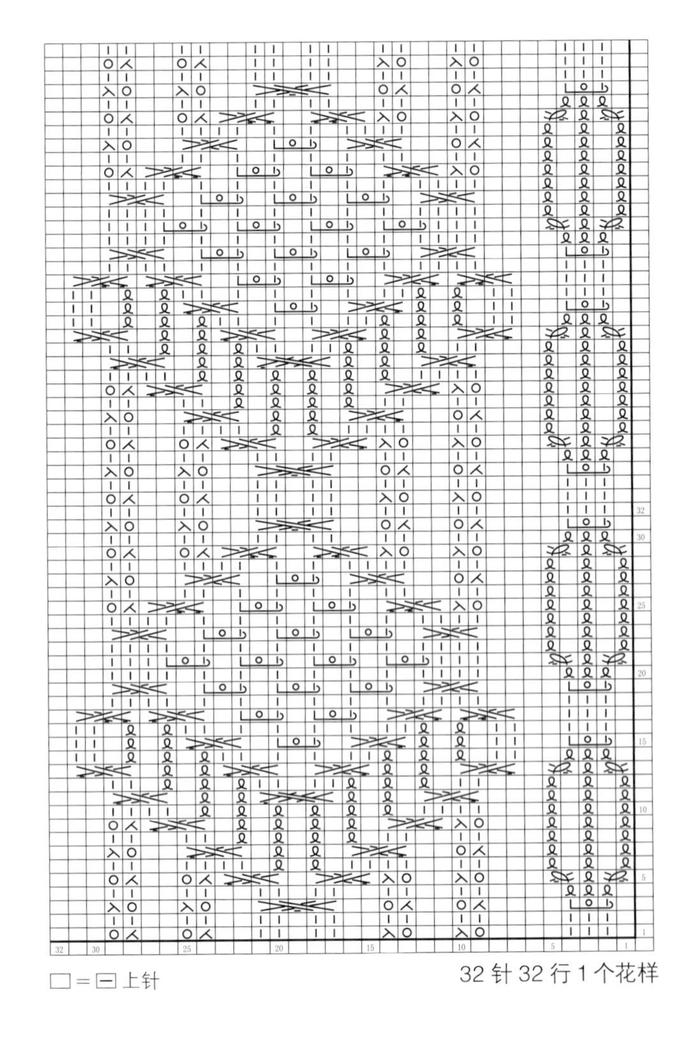

□ = ⊟ 上针

32 针 32 行 1 个花样

175

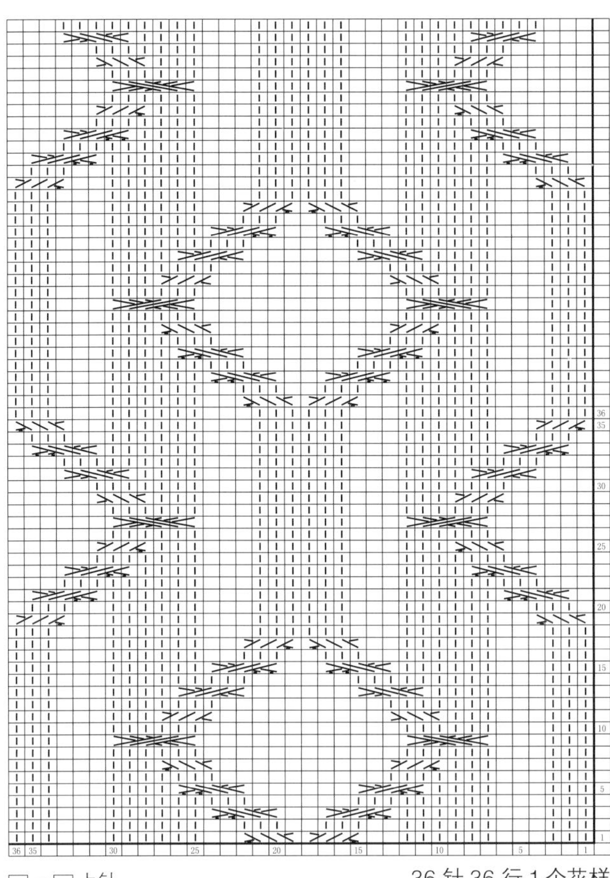

□ = ⊟ 上针

36 针 36 行 1 个花样

176

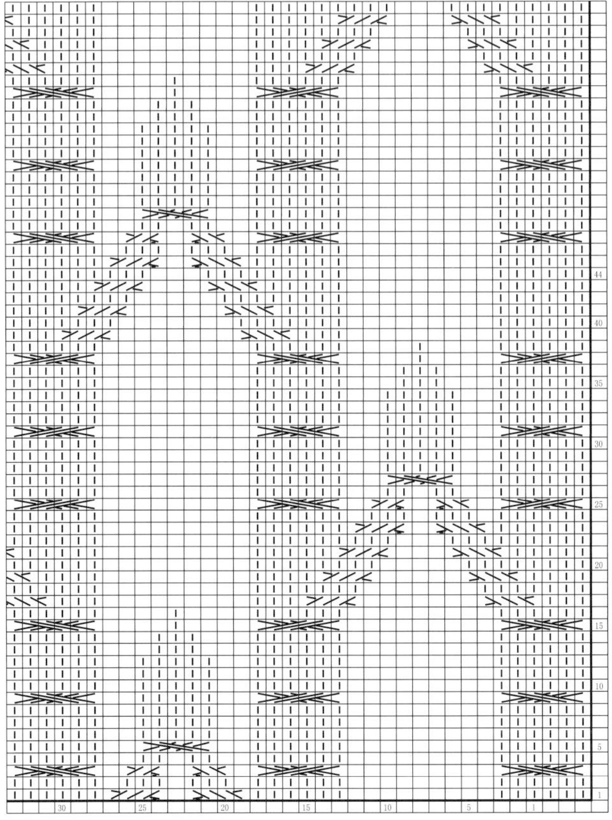

□ = ⊟ 上针

30 针 44 行 1 个花样

177

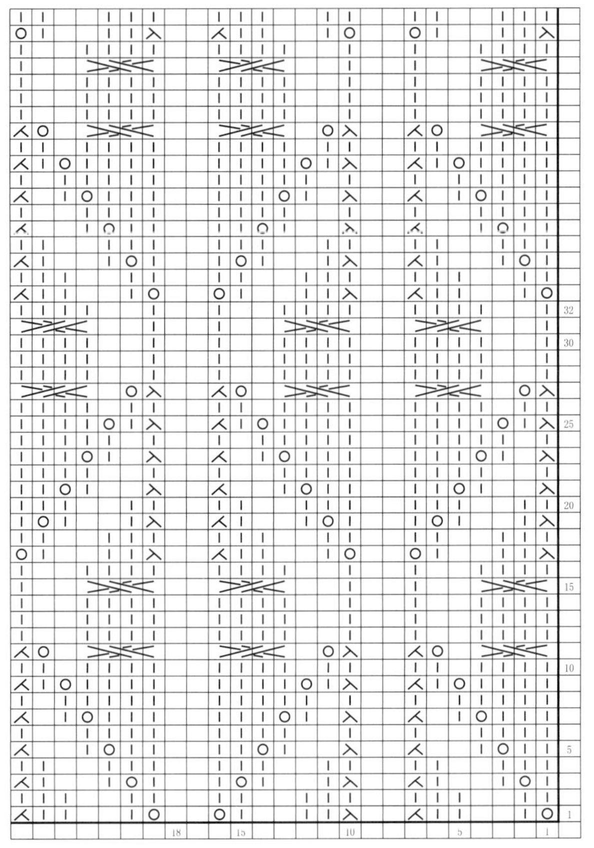

□＝⊟ 上针

18 针 32 行 1 个花样

178

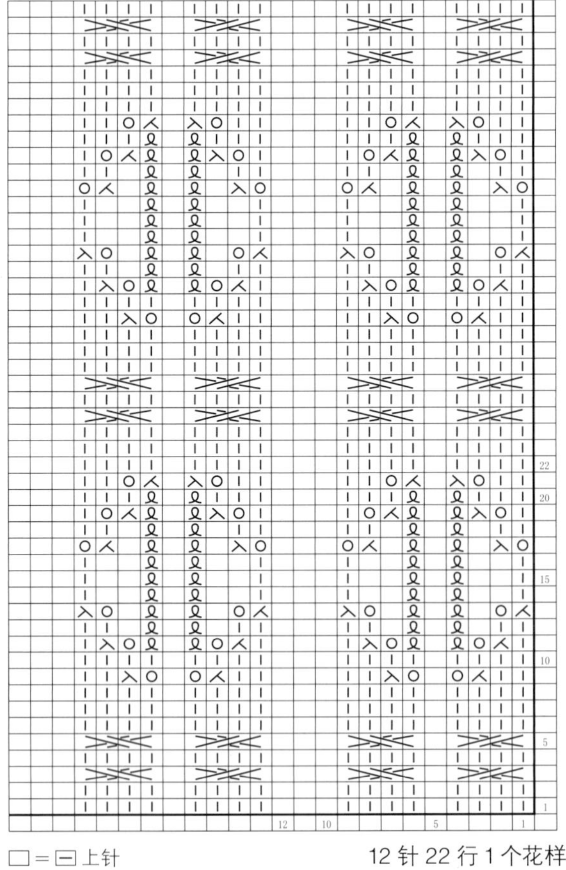

□＝⊟ 上针

12 针 22 行 1 个花样

179

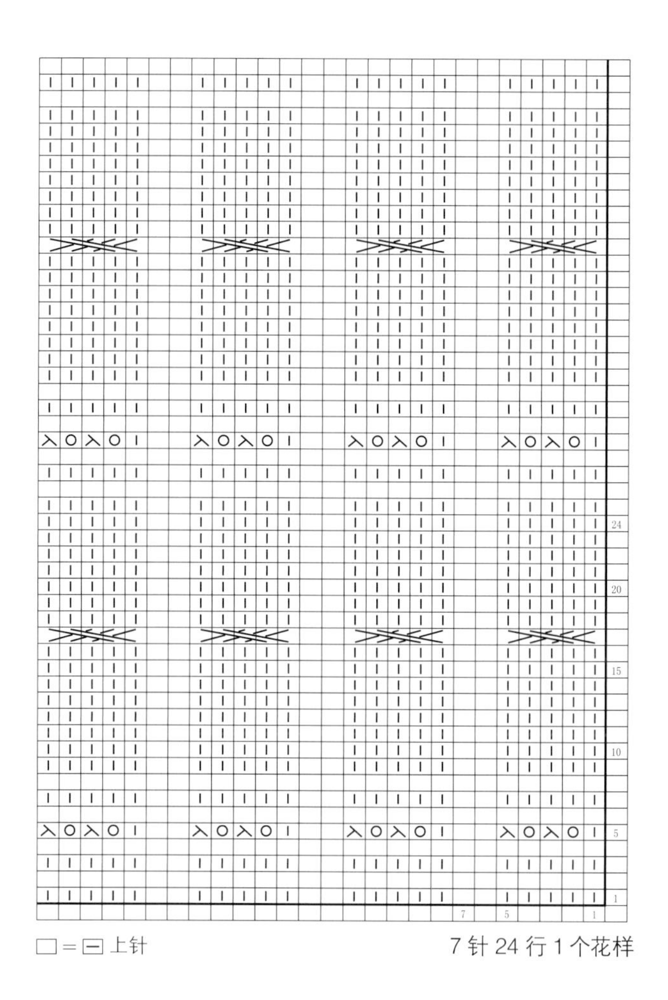

□ = ⊟ 上针

7 针 24 行 1 个花样

交叉花样

180

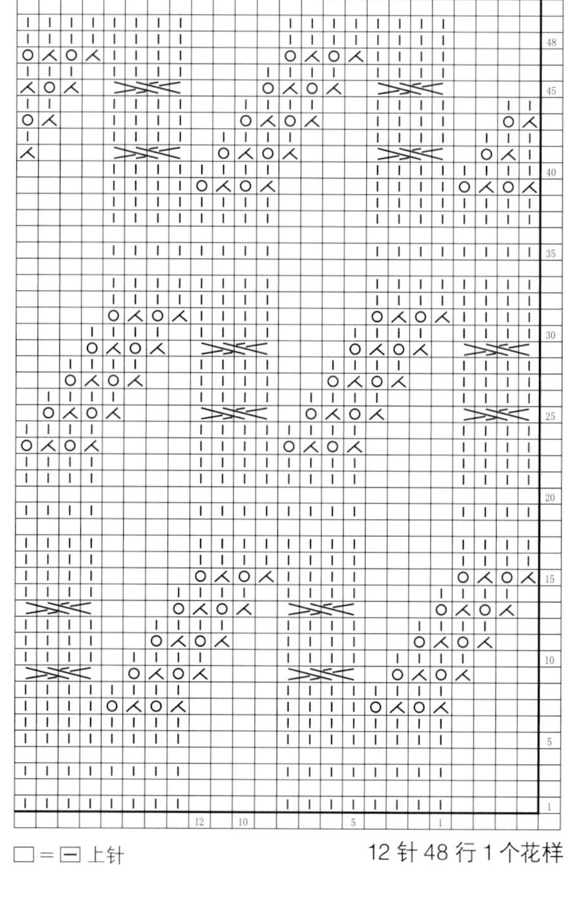

□ = ⊟ 上针

12 针 48 行 1 个花样

181

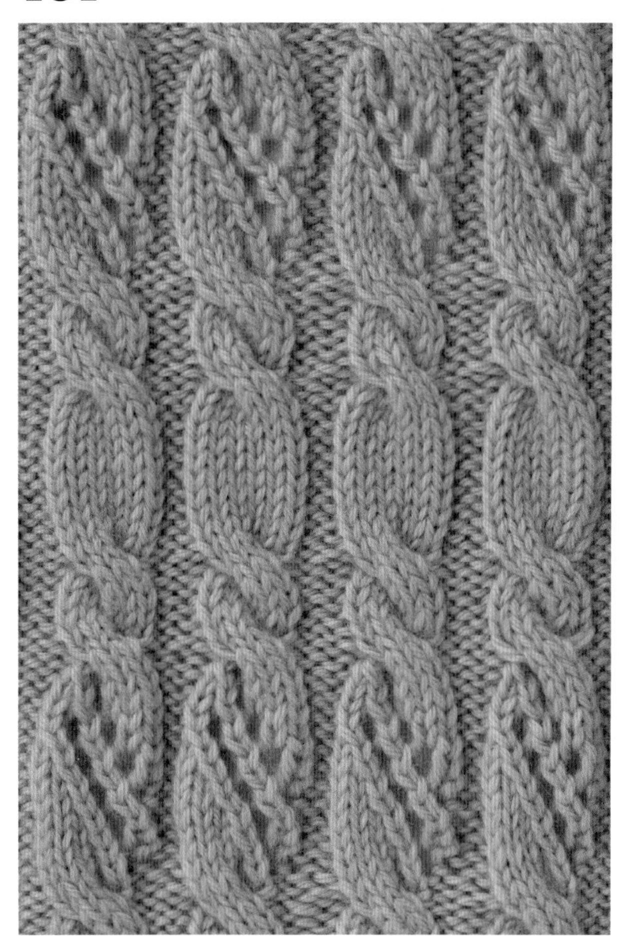

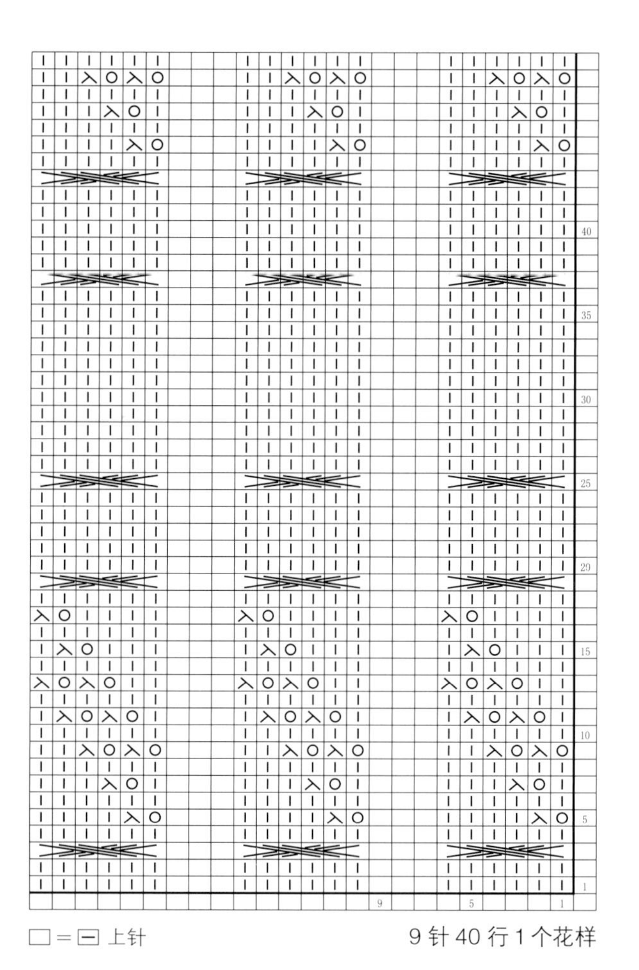

□＝⊟ 上针　　9 针 40 行 1 个花样

182

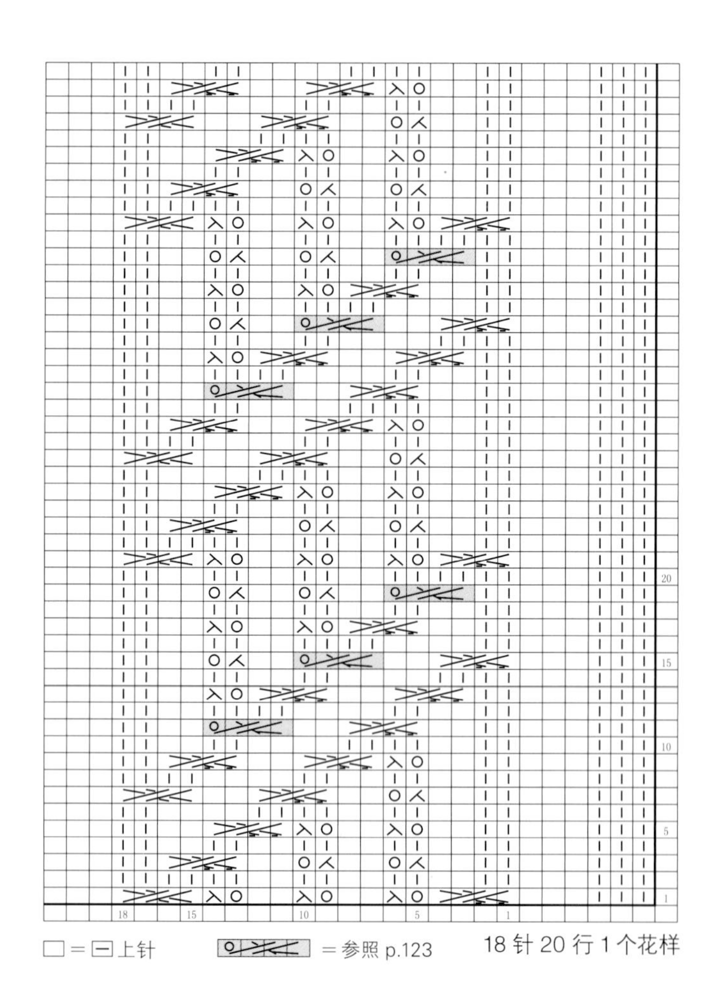

□＝⊟ 上针　　＝参照 p.123　　18 针 20 行 1 个花样

183

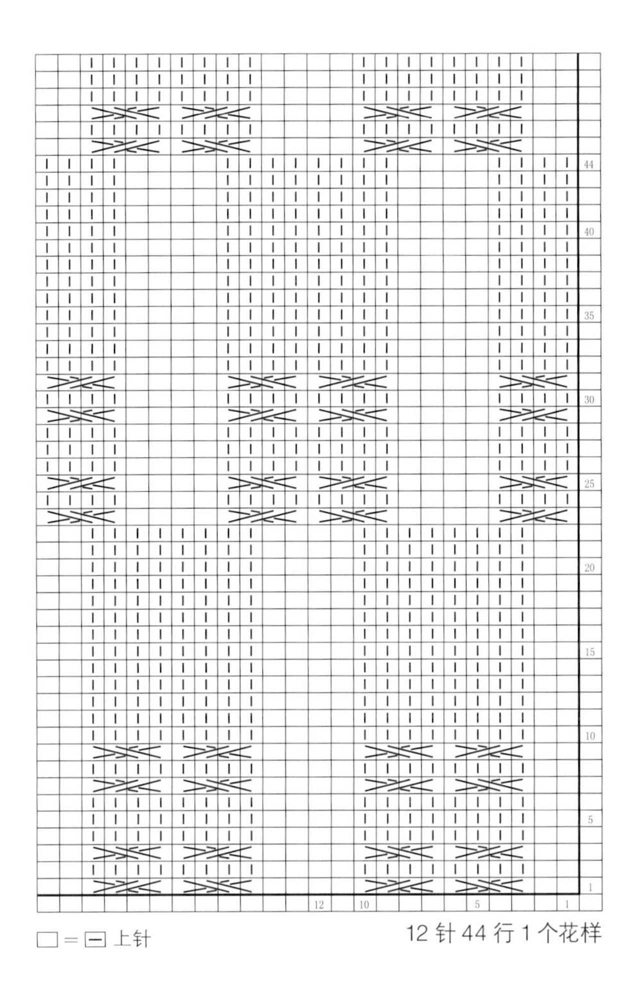

□ = ⊟ 上针

12 针 44 行 1 个花样

交叉花样

184

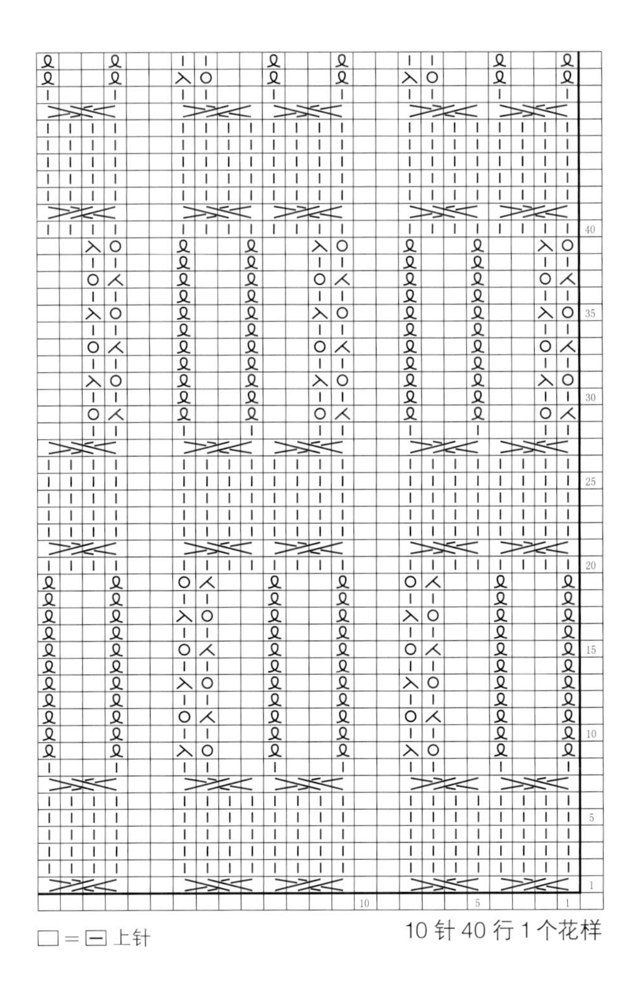

□ = ⊟ 上针

10 针 40 行 1 个花样

185

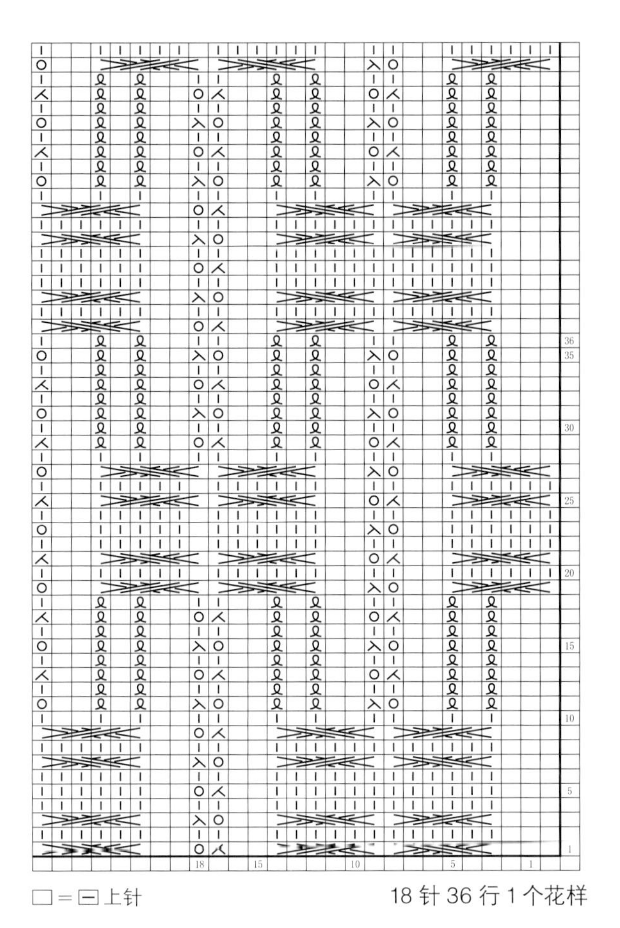

□＝⊟ 上针

18 针 36 行 1 个花样

186

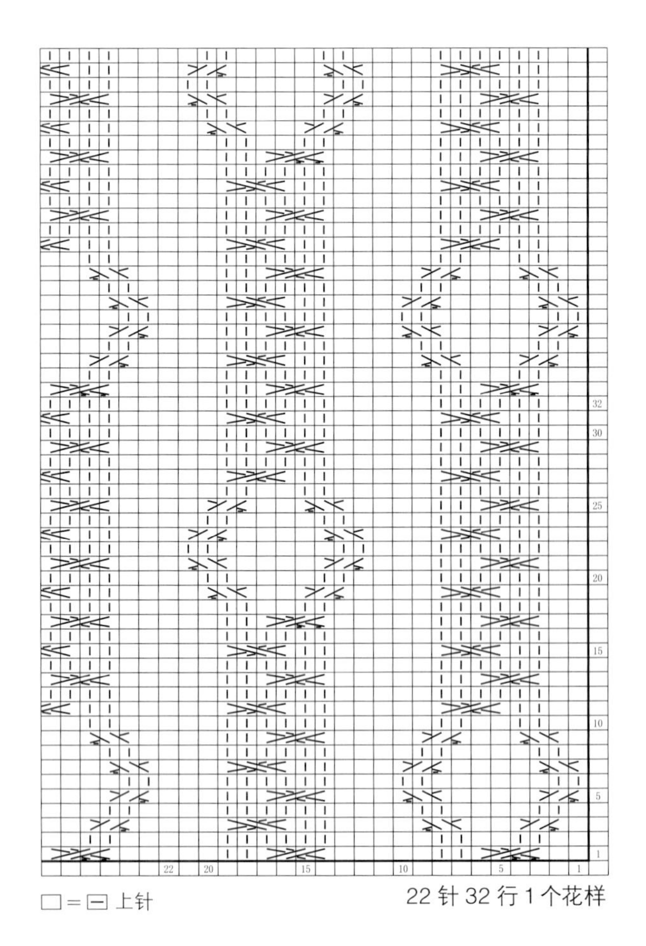

□＝⊟ 上针

22 针 32 行 1 个花样

187

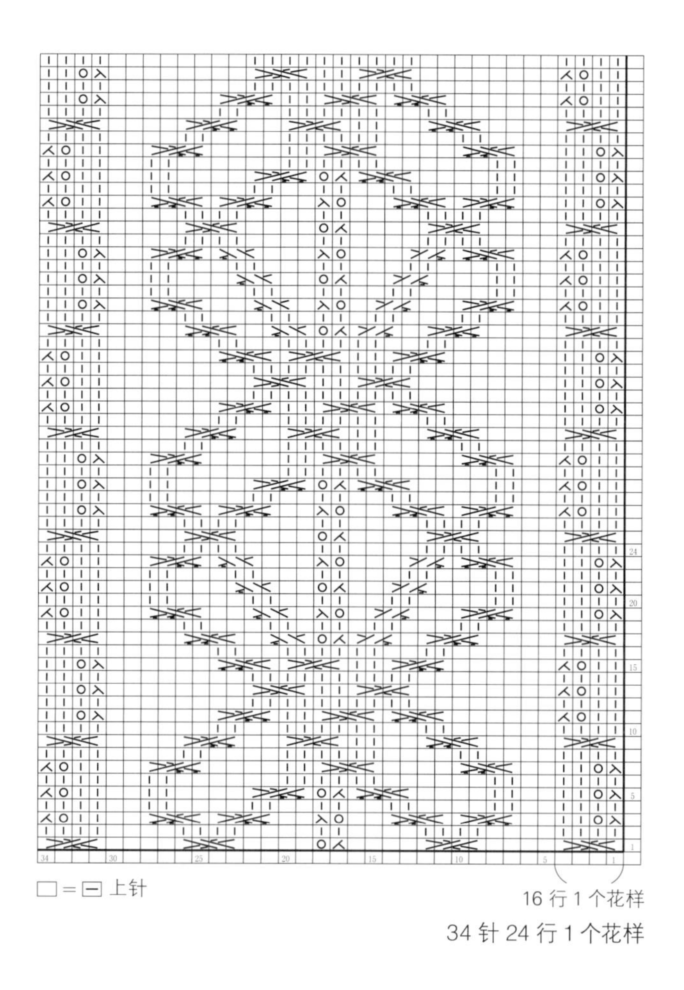

□＝⊟ 上针

16 行 1 个花样

34 针 24 行 1 个花样

交叉花样

188

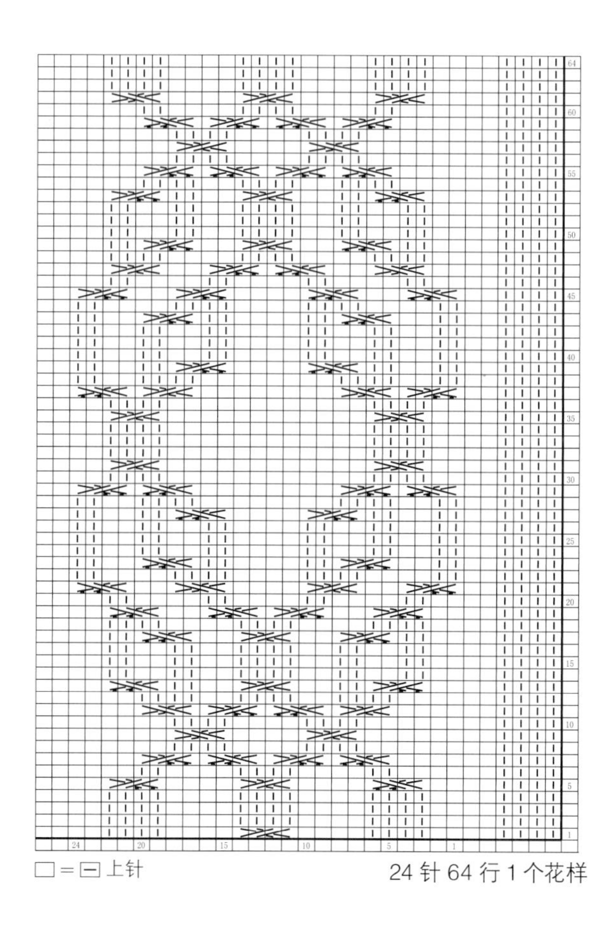

□＝⊟ 上针

24 针 64 行 1 个花样

189

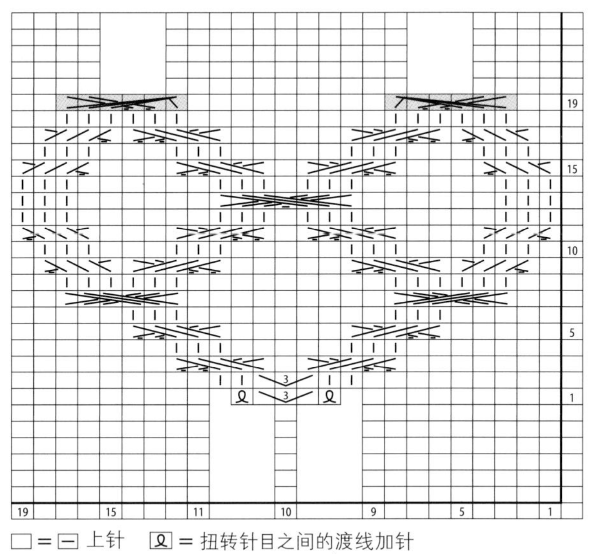

□ = ⊟ 上针　[ℓ] = 扭转针目之间的渡线加针

[symbol]、[symbol] = 参照 p.123

19 针 19 行 1 个花样

190

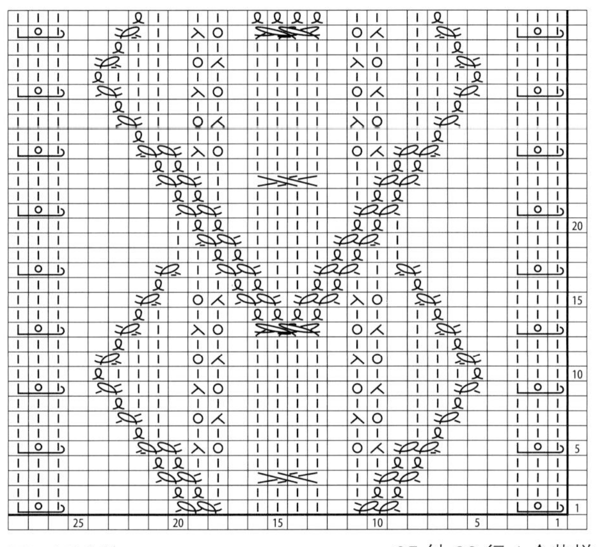

□ = ⊟ 上针

25 针 20 行 1 个花样

191

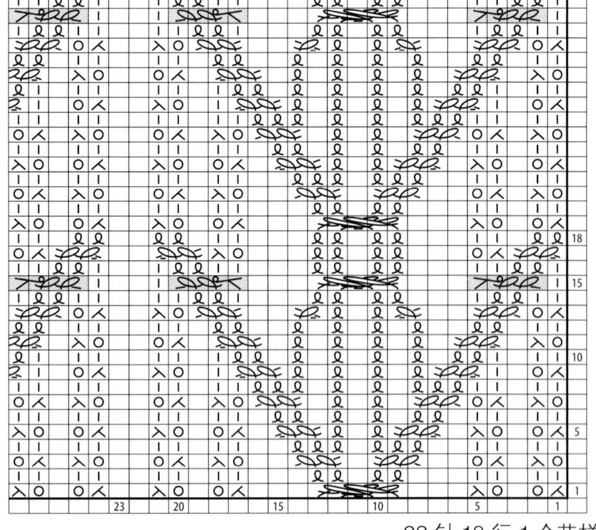

□ = ⊟ 上针

23 针 18 行 1 个花样

[symbol]、[symbol] = 参照 p.123

192

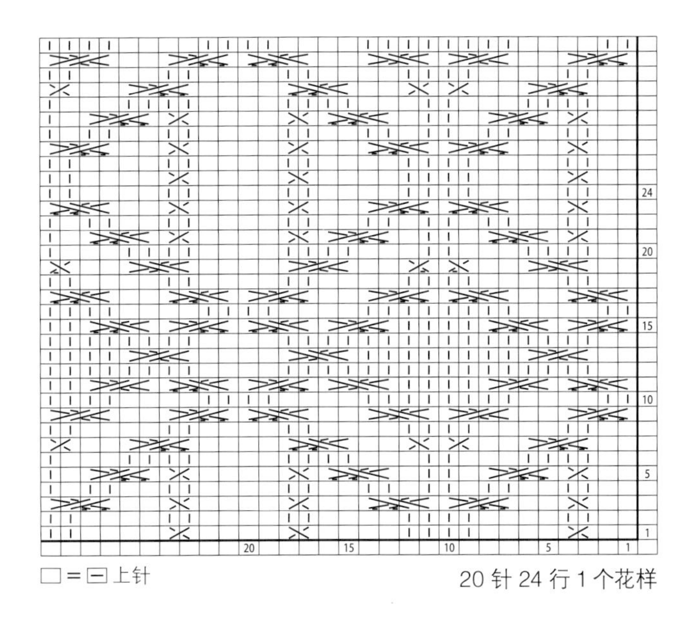

□ = ⊟ 上针

20 针 24 行 1 个花样

193

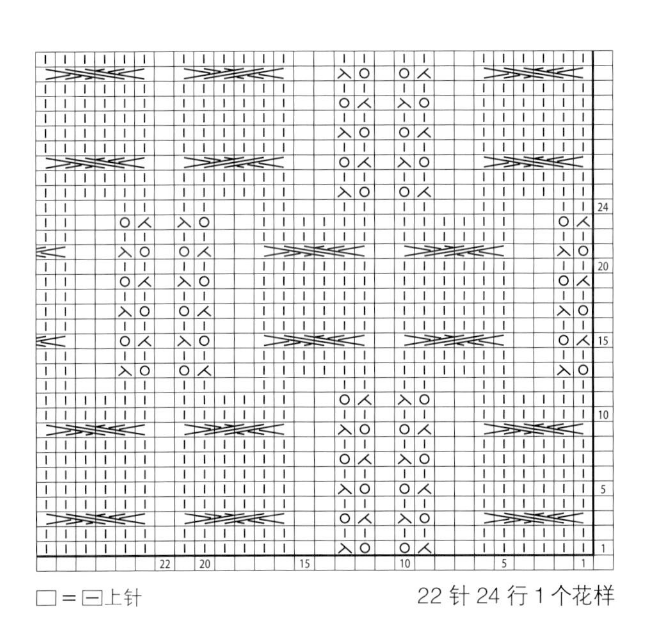

□ = ⊟ 上针

22 针 24 行 1 个花样

194

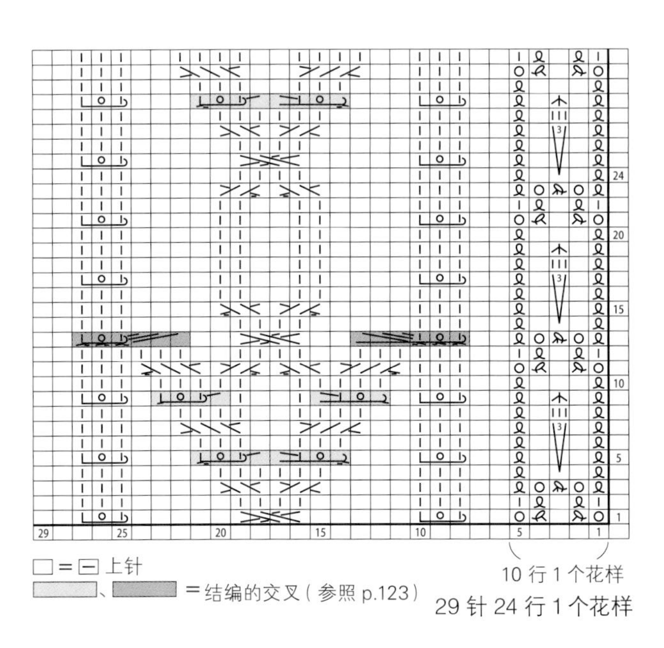

□ = ⊟ 上针

▭、▬ = 结编的交叉（参照 p.123）

10 行 1 个花样

29 针 24 行 1 个花样

195

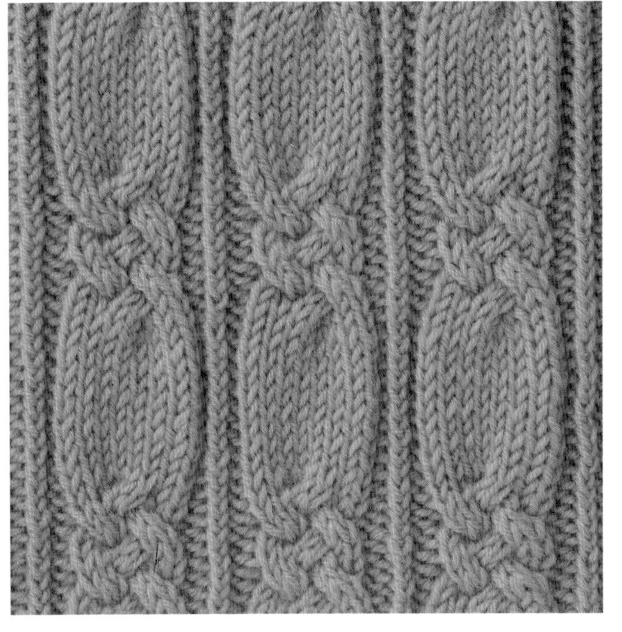

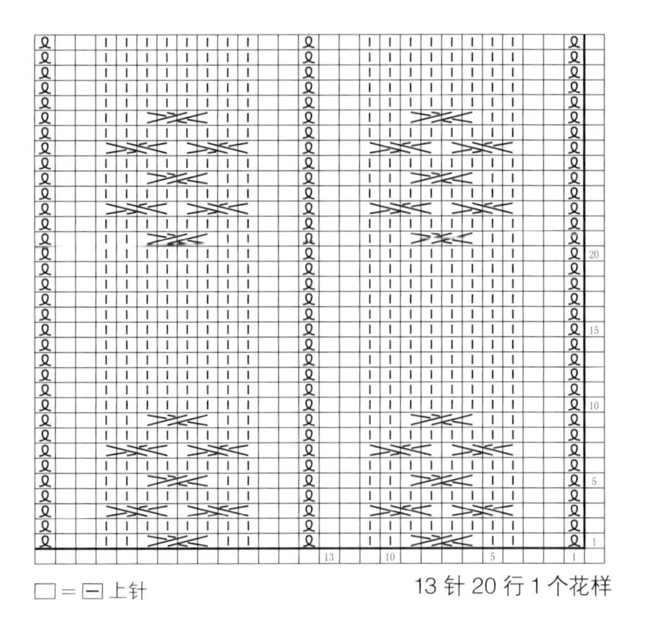

□ = ⊟ 上针

13 针 20 行 1 个花样

196

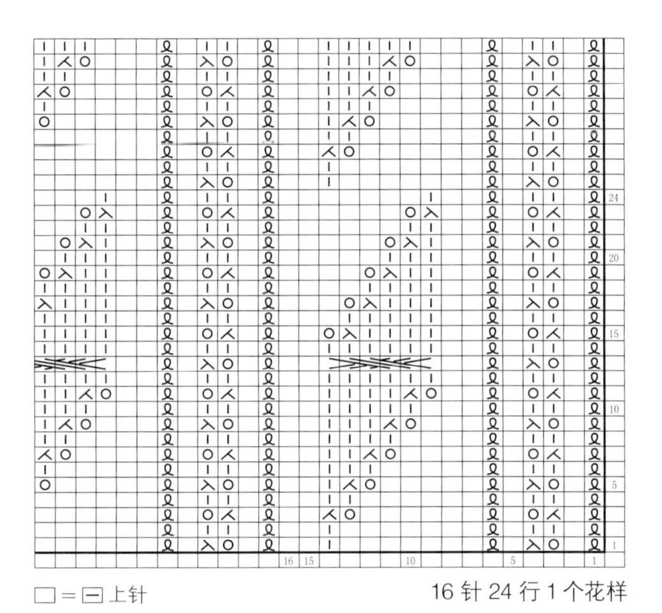

□ = ⊟ 上针

16 针 24 行 1 个花样

197

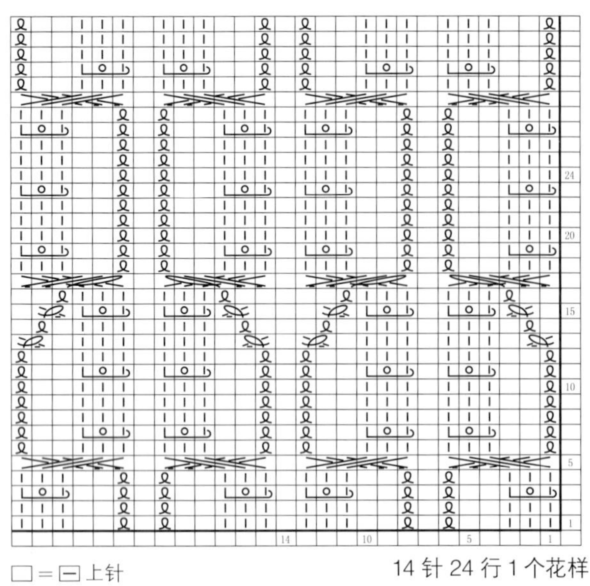

□ = ⊟ 上针

14 针 24 行 1 个花样

198

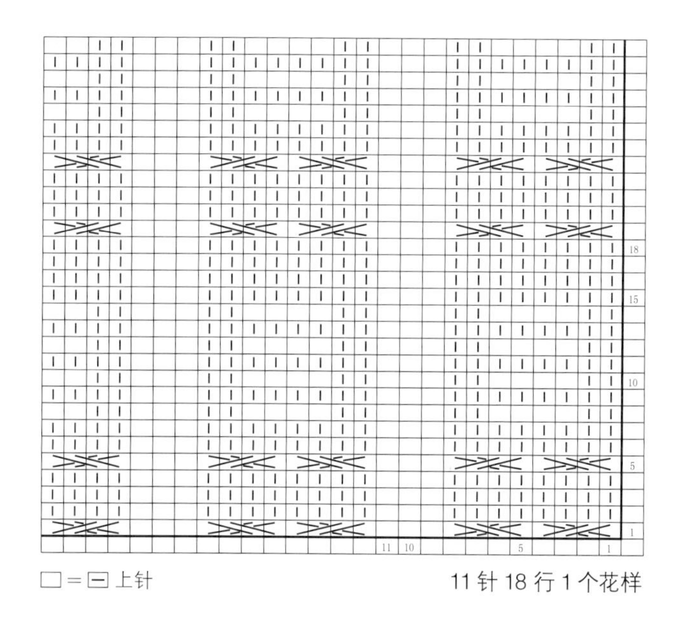

□＝⊟ 上针

11 针 18 行 1 个花样

199

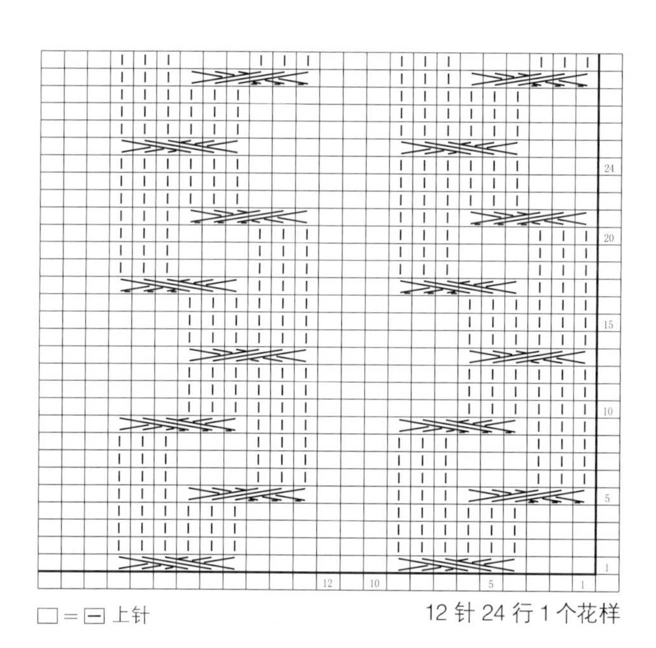

□＝⊟ 上针

12 针 24 行 1 个花样

200

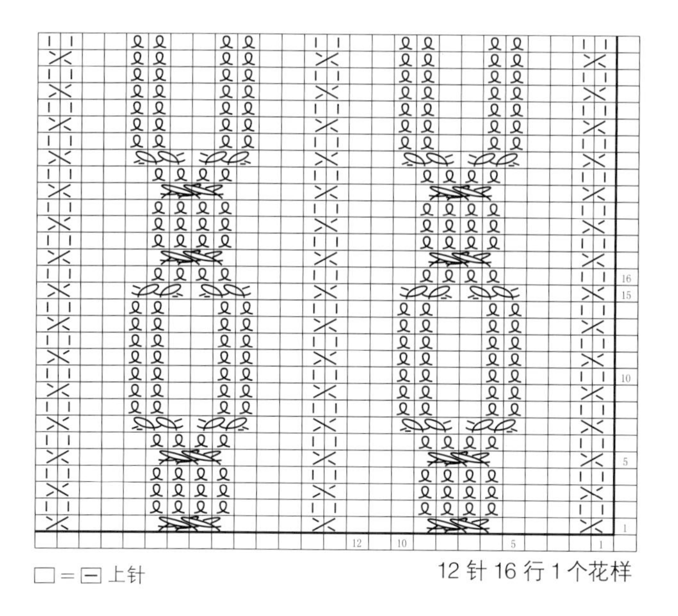

□＝⊟ 上针

12 针 16 行 1 个花样

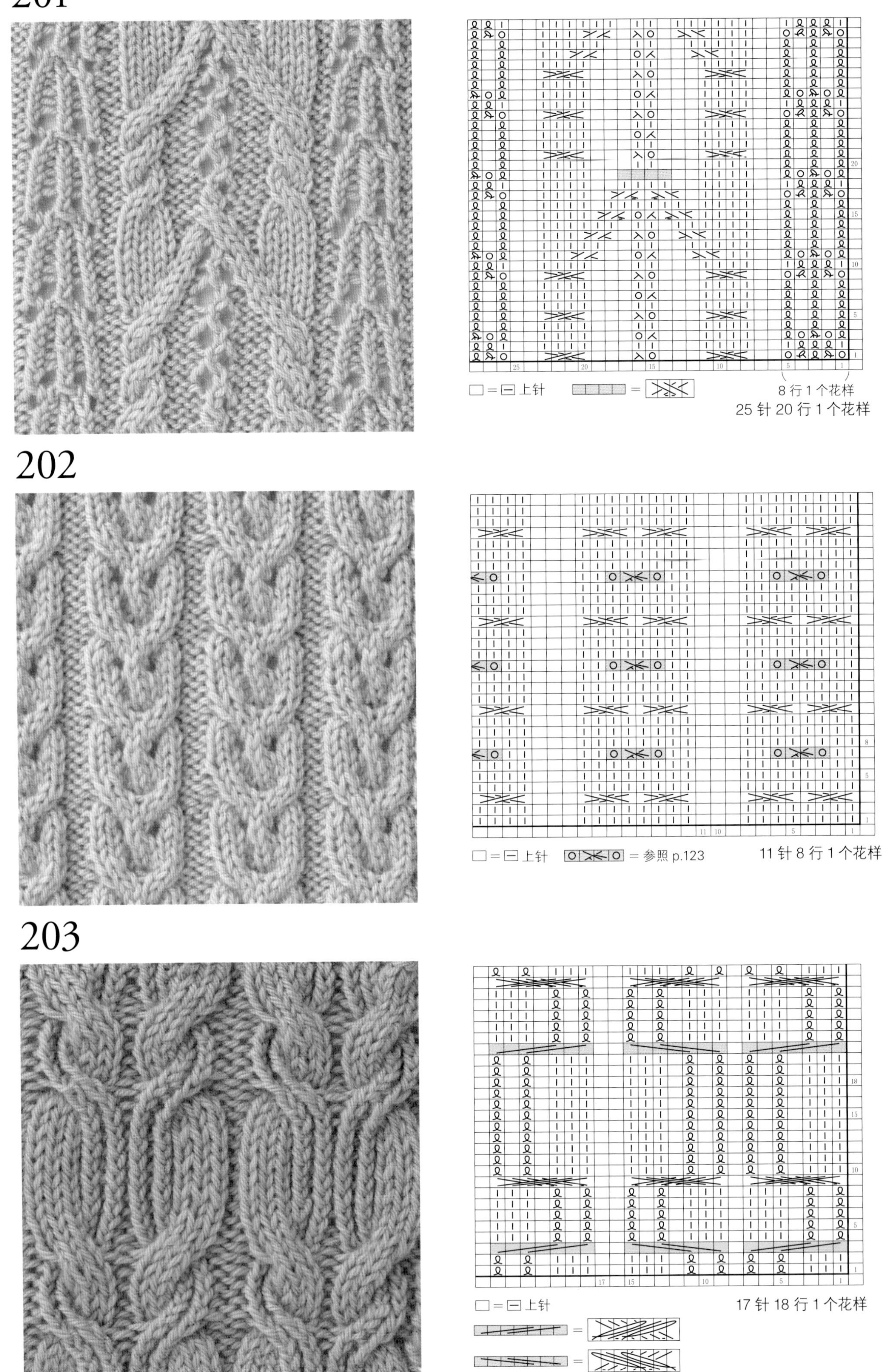
201
□ = ⊟ 上针
8 行 1 个花样
25 针 20 行 1 个花样
202
□ = ⊟ 上针
= 参照 p.123
11 针 8 行 1 个花样
203
□ = ⊟ 上针
17 针 18 行 1 个花样

204

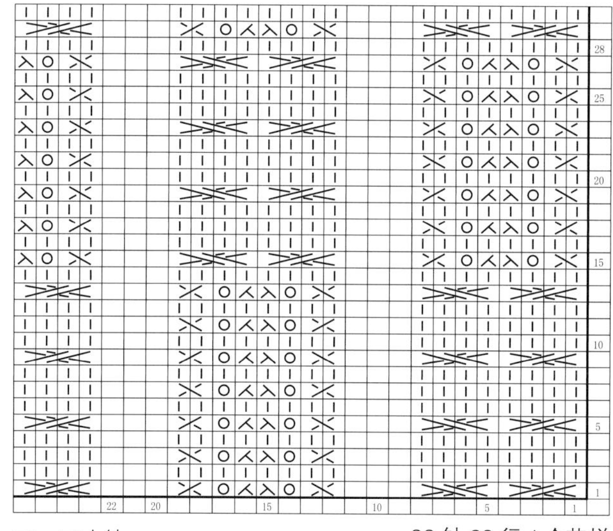

□＝⊟上针　　22 针 28 行 1 个花样

205

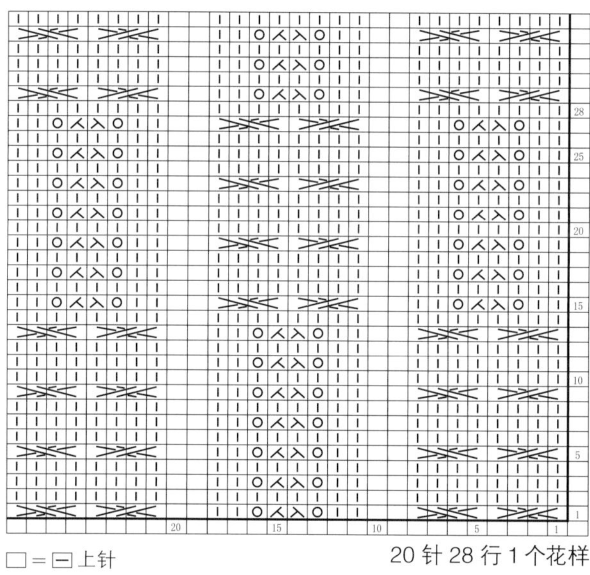

□＝⊟上针　　20 针 28 行 1 个花样

206

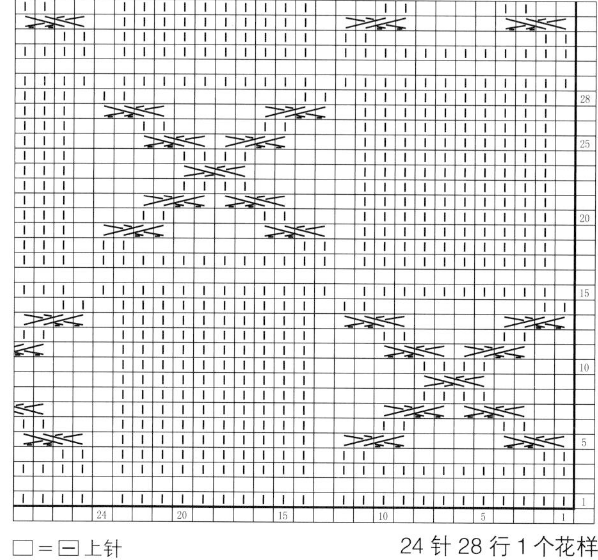

□＝⊟上针　　24 针 28 行 1 个花样

组合花样

这是一款插肩袖套头衫，
组合不同交叉针法的纵向花样仿佛镶嵌在身片的中间。
主要花样是线条平滑的菱形，使用了结编针法。
菱形的中心没有编织交叉针，而是使用了绕线的方法。
自然柔和的菱形是备受喜爱的花样。
边缘和衣领的罗纹针中也使用了交叉针，增加了一排小圆圈。

使用花样／208 制作／牧野惠子 使用线／钻石线 Diaepoca 编织方法／p.140

207

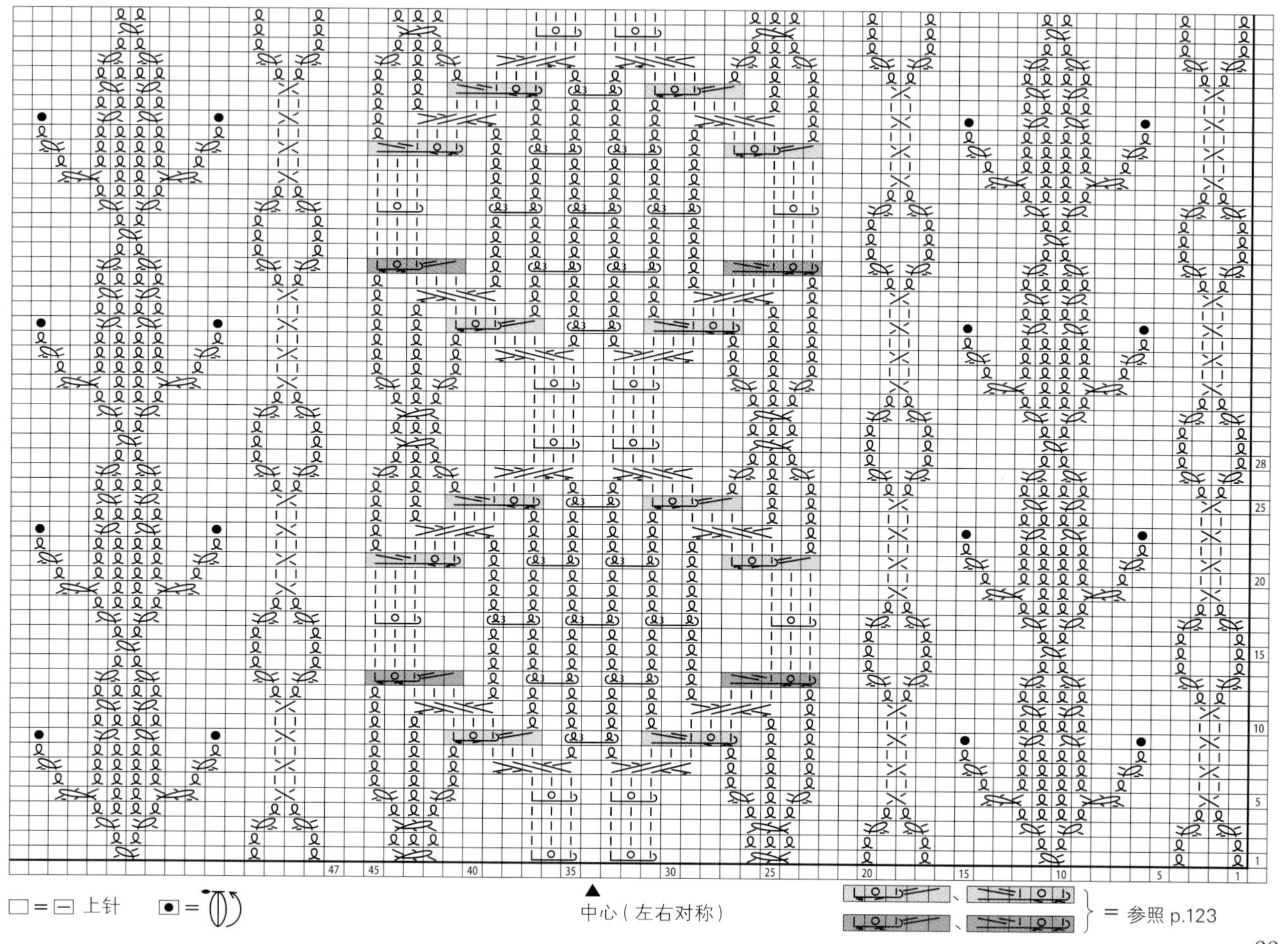

208

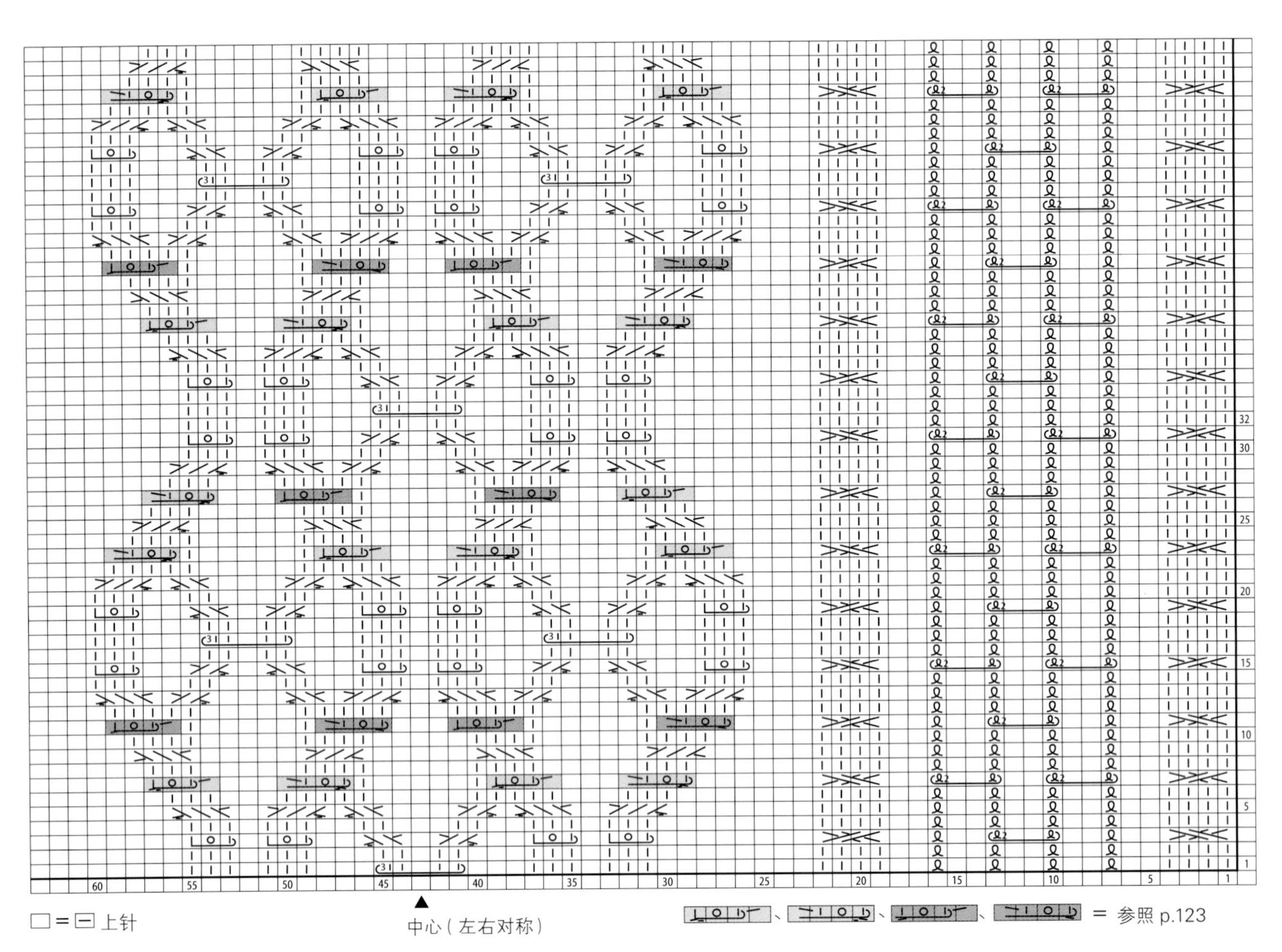

□＝⊟ 上针

▲ 中心（左右对称）

= 参照 p.123

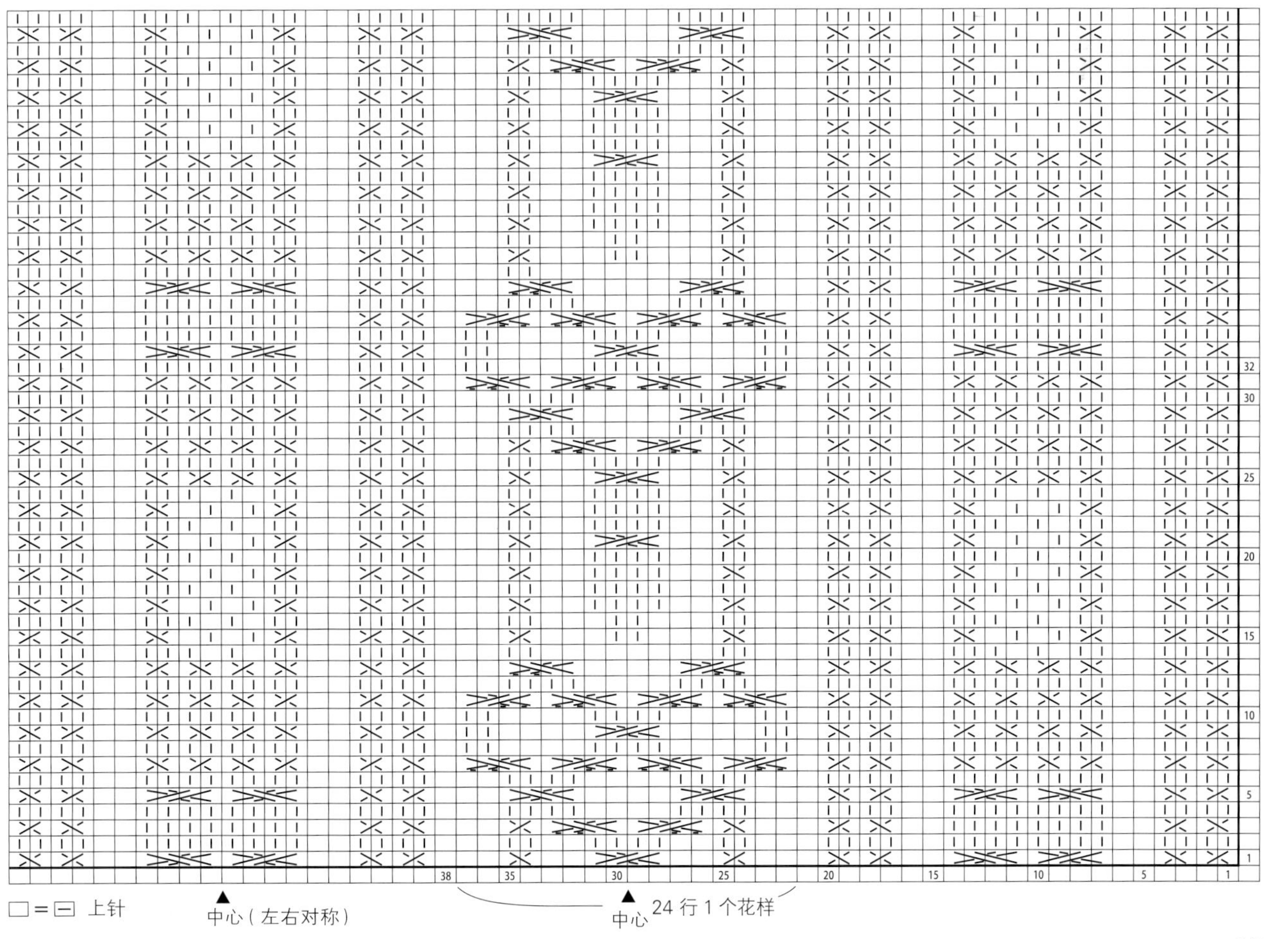
38
35
30
25
20
15
10
5
1
32
30
25
20
15
10
5
1
□=⊟ 上针
▲
中心（左右对称）
▲
中心
24 行 1 个花样

210

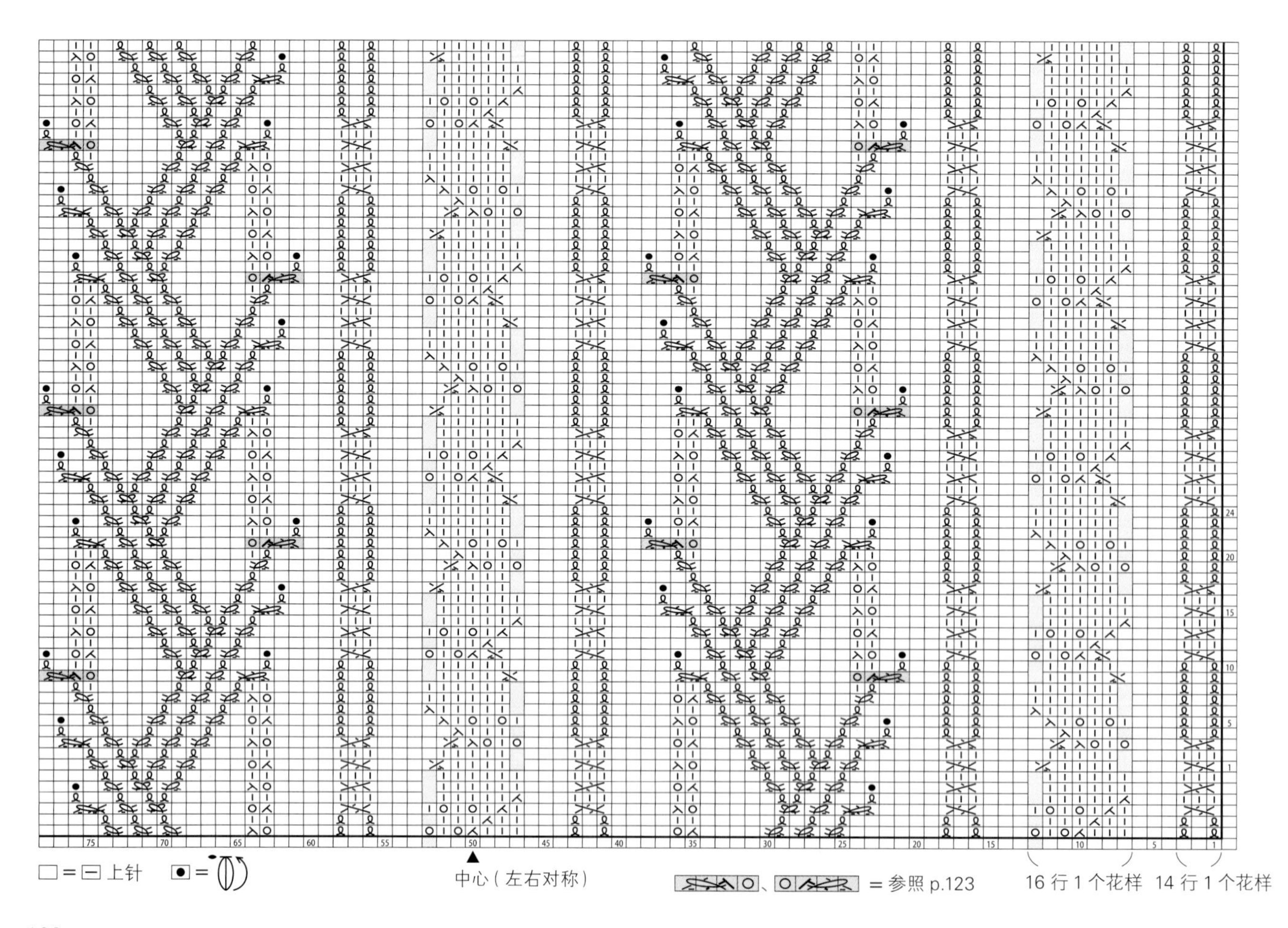

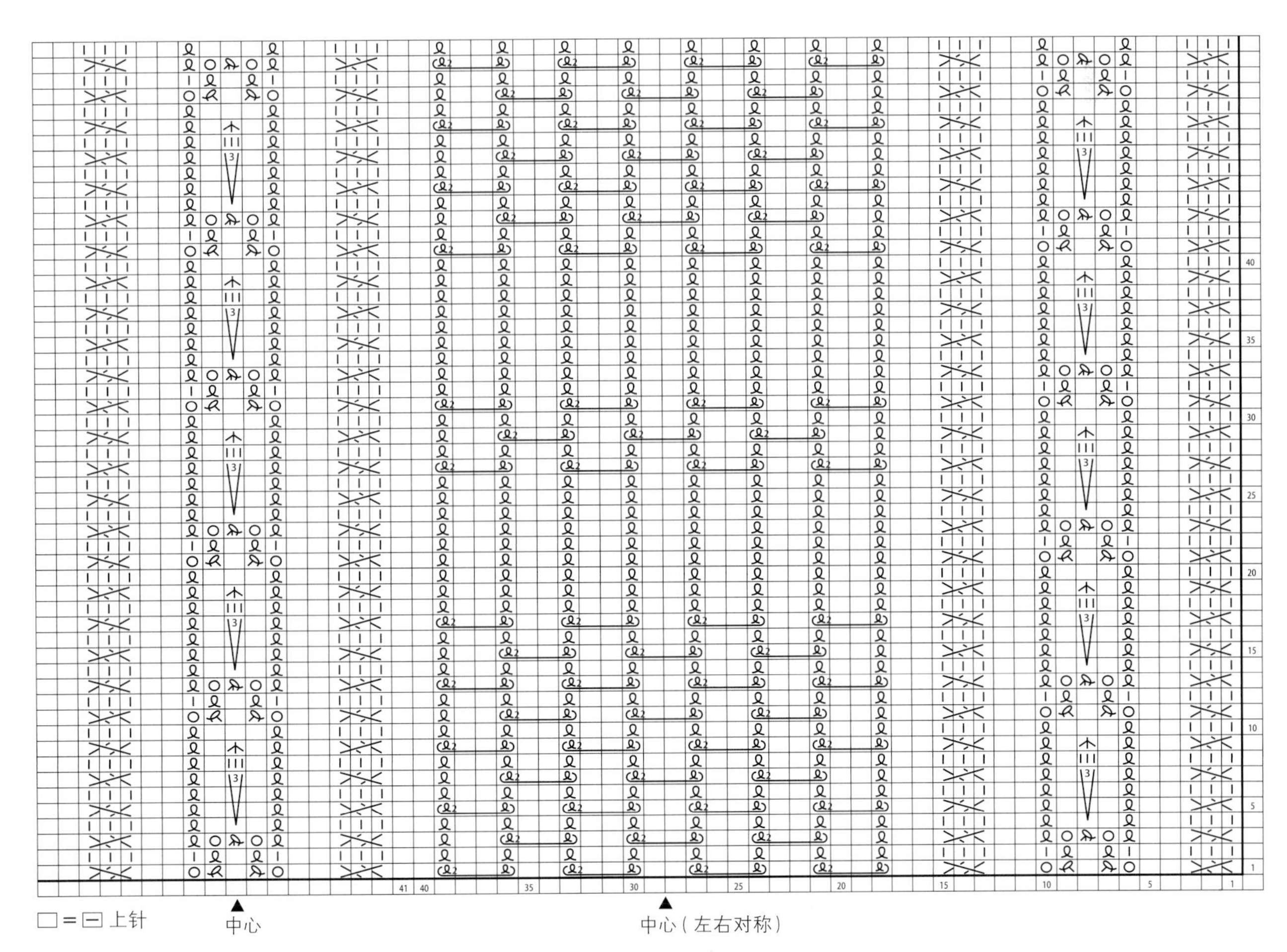
□ = ⊟ 上针
中心
中心（左右对称）

212

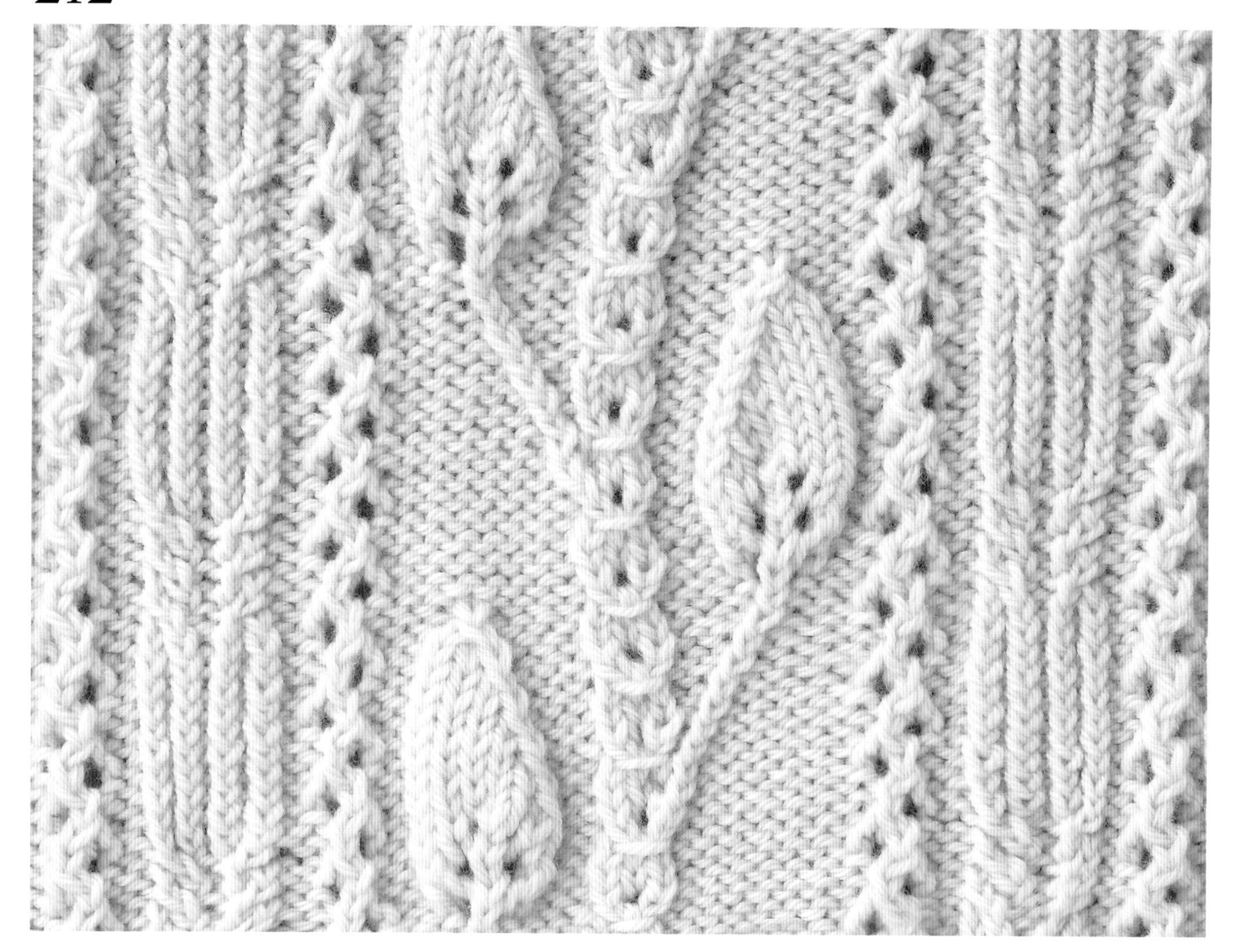

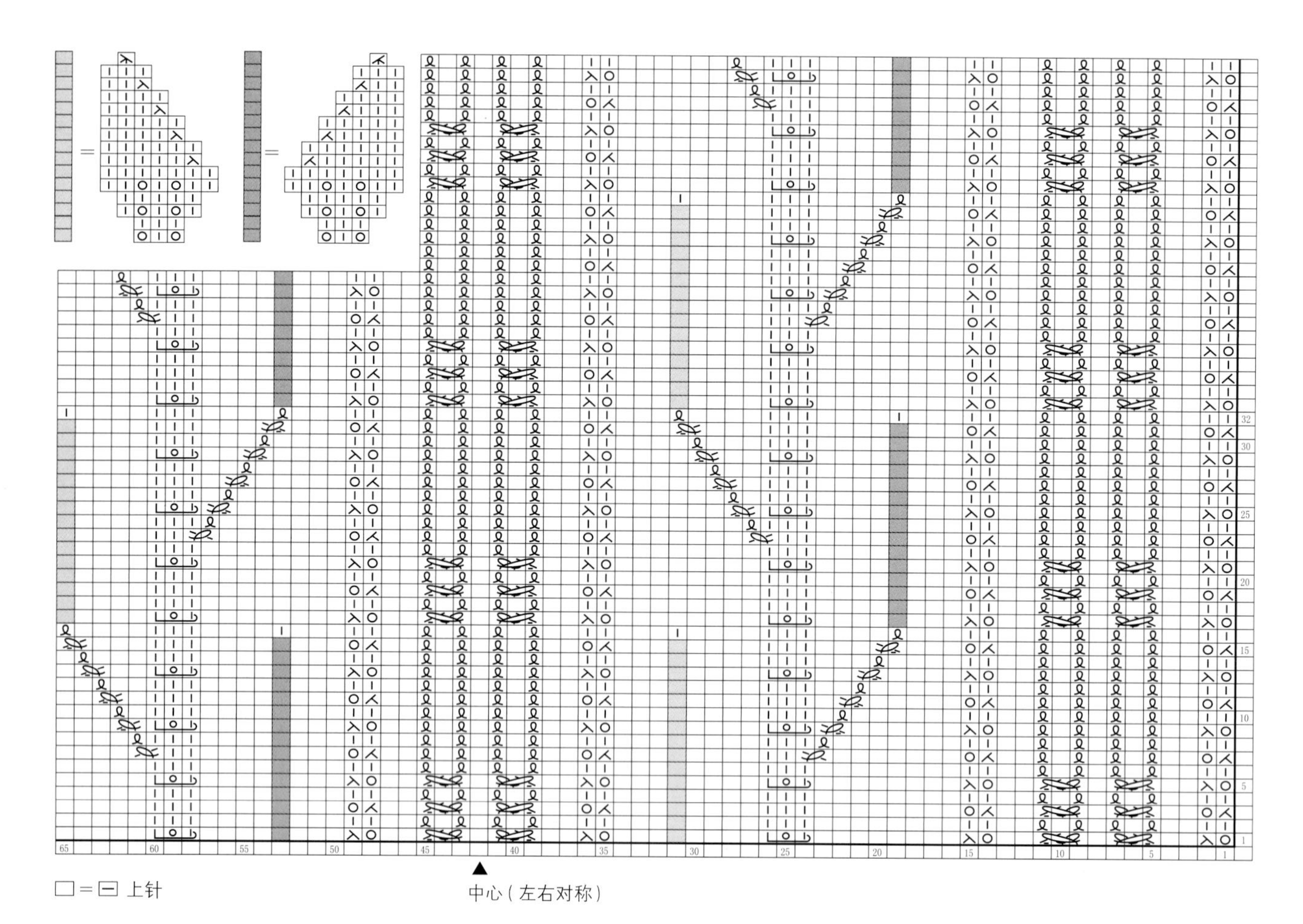

213

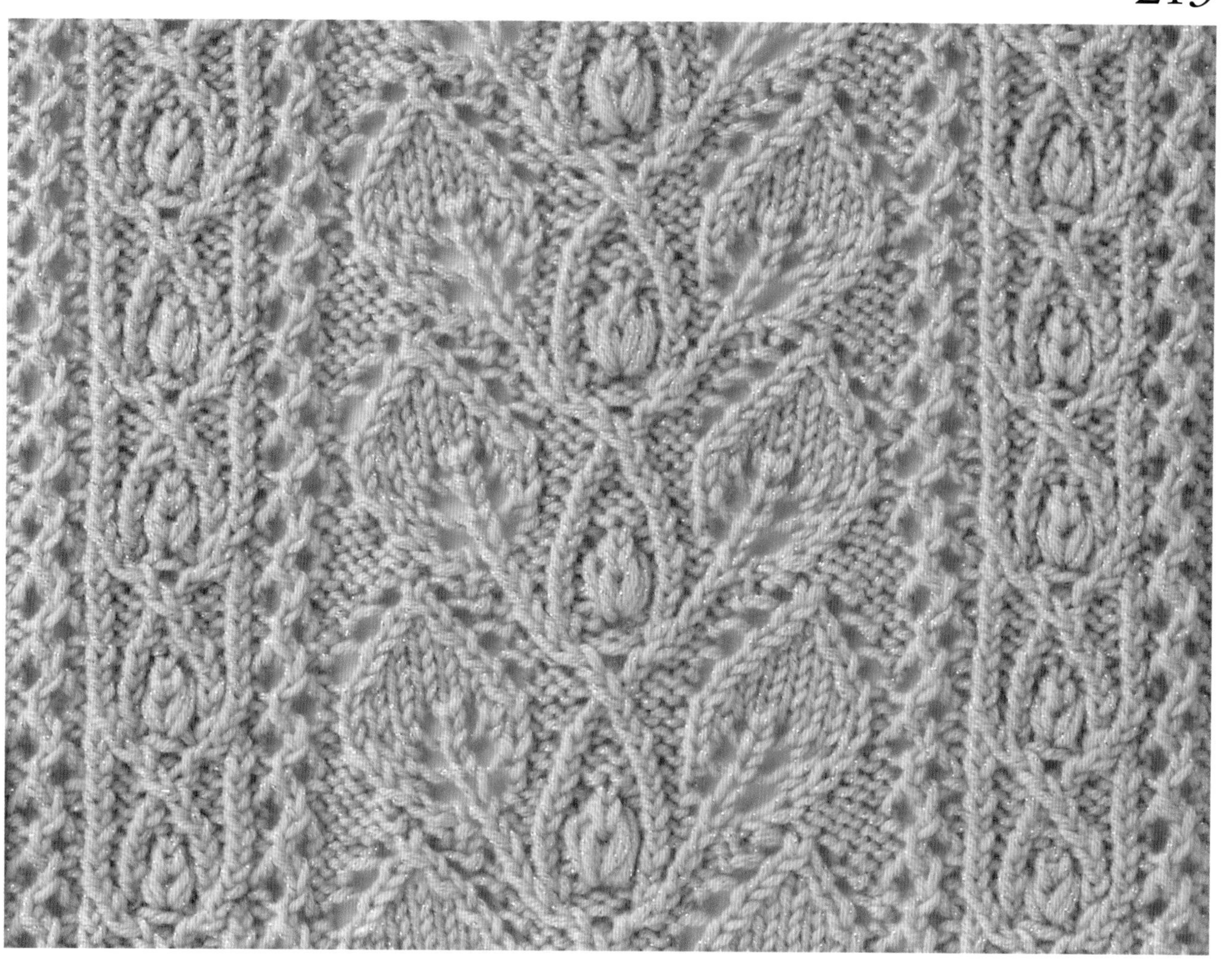

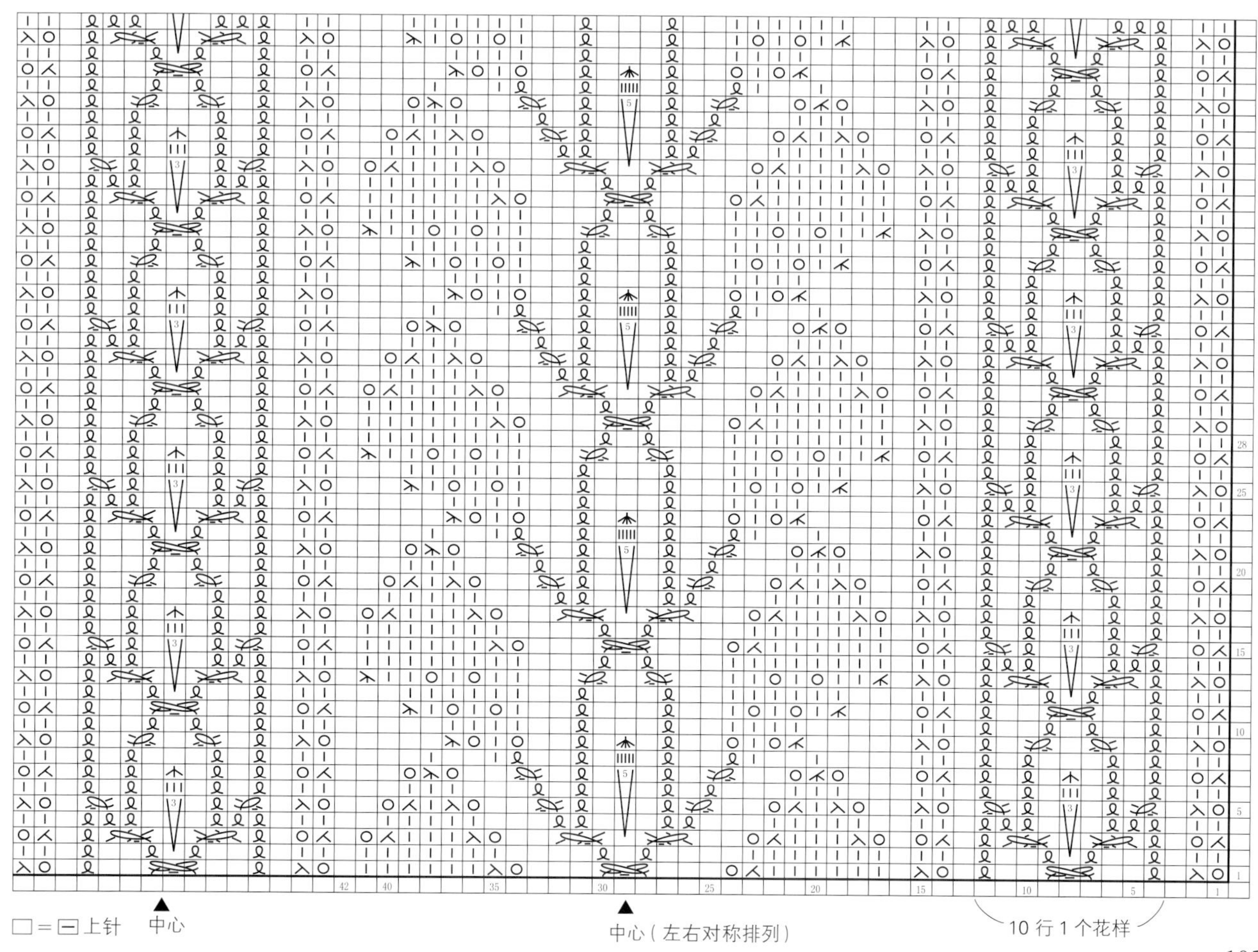

组合花样

214

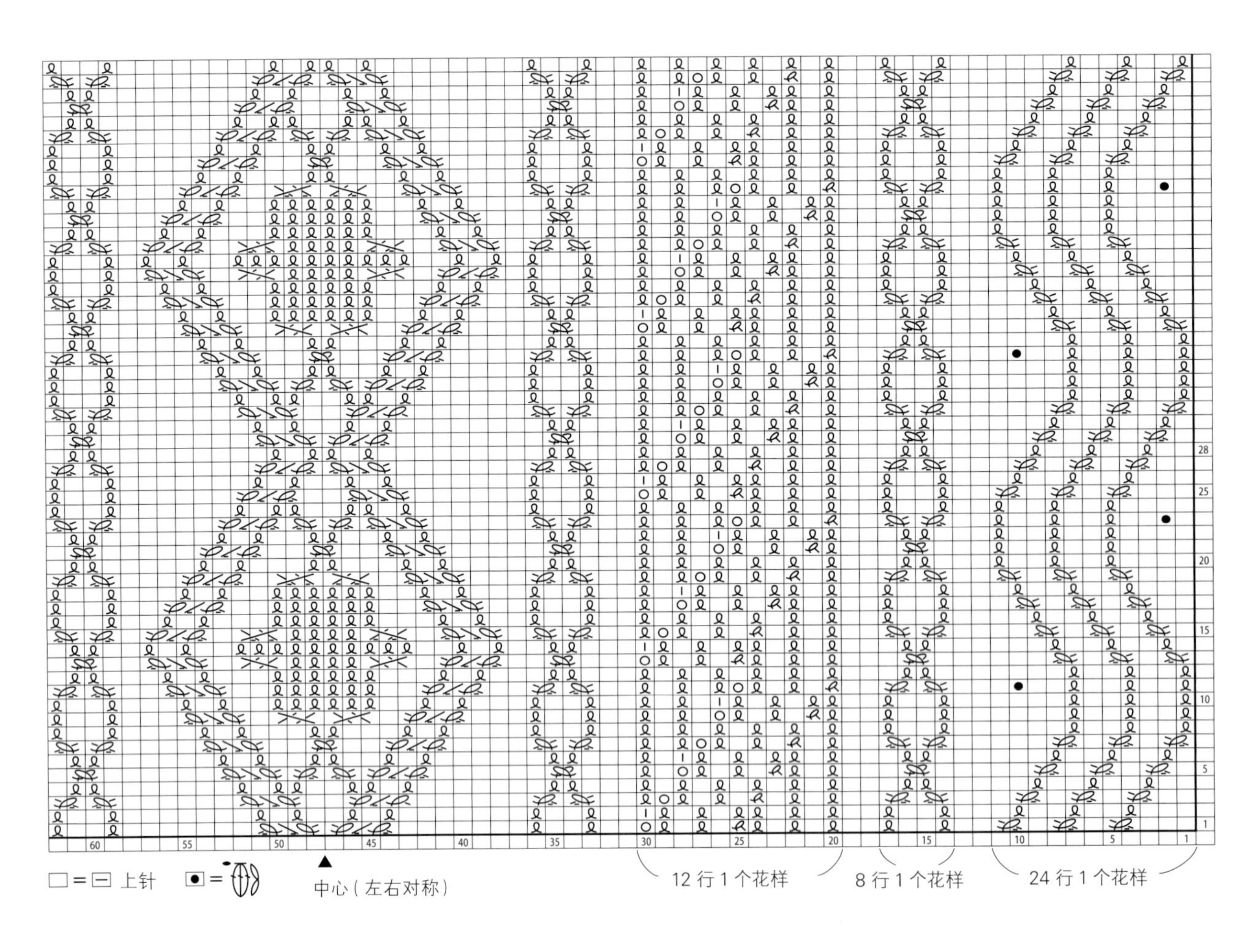

215

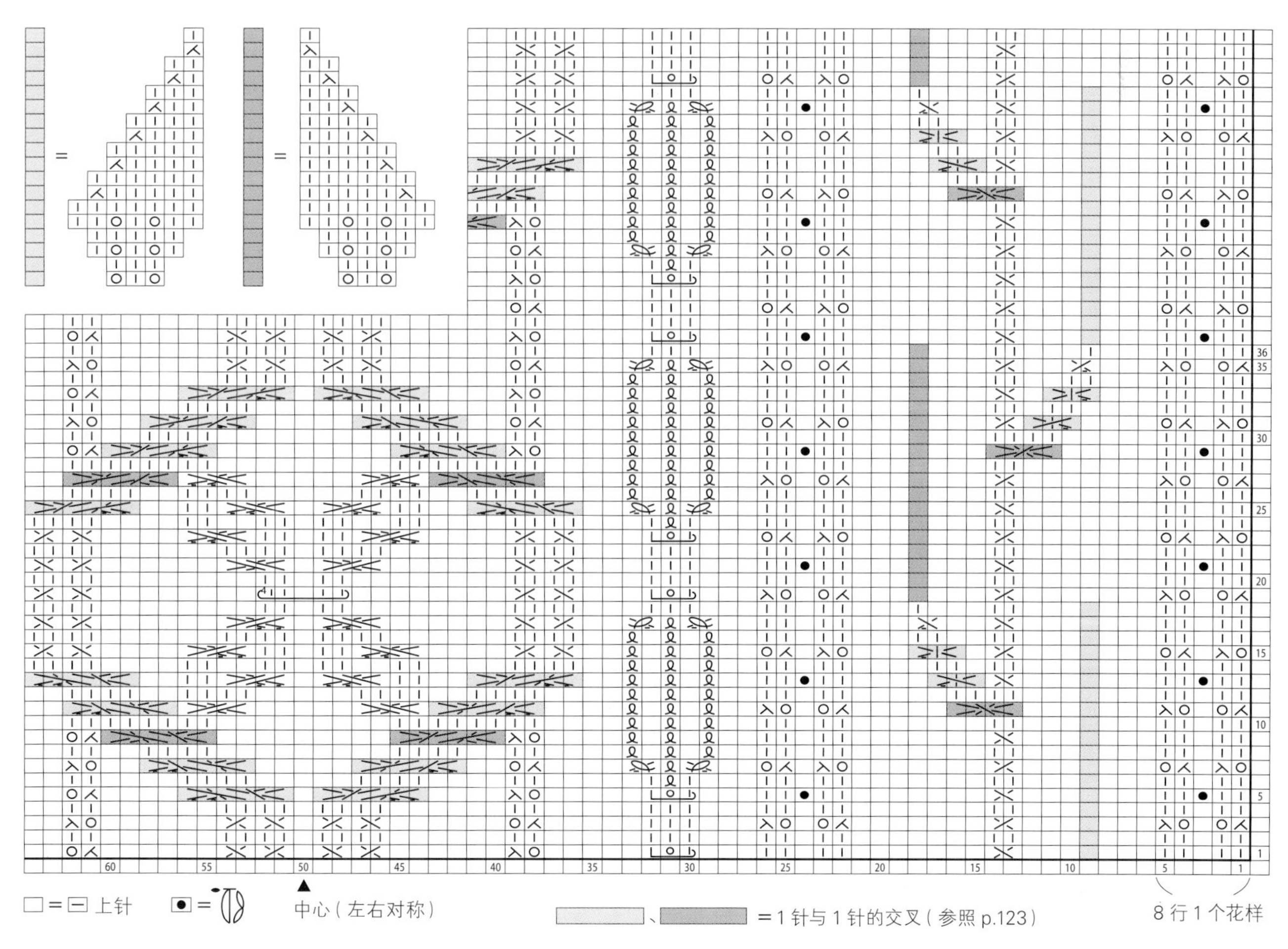

216

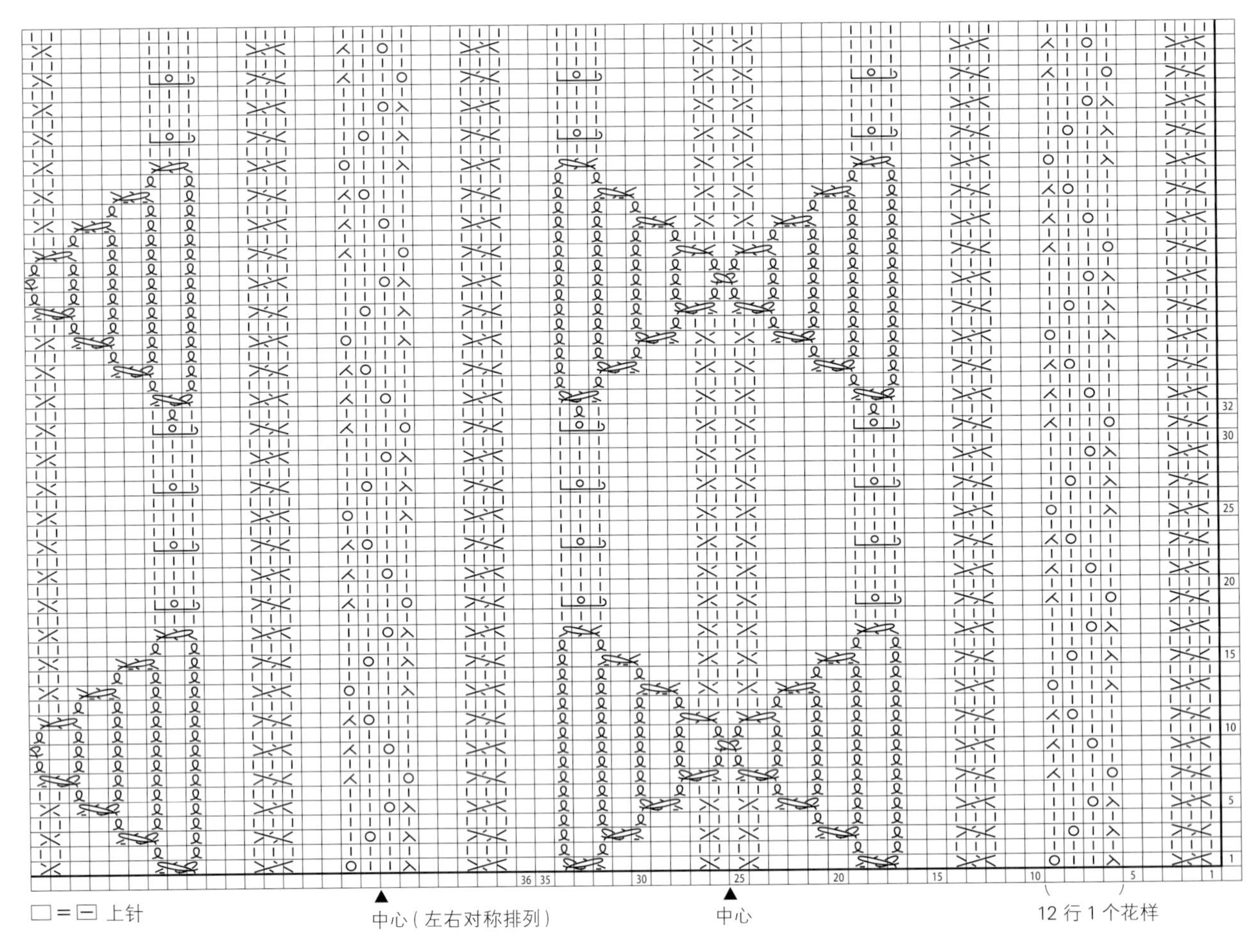

217

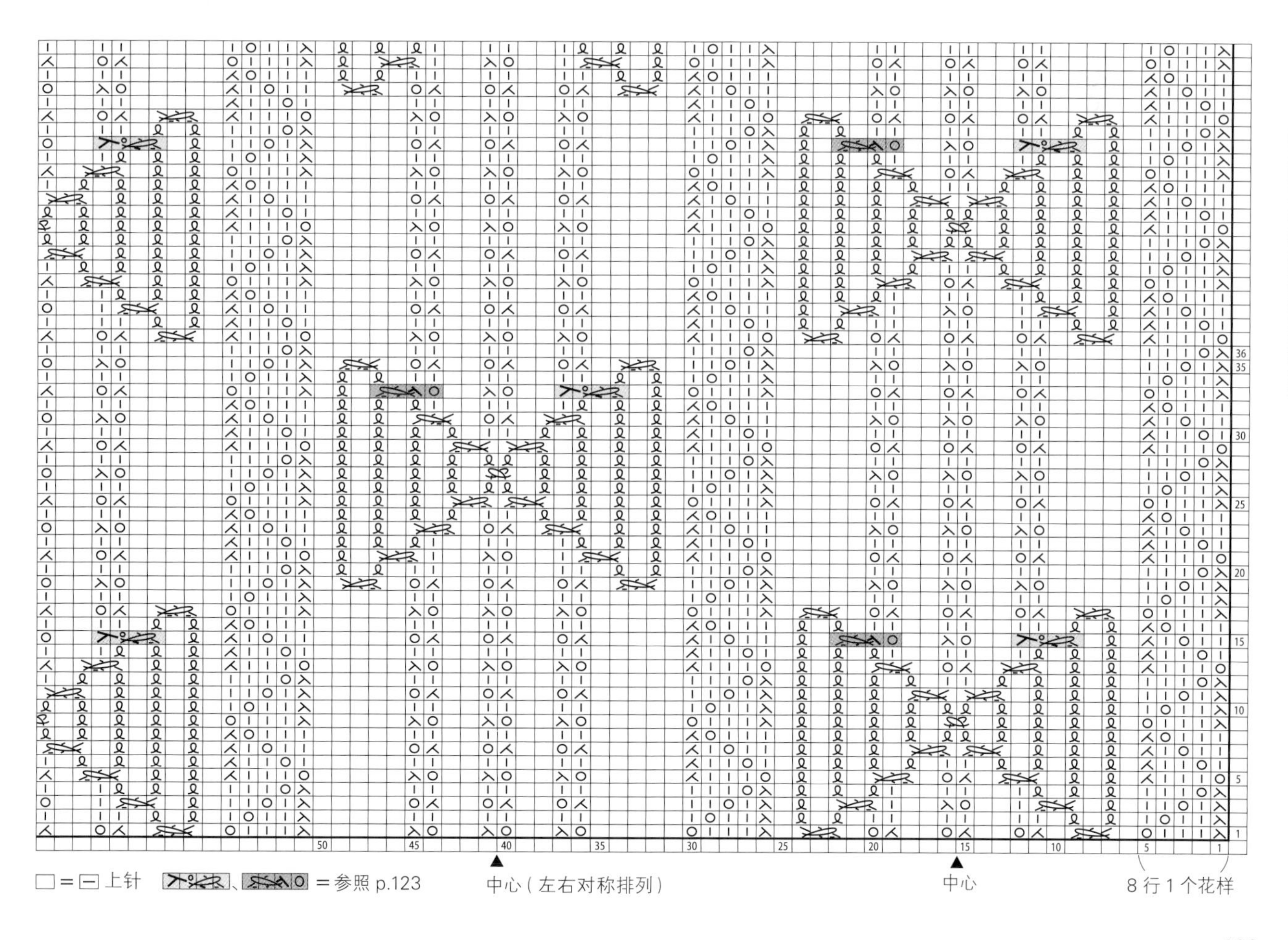

□=⊟ 上针　=参照 p.123

组合花样

218

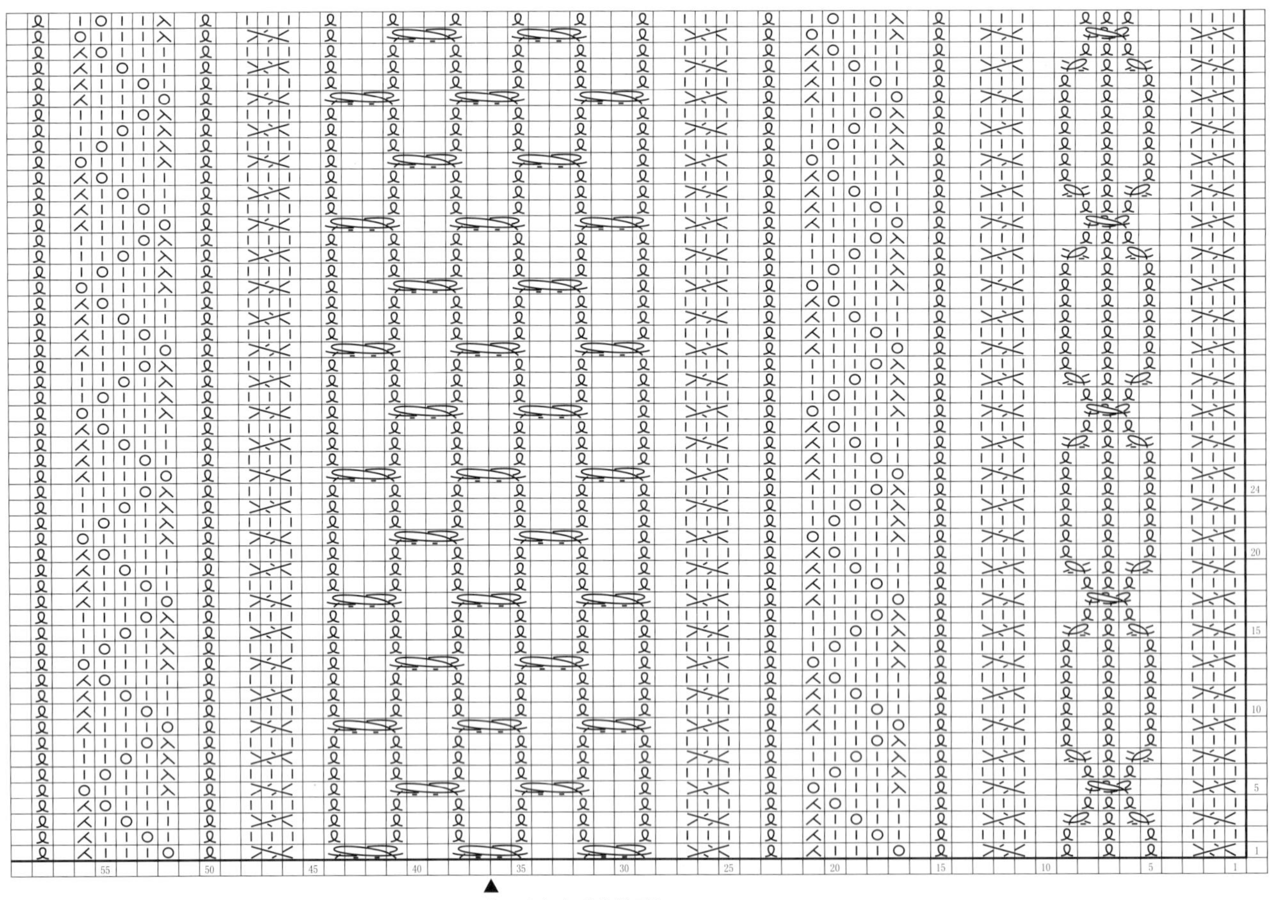

□＝⊟上针

▲
中心（左右对称排列）

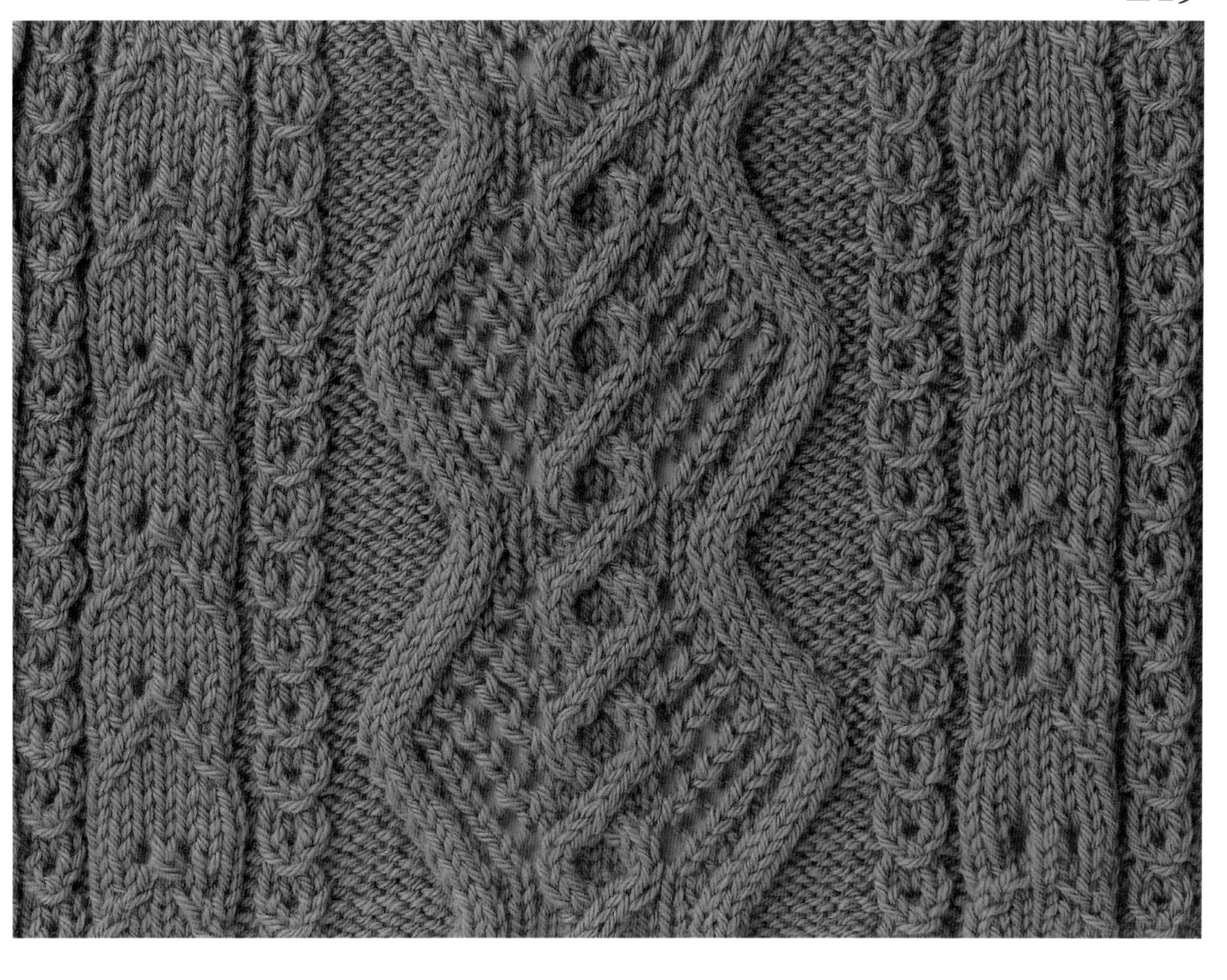

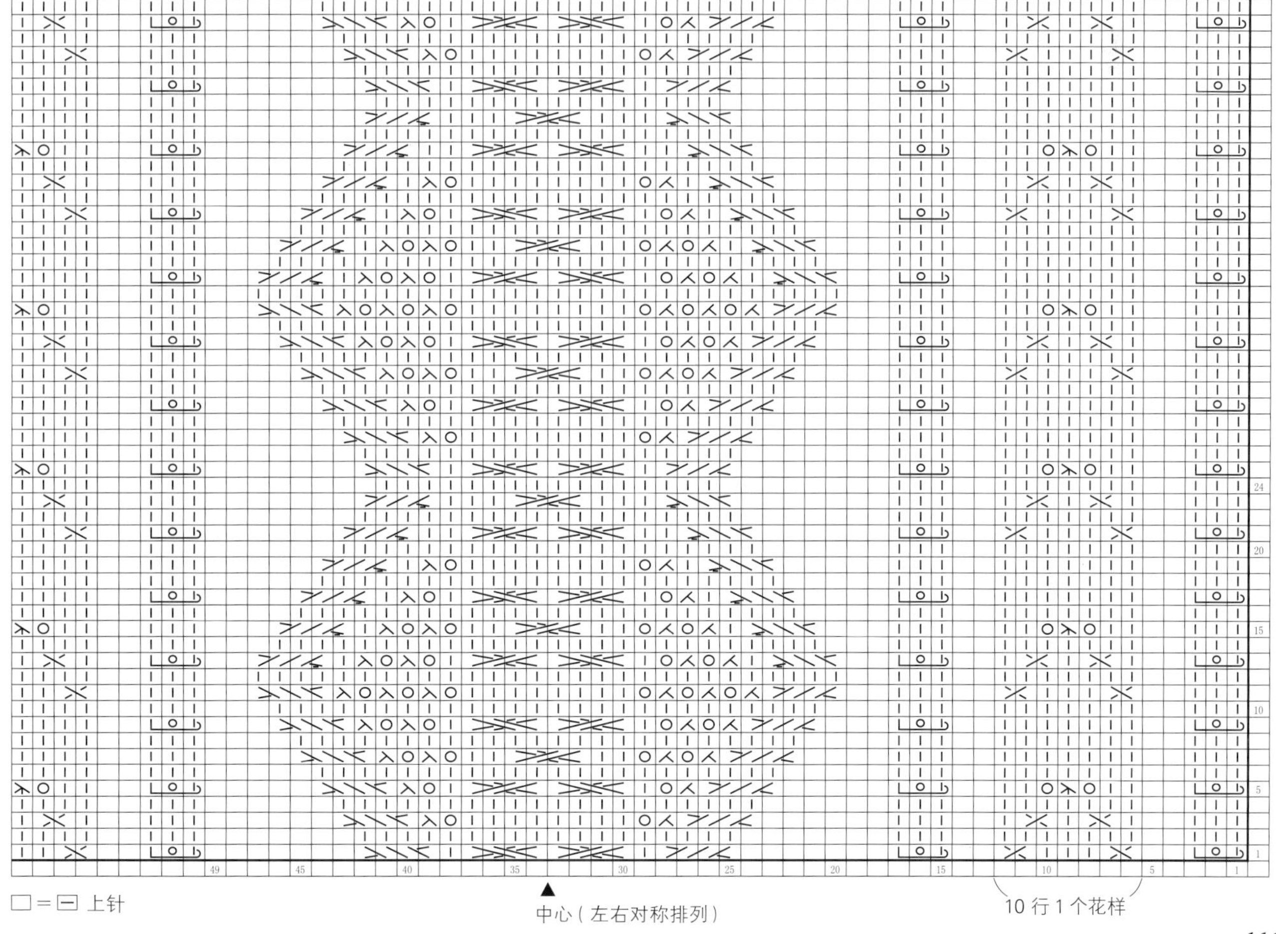

□＝⊟ 上针

▲ 中心（左右对称排列）

10 行 1 个花样

220

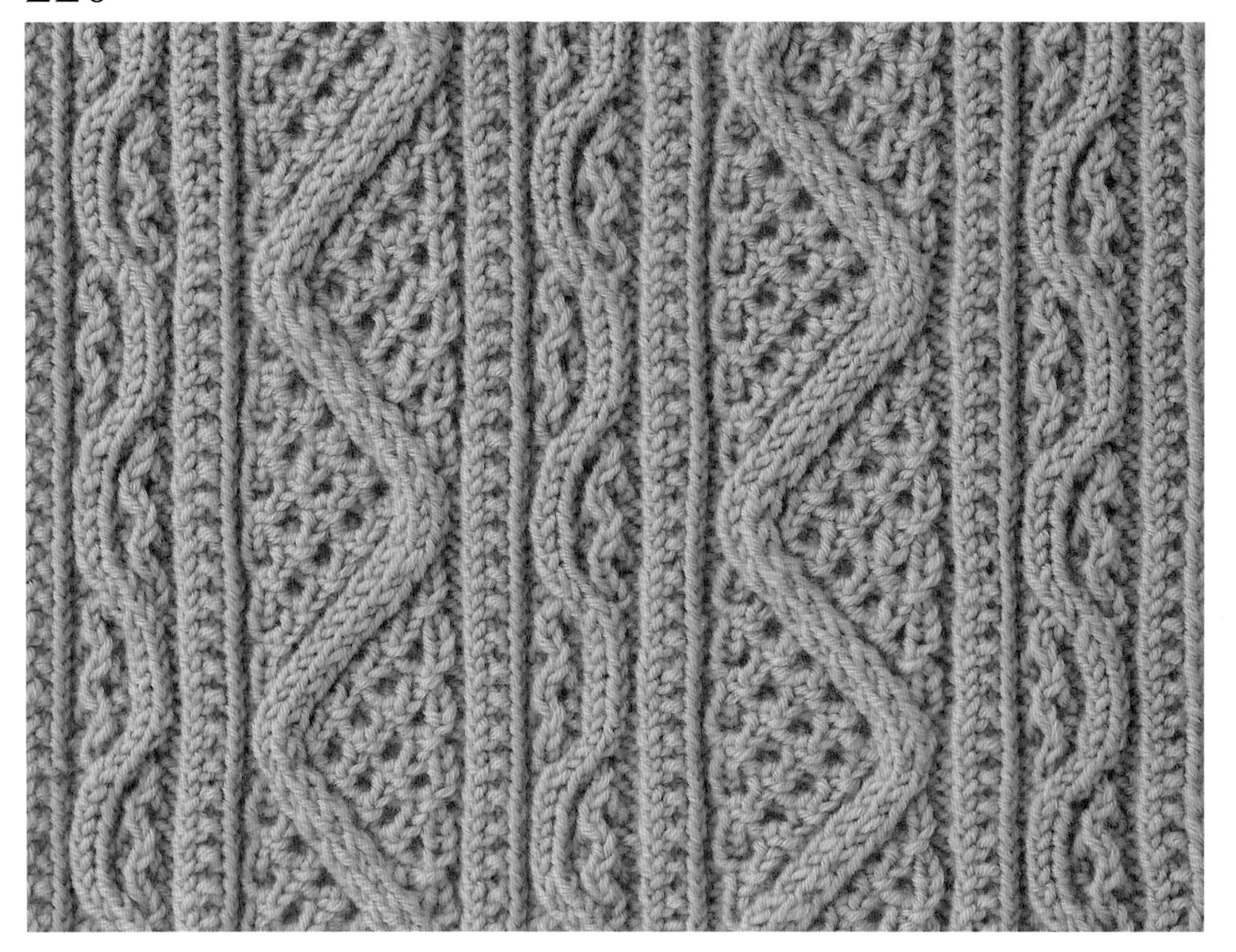

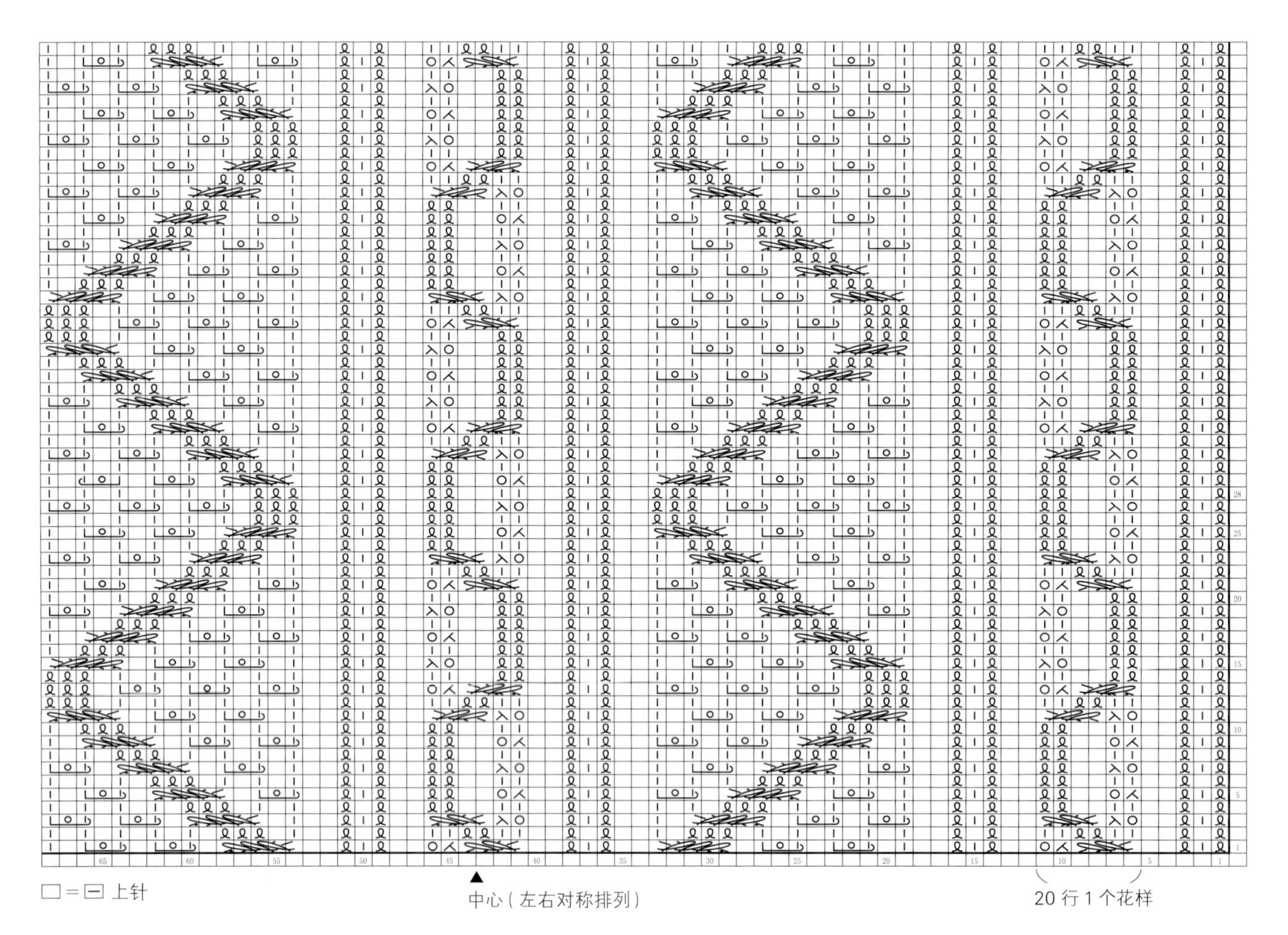

□＝⊟ 上针

▲

中心（左右对称排列）

20 行 1 个花样

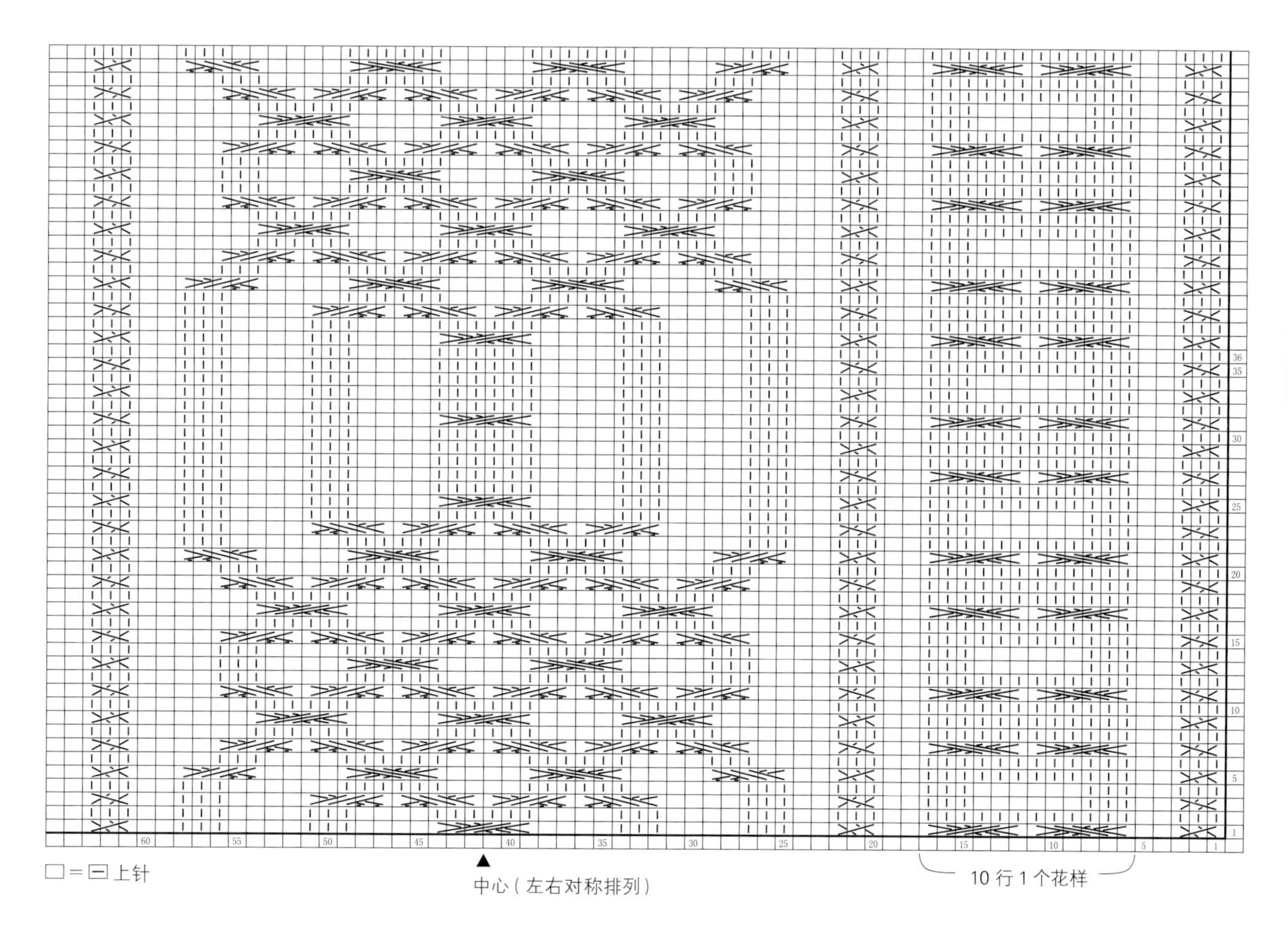
□＝⊟ 上针
中心（左右对称排列）
10 行 1 个花样

饰边

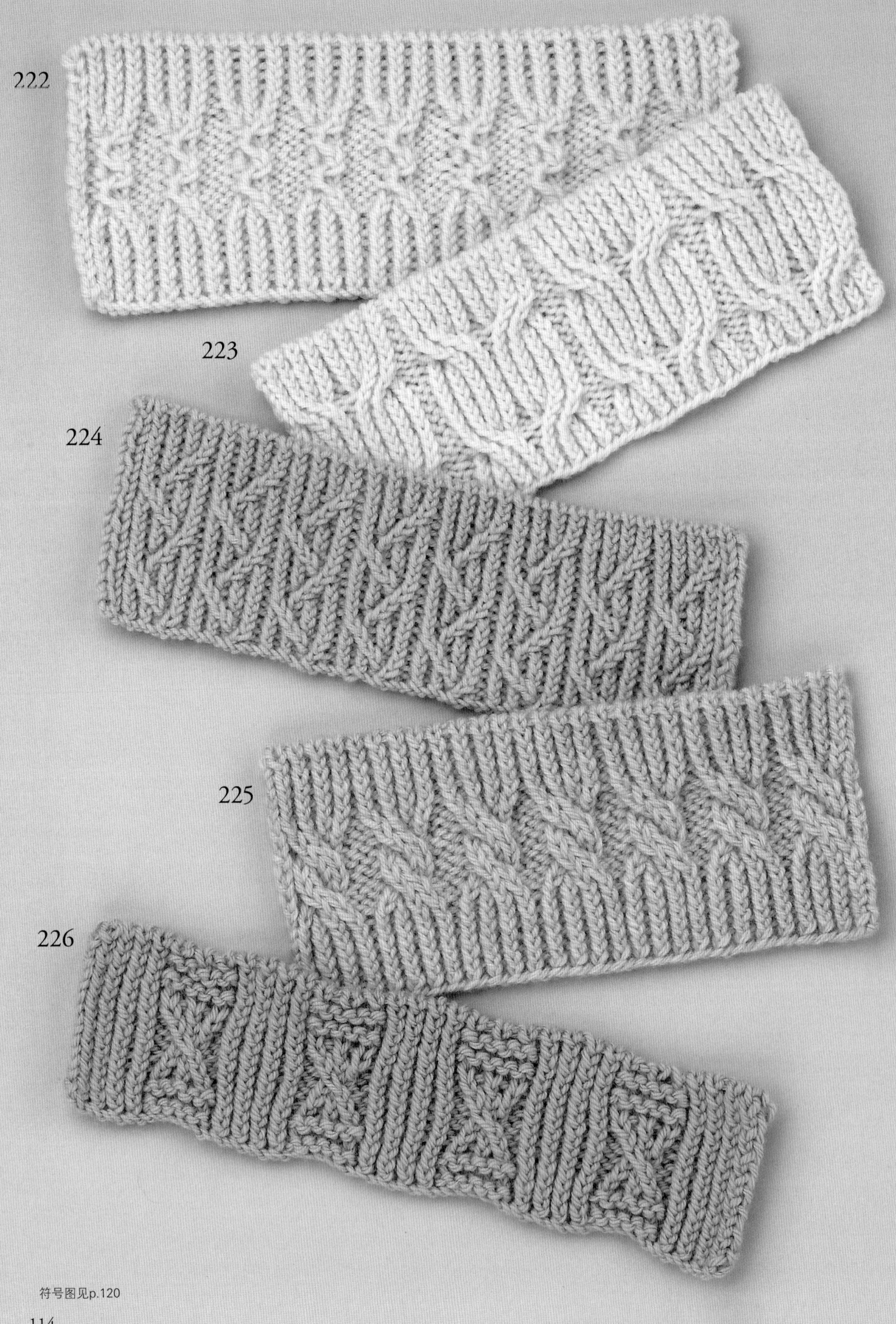

符号图见p.120

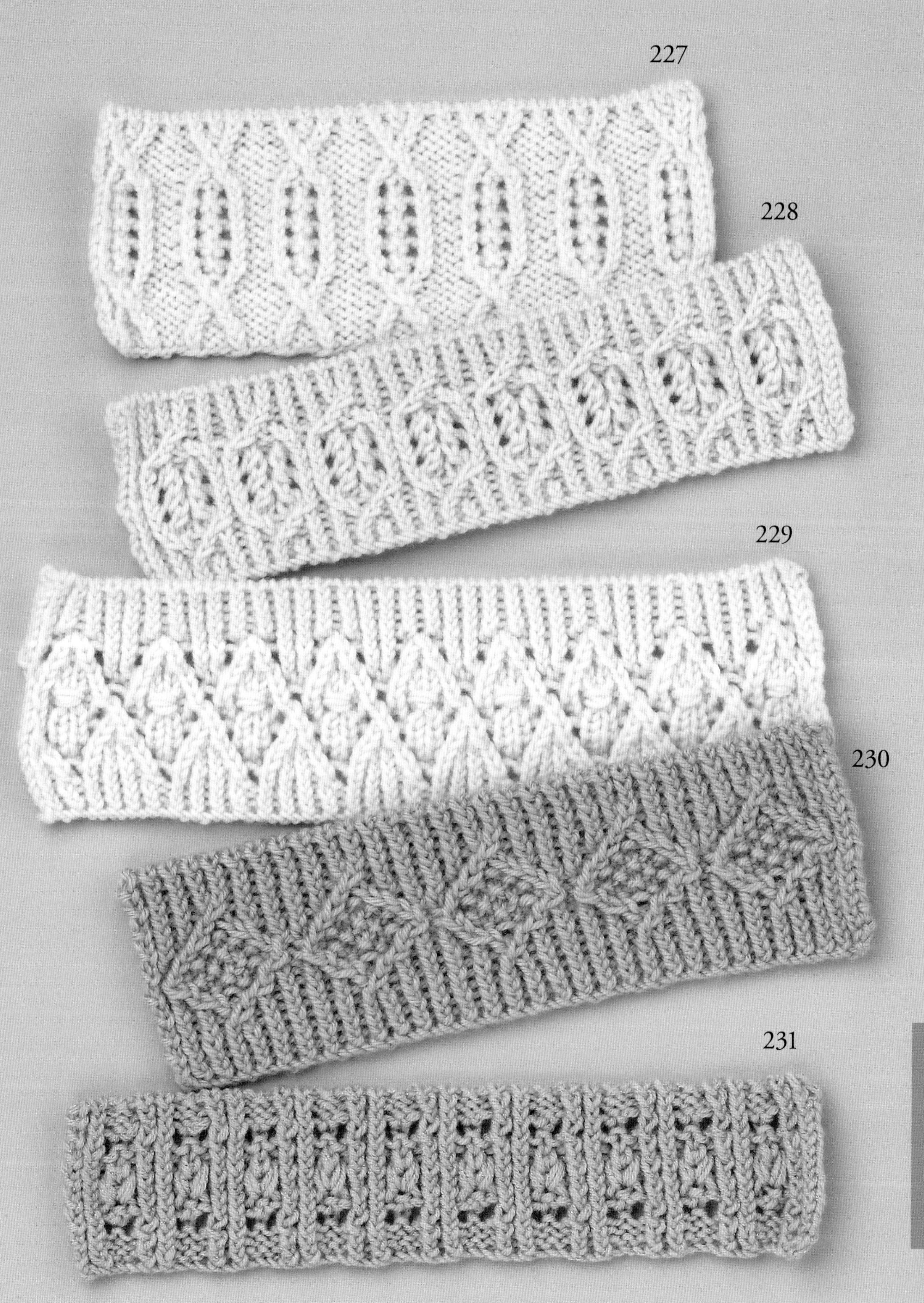

符号图见p.120

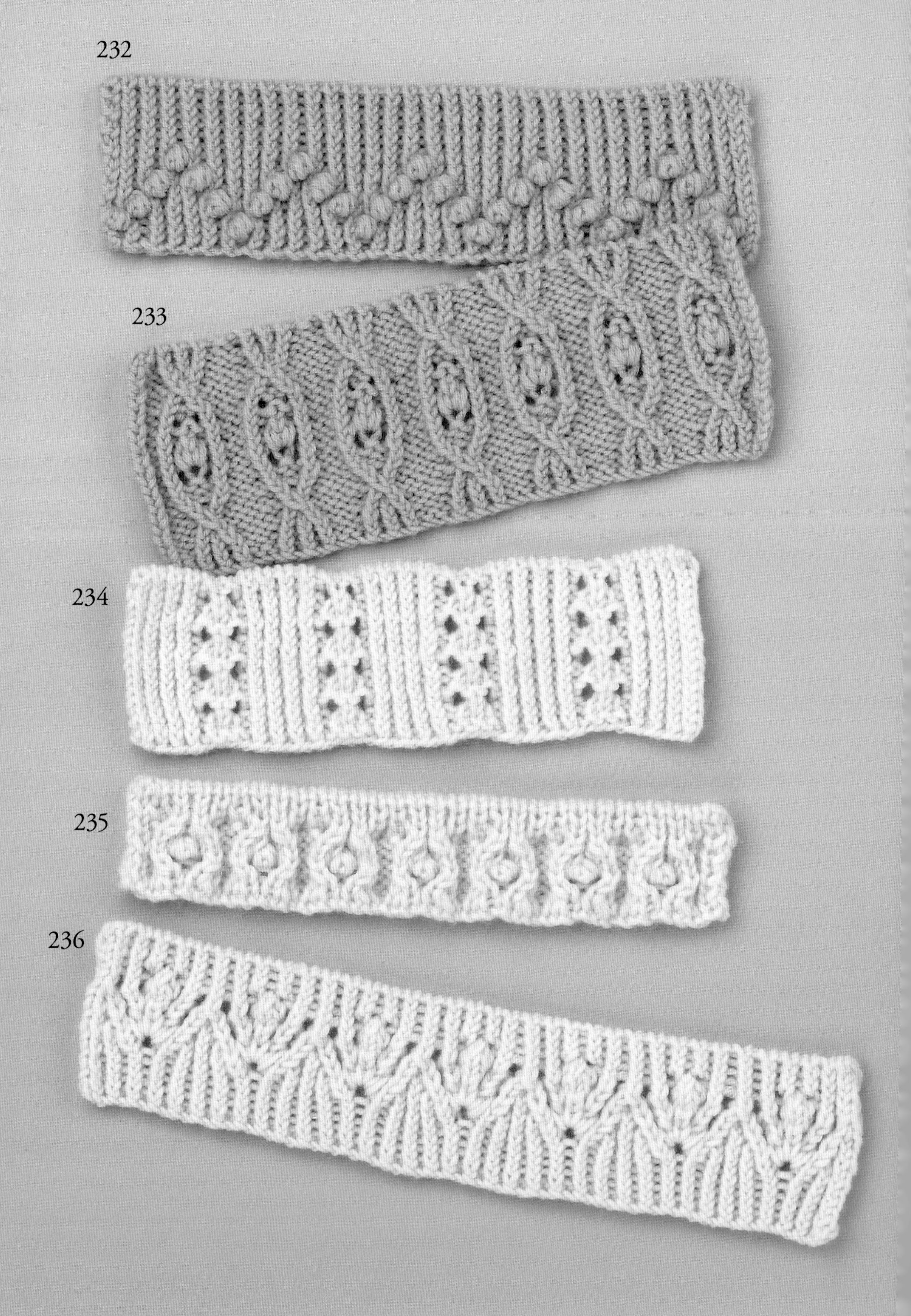

符号图见p.121

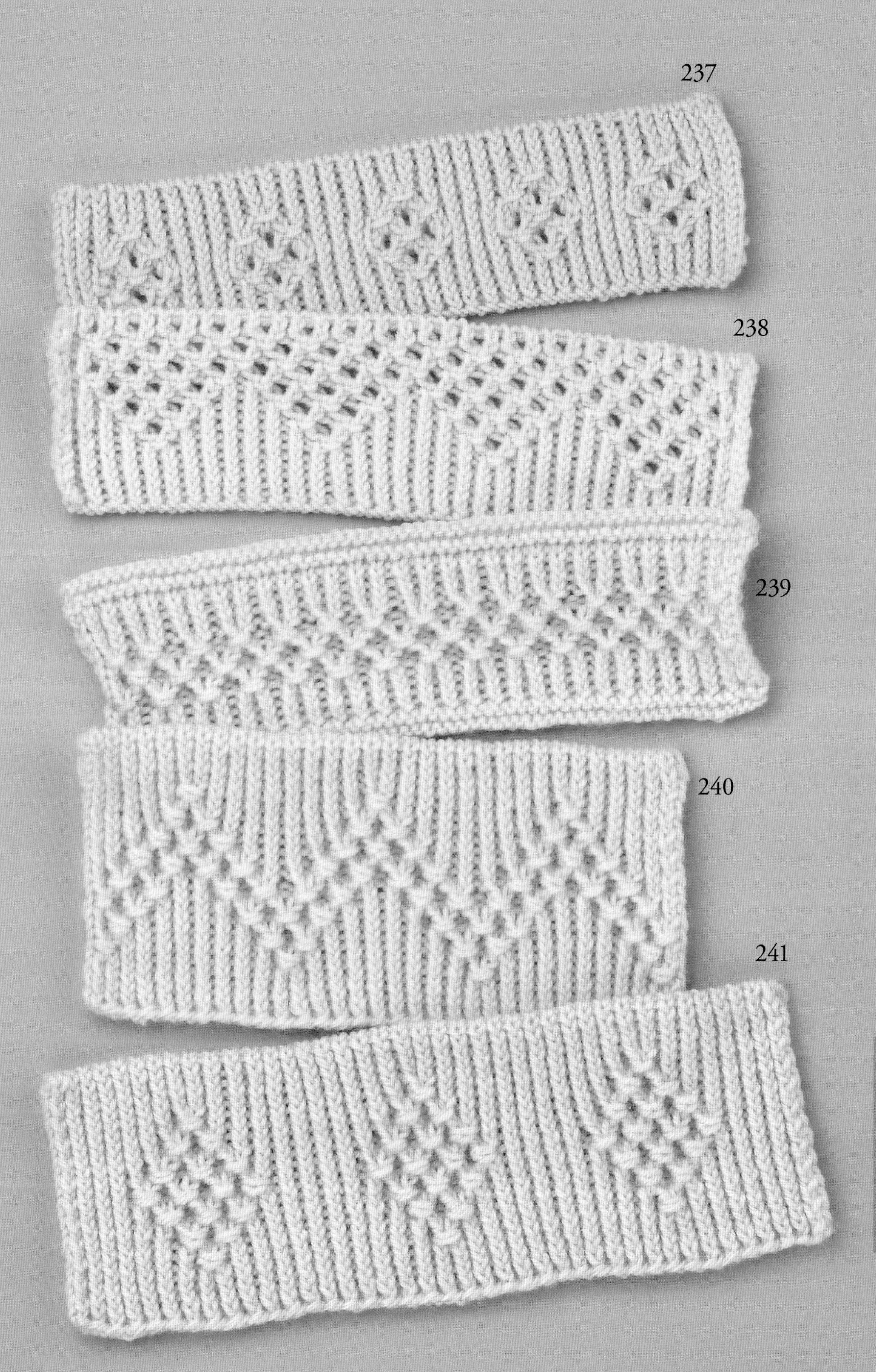

符号图见p.121

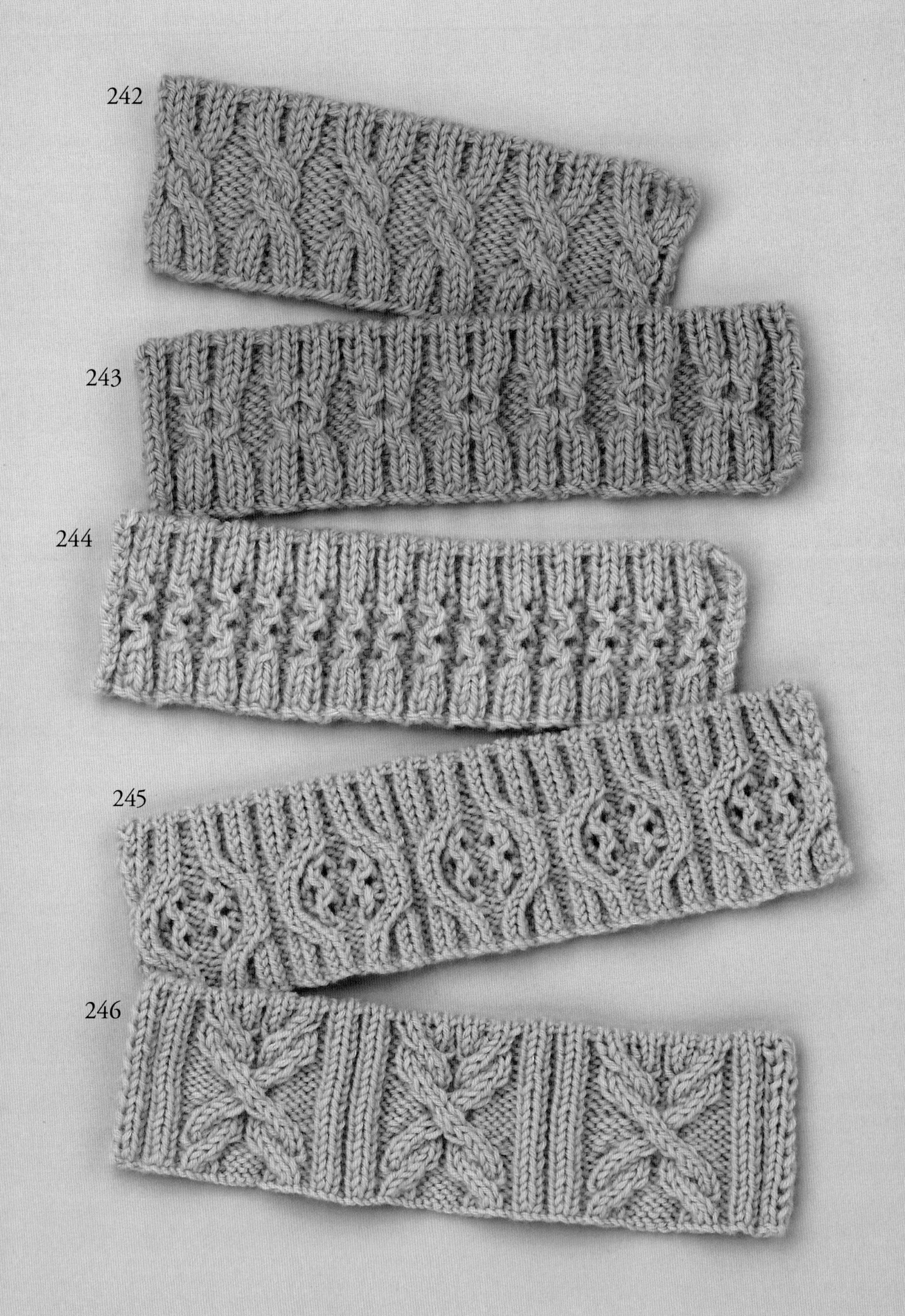

符号图见p.122

247

248

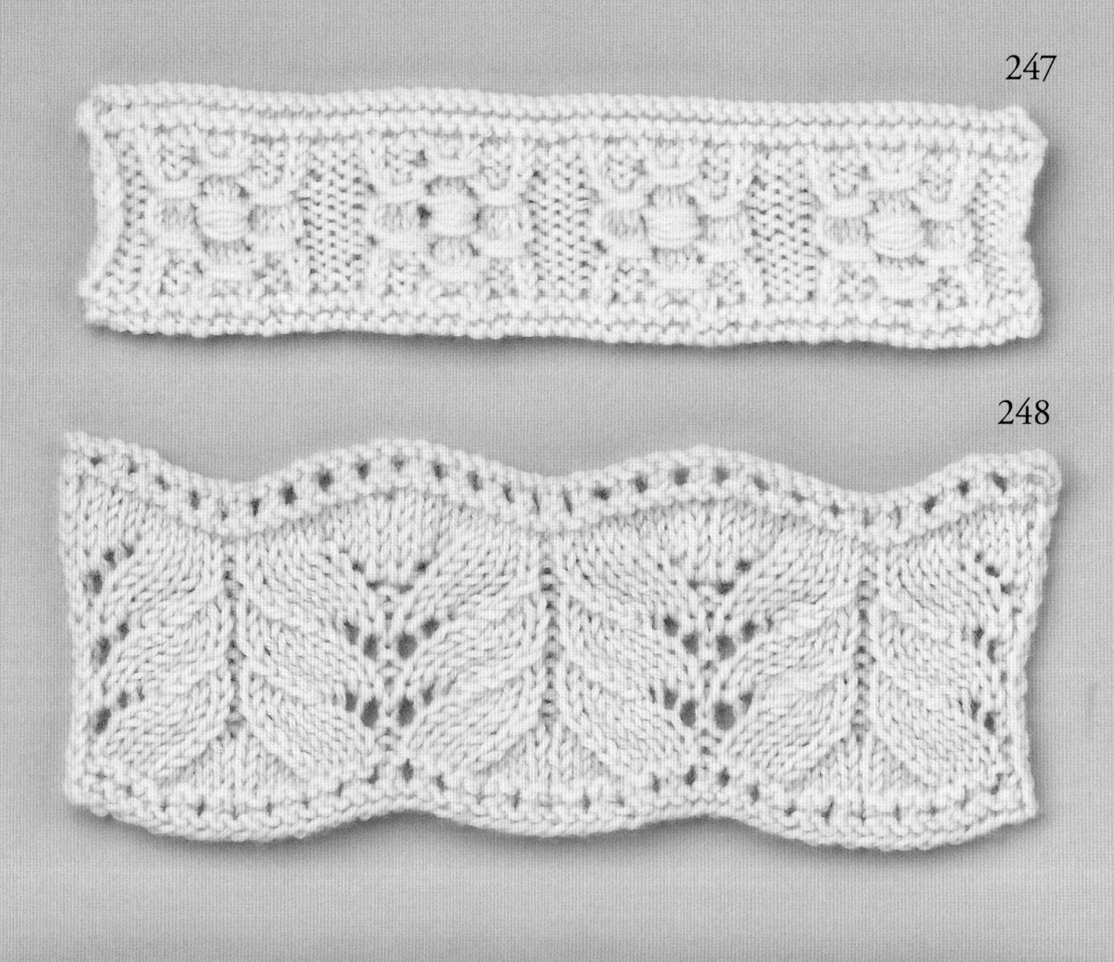

249

250

饰边

符号图见p.122

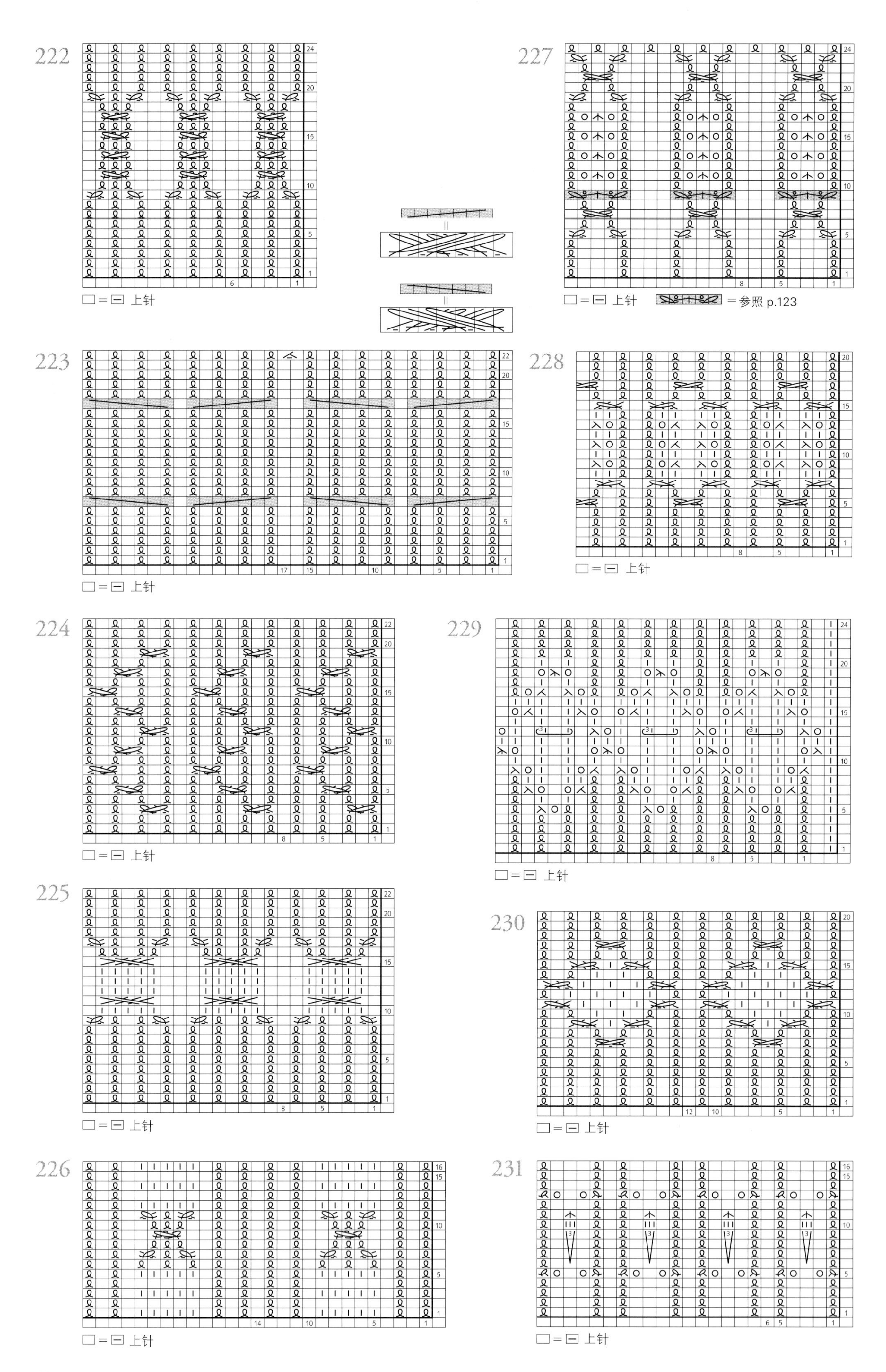
222
□＝⊟ 上针
227
□＝⊟ 上针
＝参照 p.123
223
□＝⊟ 上针
228
□＝⊟ 上针
224
□＝⊟ 上针
229
□＝⊟ 上针
225
□＝⊟ 上针
230
□＝⊟ 上针
226
□＝⊟ 上针
231
□＝⊟ 上针

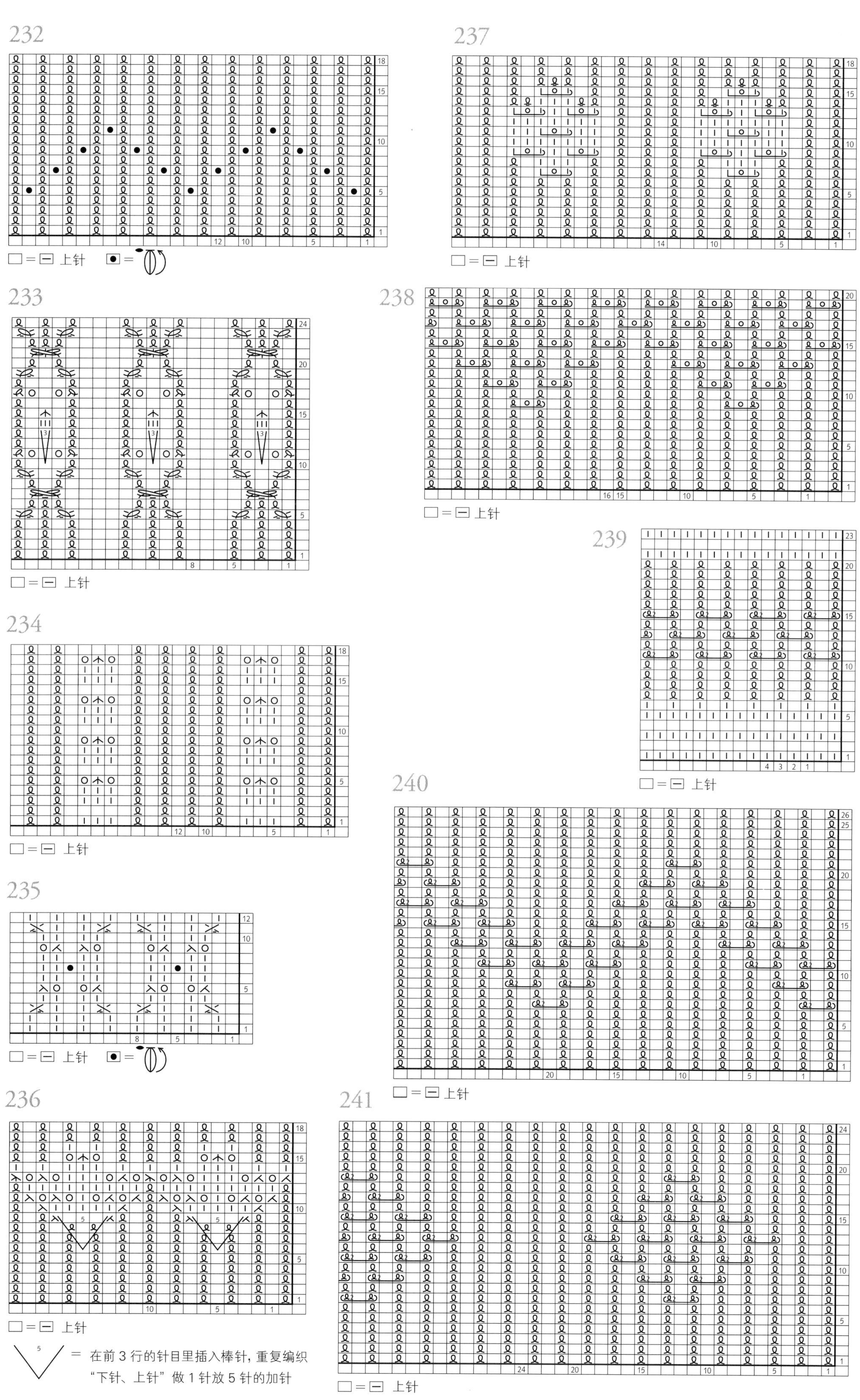
232
□＝⊟ 上针
237
□＝⊟ 上针
233
□＝⊟ 上针
238
□＝⊟ 上针
239
234
□＝⊟ 上针
□＝⊟ 上针
240
235
□＝⊟ 上针
236
□＝⊟ 上针
241
□＝⊟ 上针
＝ 在前 3 行的针目里插入棒针，重复编织
“下针、上针”做 1 针放 5 针的加针
□＝⊟ 上针

饰边

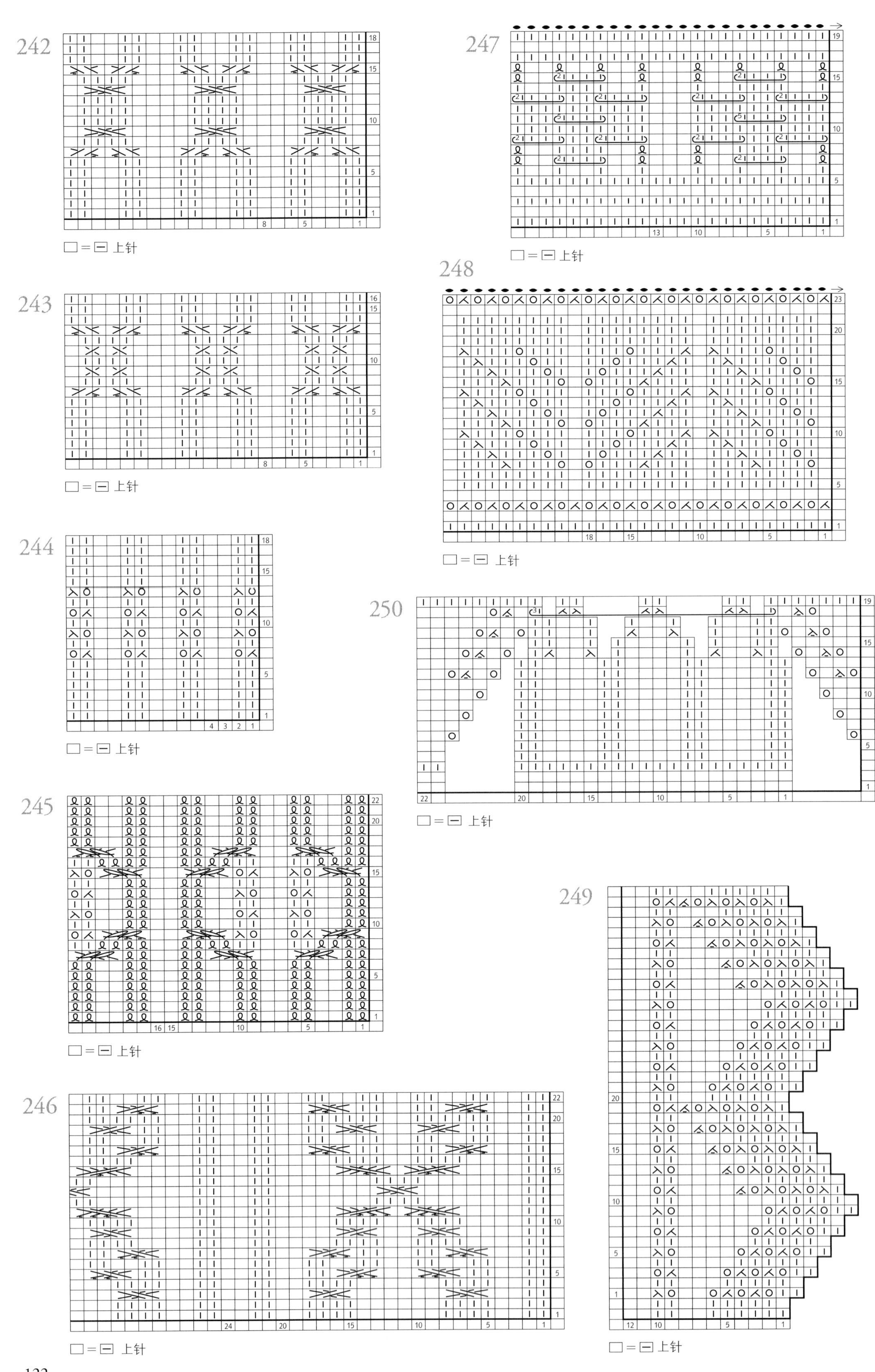
242
□=⊟ 上针
243
□=⊟ 上针
244
□=⊟ 上针
245
□=⊟ 上针
246
□=⊟ 上针
247
□=⊟ 上针
248
□=⊟ 上针
250
□=⊟ 上针
249
□=⊟ 上针

针法符号的编织方法

003,054,068,227

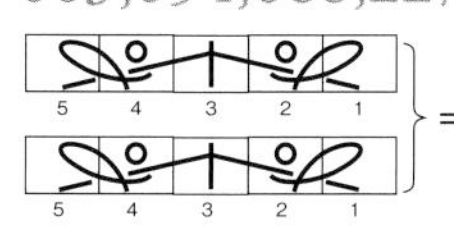

将针目1移至麻花针上放在织物的后面，在针目2里编织扭针，接着挂针，将针目3不编织移至右棒针上。将针目4移至麻花针上放在织物的前面，在针目5里编织下针，再将麻花针上的针目1以及刚才移至右棒针上的针目3覆盖在已织针目上完成中上3针并1针。然后挂针，在针目4里编织扭针。

023

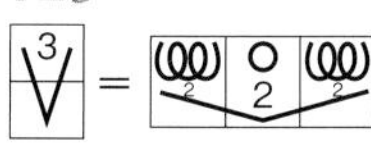

编织1针放3针的加针时，先做2卷绕线编，接着编织2针挂针，再做2卷绕线编。在下一行解开绕线针目，编织3针滑针。

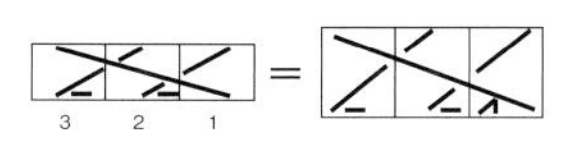

将前一行的3针滑针移至麻花针上放在织物的前面，在针目2、3里编织上针，接着在刚才移至麻花针上的3针里编织右上3针并1针。

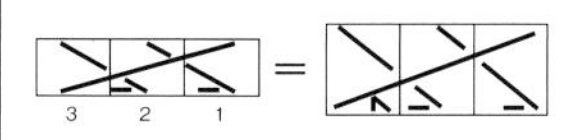

将针目1、2移至麻花针上放在织物的后面，在前一行的3针滑针里编织左上3针并1针，接着在刚才移至麻花针上的2针里编织上针。

071,077,120,133,134,163,164,194,208

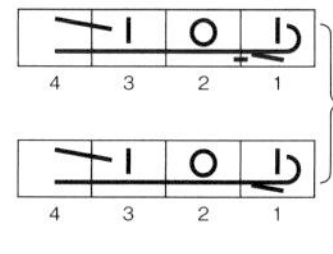

将针目1移至麻花针上放在织物的后面，在针目2~4里编织穿过左针的盖针，接着在针目1里编织上针或下针完成交叉。

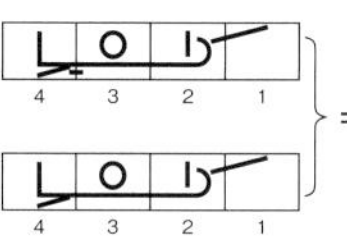

将针目1~3移至麻花针上放在织物的前面，在针目4里编织上针或下针，接着在针目1~3里编织穿过左针的盖针完成交叉。

093

将针目1移至麻花针上放在织物的后面，在针目2里编织扭针，接着挂针，在针目3以及麻花针上的针目1里编织右上2针并1针。

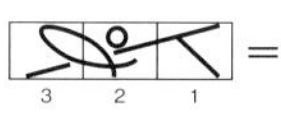

将针目1移至右棒针上，将针目2移至麻花针上放在织物的前面，接着将针目1移回至左棒针上，与针目3编织左上2针并1针。然后挂针，在针目2里编织扭针。

117

将针目1移至麻花针上放在织物的后面，将针目2~4移至麻花针上放在织物的前面。接着在针目5里编织上针，在麻花针上的针目2~4里编织穿过左针的盖针，最后在针目1里编织扭针。

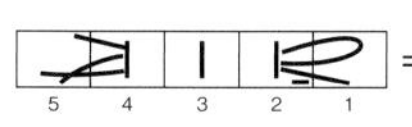

将针目1移至麻花针上放在织物的后面，将针目2~4移至麻花针上放在织物的前面。接着在针目5里编织扭针，在麻花针上的针目2~4里编织下针，最后在针目1里编织上针。

119,207

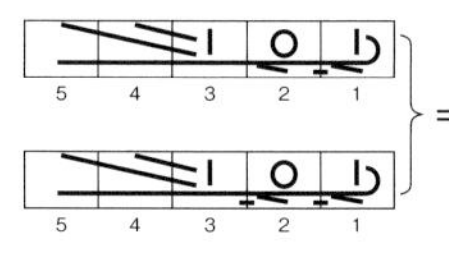

将针目1、2移至麻花针上放在织物的后面，在针目3~5里编织穿过左针的盖针。接着在刚才移至麻花针上的2针里编织上针和下针，或者编织2针上针。

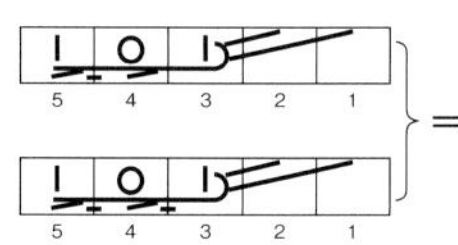

将针目1~3移至麻花针上放在织物的前面，在针目4里编织下针，在针目5里编织上针，或者2针都编织上针。接着在麻花针上的3针里编织穿过左针的盖针。

120,194

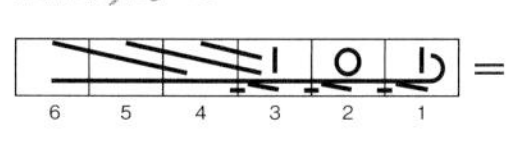

将针目1~3移至麻花针上放在织物的后面，在针目4~6里编织穿过左针的盖针。接着在麻花针上的针目1~3里编织上针。

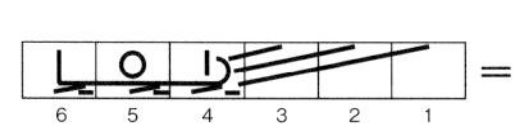

将针目1~3移至麻花针上放在织物的前面，在针目4~6里编织上针。接着在麻花针上的针目1~3里编织穿过左针的盖针。

133,134

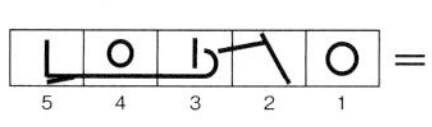

将针目1移至右棒针上，将针目2~4移至麻花针上放在织物的前面。接着挂针，在针目5里编织下针，将刚才移至右棒针上的针目1覆盖在已织针目上完成右上2针并1针。然后在针目2~4里编织穿过左针的盖针。

将针目1移至麻花针上放在织物的后面，在针目2~4里编织穿过左针的盖针。接着将针目1移回至左棒针上，与针目5编织左上2针并1针，然后挂针。

165,191

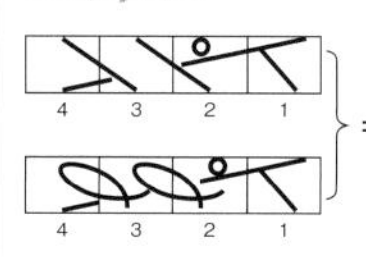

将针目1移至右棒针上，将针目2、3移至麻花针上放在织物的前面。接着将针目1移回至左棒针上，与针目4编织左上2针并1针。然后挂针，在麻花针上的针目2、3里编织下针或扭针。

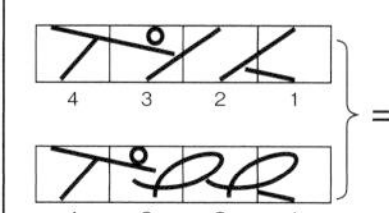

将针目1移至麻花针上放在织物的后面，在针目2、3里编织下针或扭针。接着挂针，在麻花针上的针目1以及针目4里编织右上2针并1针。

182

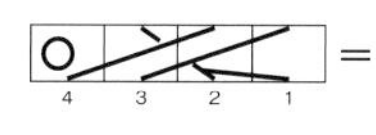

将针目1、2移至麻花针上放在织物的后面，在针目3、4里编织下针。接着在麻花针上的2针里编织左上2针并1针，然后挂针。

189

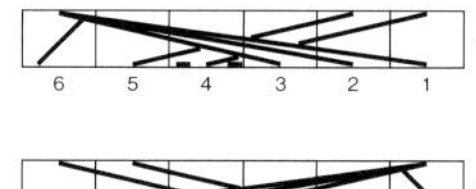

将针目1~3移至麻花针上放在织物的前面，在针目4、5里编织上针，接着在麻花针上的针目1~3以及针目6里编织右上4针并1针。

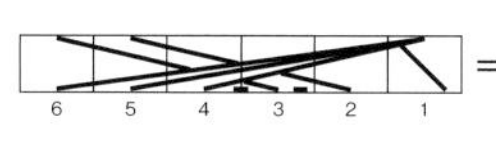

将针目1移至右棒针上，将针目2、3移至麻花针上放在织物的后面。接着将针目1移回至左棒针上，与针目4~6编织左上4针并1针，然后在麻花针上的针目2、3里编织上针。

202

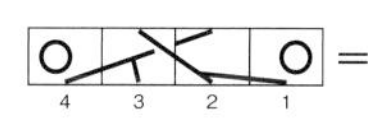

将针目1、2移至麻花针上放在织物的前面，接着挂针，在针目3、4里编织左上2针并1针。然后在麻花针上的针目1、2里编织左上2针并1针，再编织挂针。

210,217

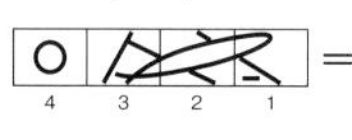

将针目1、2移至麻花针上放在织物的后面，在针目3里编织扭针，在麻花针上的针目1里编织上针。接着将针目2移回至左棒针上，与针目4编织左上2针并1针，然后挂针。

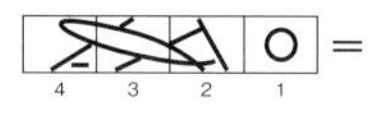

先挂针，将针目1移至右棒针上，将针目2移至麻花针上放在织物的前面。接着在针目3里编织下针，将针目1覆盖在已织针目上完成右上2针并1针。然后在针目4里编织上针，在麻花针上的针目2里编织扭针。

217

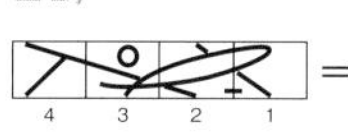

将针目1、2移至麻花针上放在织物的后面，在针目3里编织扭针。接着在麻花针上的针目1里编织上针，然后挂针，在针目4里编织下针，将针目2覆盖在已织针目上完成右上2针并1针。

215

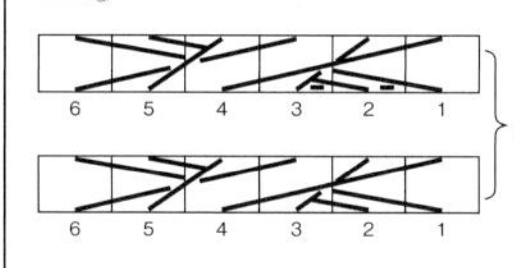

将针目1、2移至麻花针上放在织物的后面，在针目3、4里编织左上1针交叉，在针目5、6里编织右上1针交叉。接着在麻花针上的针目1、2里编织上针或下针。

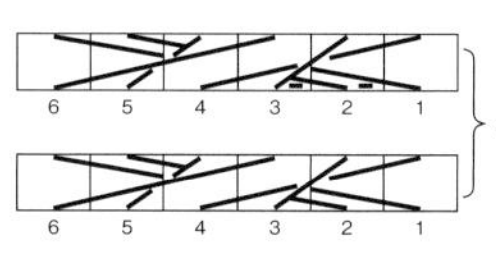

将针目1、2移至麻花针上放在织物的后面，在针目3、4里编织右上1针交叉，在针目5、6里编织左上1针交叉。接着在麻花针上的针目1、2里编织上针或下针。

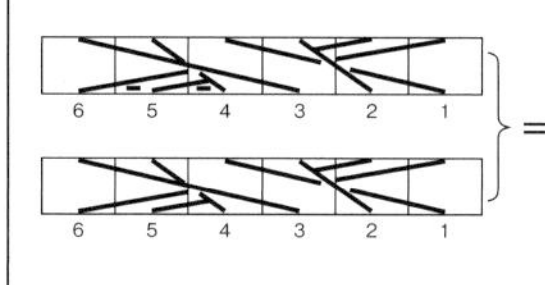

将针目1~4移至麻花针上放在织物的前面，在针目5、6里编织上针或下针。接着在麻花针上的针目1、2里编织左上1针交叉，在针目3、4里编织右上1针交叉。

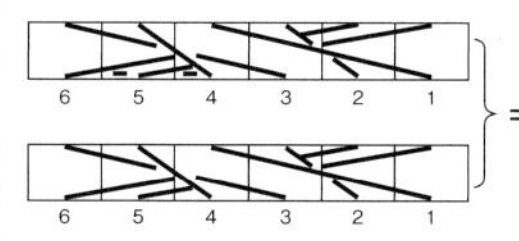

将针目1~4移至麻花针上放在织物的前面，在针目5、6里编织上针或下针。接着在麻花针上的针目1、2里编织右上1针交叉，在针目3、4里编织左上1针交叉。

将针目1、2移至麻花针上放在织物的前面，依次在针目3、4和麻花针上的针目1、2里编织左上1针交叉。

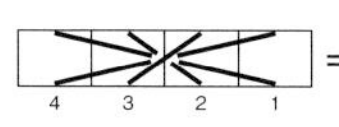

将针目1、2移至麻花针上放在织物的后面，依次在针目3、4和麻花针上的针目1、2里编织右上1针交叉。

将针目1、2移至麻花针上放在织物的前面，在针目3里编织上针，接着在麻花针上的针目1、2里编织右上1针交叉。

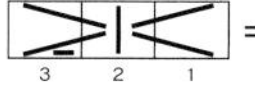

将针目1、2移至麻花针上放在织物的前面，在针目3里编织上针，接着在麻花针上的针目1、2里编织左上1针交叉。

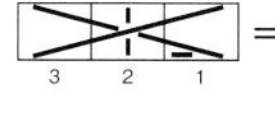

将针目1移至麻花针上放在织物的后面，在针目2、3里编织左上1针交叉，接着在麻花针上的针目1里编织上针。

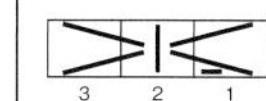

将针目1移至麻花针上放在织物的后面，在针目2、3里编织右上1针交叉，接着在麻花针上的针目1里编织上针。

扭针的右上2针并1针

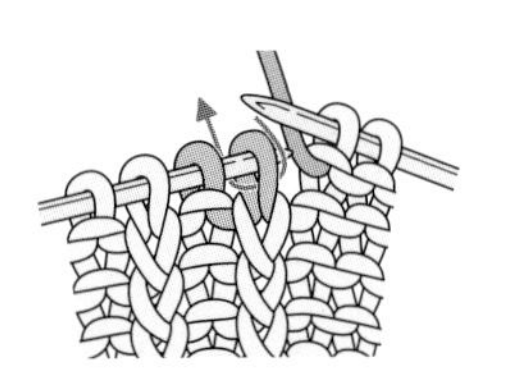

1 如箭头所示在右边的针目里插入棒针，不编织，直接移至右棒针上。

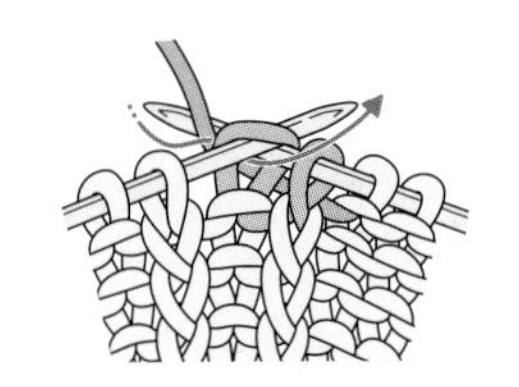

2 在左边的针目里插入棒针，挂线后拉出，编织下针。

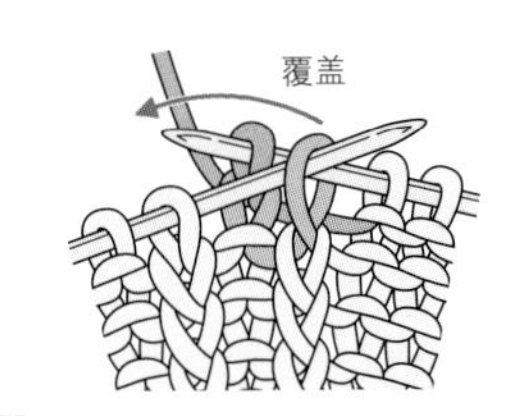

3 用左棒针挑起刚才移至右棒针上的针目，将其覆盖在已织针目上，并从棒针上取下。

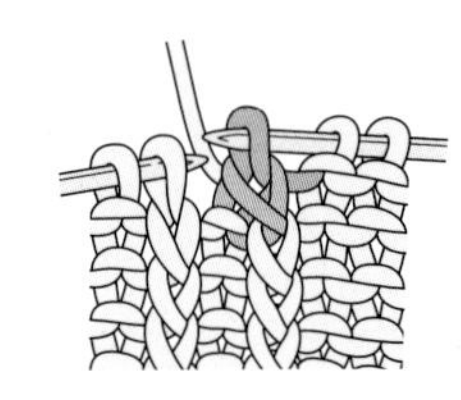

4 扭针的右上2针并1针完成。

扭针的左上2针并1针

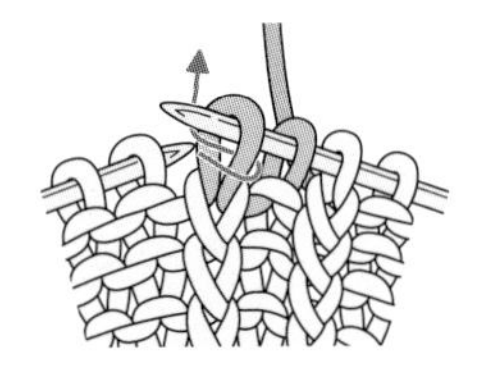

1 将2针不编织直接移至右棒针上，如箭头所示在第2针里插入左棒针，扭转针目移回至左棒针上。

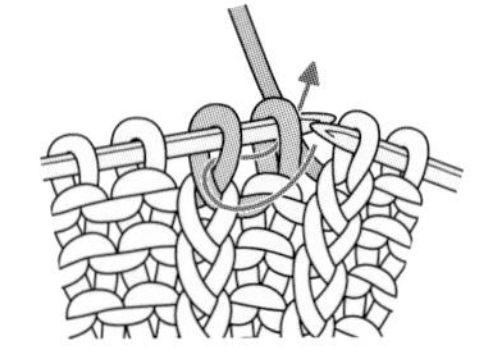

2 将右边的针目直接移回至左棒针上，如箭头所示在2针里插入右棒针。

3 挂线后拉出，在2针里一起编织下针。

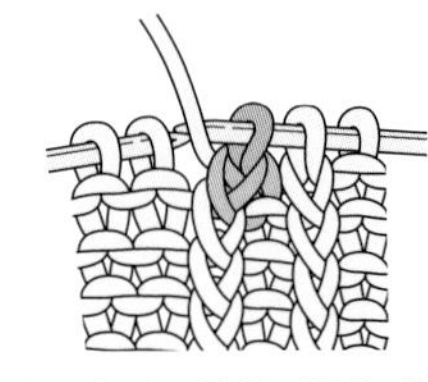

4 扭针的左上2针并1针完成。

扭针的右上3针并1针

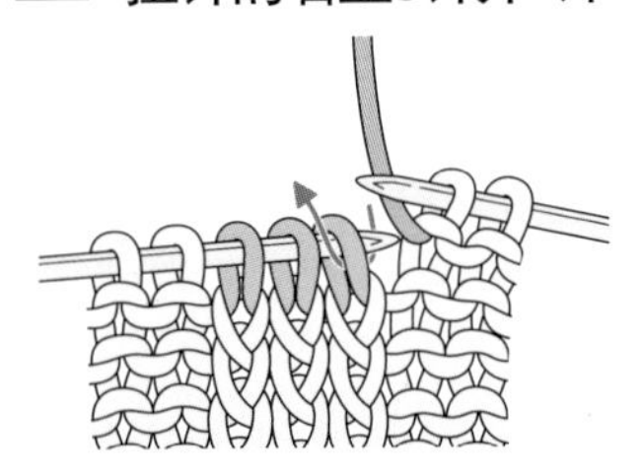

1 如箭头所示在第1针里插入棒针，不编织，直接移至右棒针上。

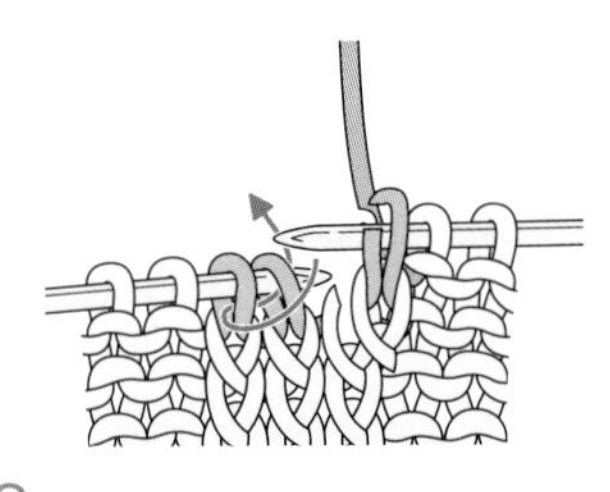

2 如箭头所示在后面2针里插入棒针，在2针里一起编织下针。

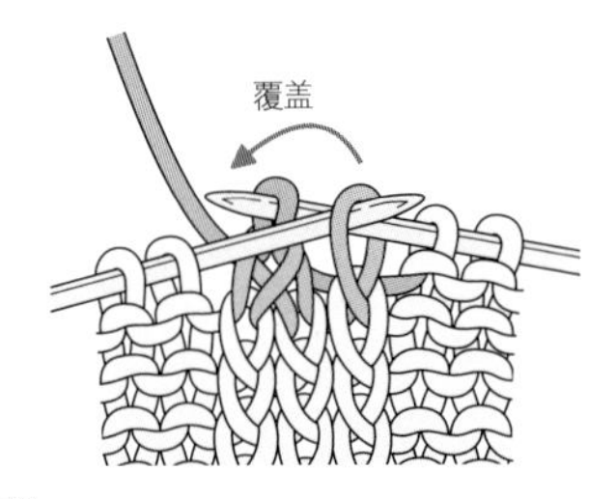

3 用左棒针挑起刚才移至右棒针上的针目，将其覆盖在已织针目上，并从棒针上取下。

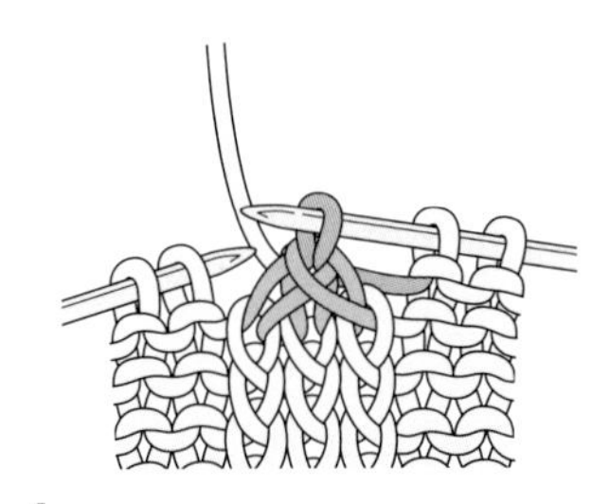

4 扭针的右上3针并1针完成。

扭针的左上3针并1针

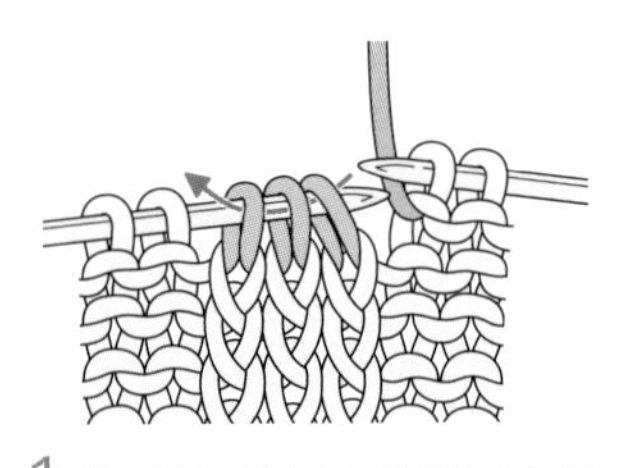

1 将3针不编织直接移至右棒针上。

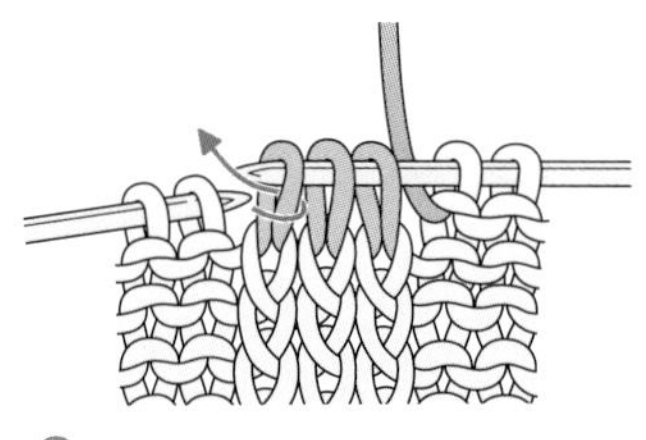

2 如箭头所示在第3针里插入左棒针，扭转针目移回至左棒针上。第1、2针直接移回至左棒针上。

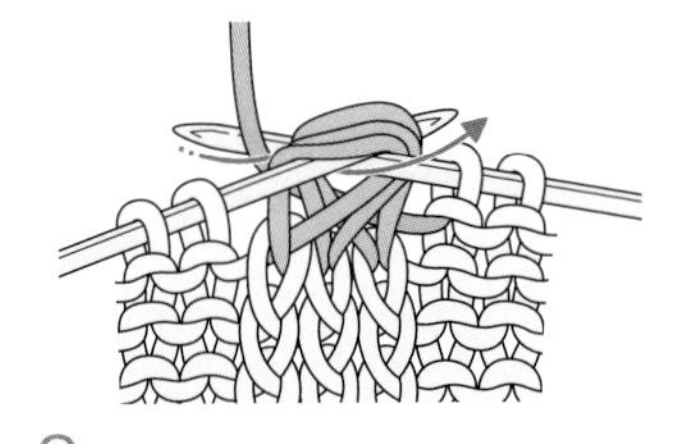

3 从左侧在3针里插入右棒针，挂线后拉出，在3针里一起编织下针。

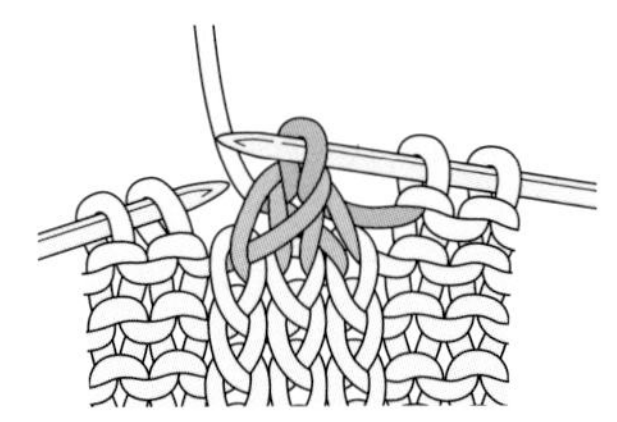

4 扭针的左上3针并1针完成。

扭针的右上1针交叉（中间跳过1针）

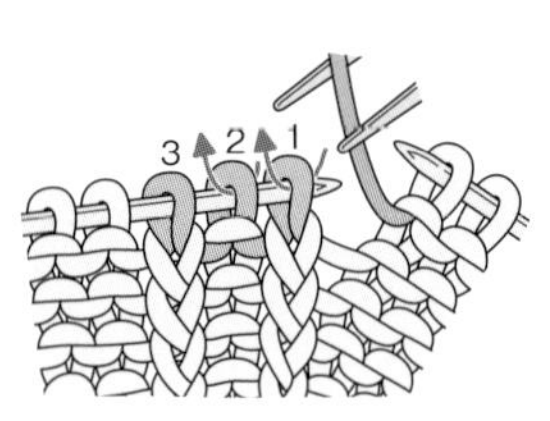

1 将针目1移至麻花针上放在织物的前面，将针目2移至麻花针上放在织物的后面。

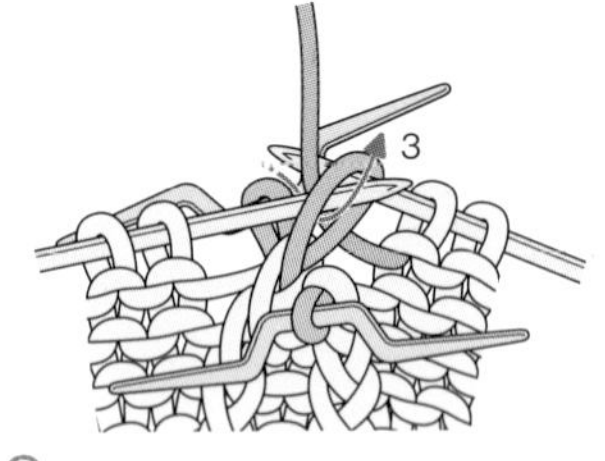

2 在针目3里编织扭针。

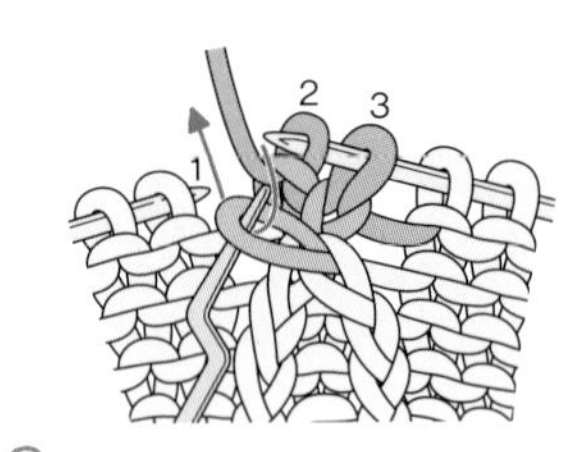

3 接着在针目2里编织上针。如箭头所示在针目1里插入棒针编织扭针。

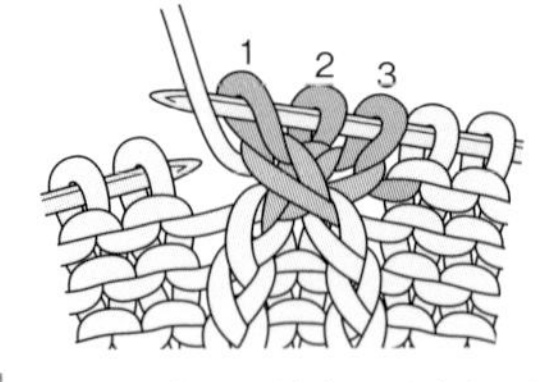

4 扭针的右上1针交叉（中间跳过1针）完成。

穿过左针的盖针(3针的情况)(又名“铜钱花”)

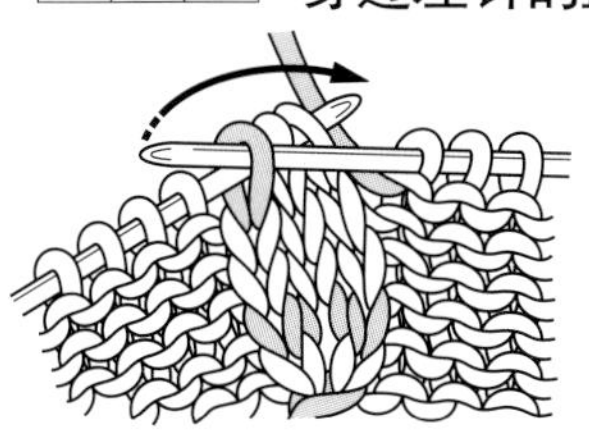

1 在左边的第3针里插入棒针，将其覆盖在右边的2针上，并从棒针上取下。

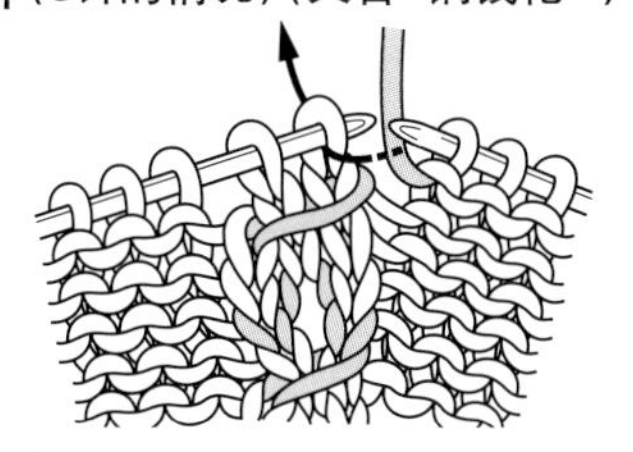

2 如箭头所示在右边的针目里插入棒针，编织下针。

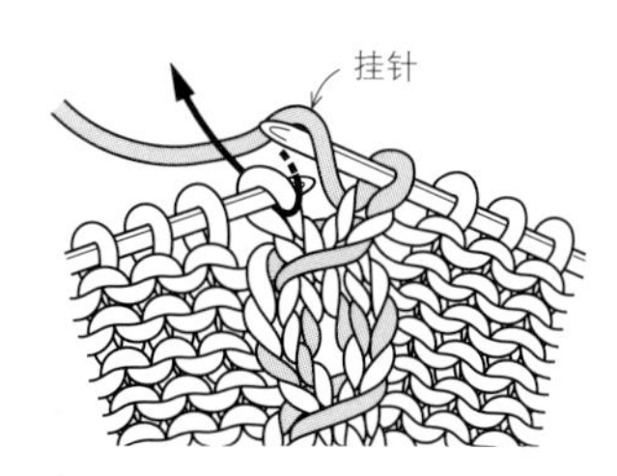

3 接着挂针，如箭头所示在下一针里插入棒针，编织下针。

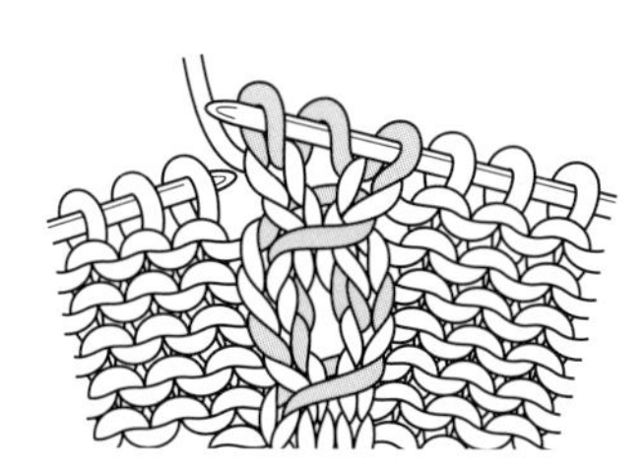

4 穿过左针的盖针(3针的情况)完成。

穿过左针的盖针与右上2针并1针

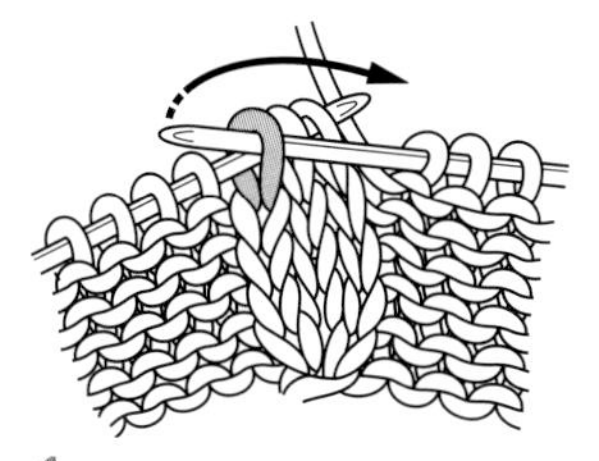

1 在左边的第3针里插入棒针，将其覆盖在右边的2针上，并从棒针上取下。

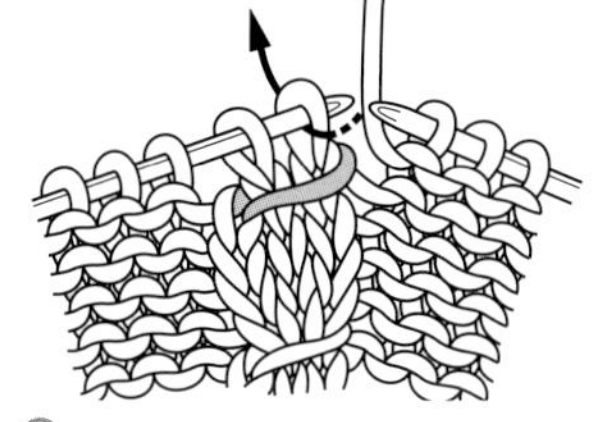

2 如箭头所示在右边的针目里插入棒针，编织下针。

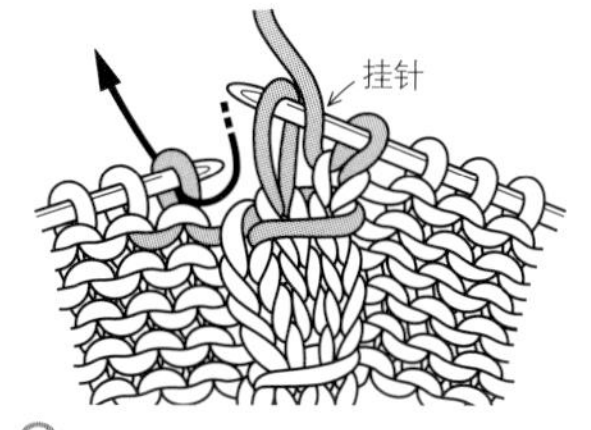

3 接着挂针，将下一针不编织直接移至右棒针上，在旁边的针目里编织下针。

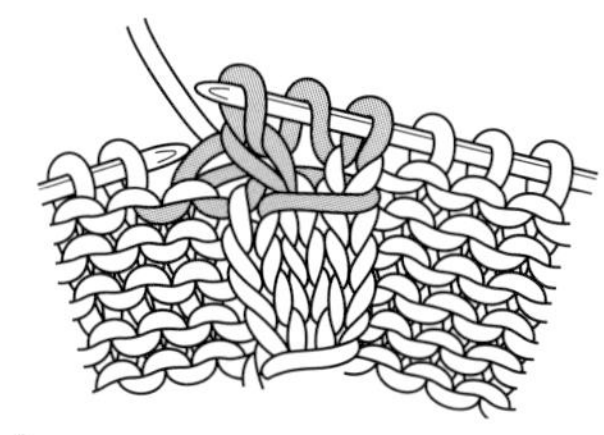

4 将刚才移至右棒针上的针目覆盖在已织针目上，完成。

穿过左针的盖针与左上2针并1针

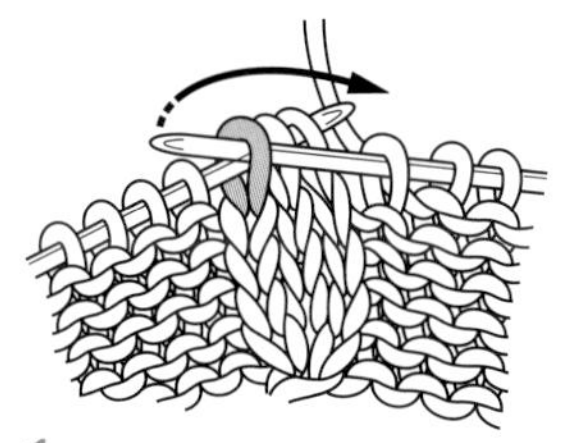

1 将前一针不编织直接移至右棒针上，接着将左边的第3针覆盖在右边的2针上，并从棒针上取下。

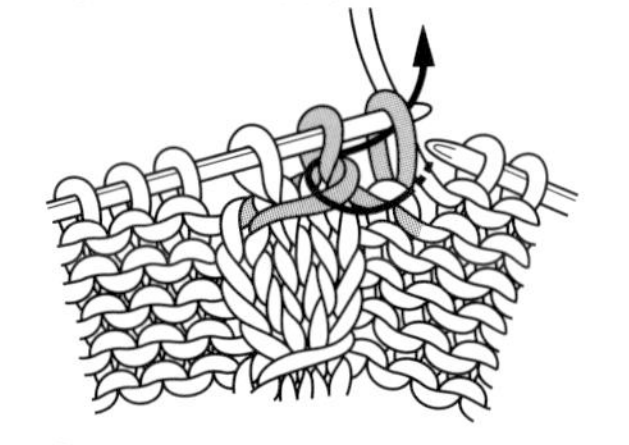

2 将刚才移至右棒针上的针目移回至左棒针上，如箭头所示插入棒针，在2针里一起编织下针。

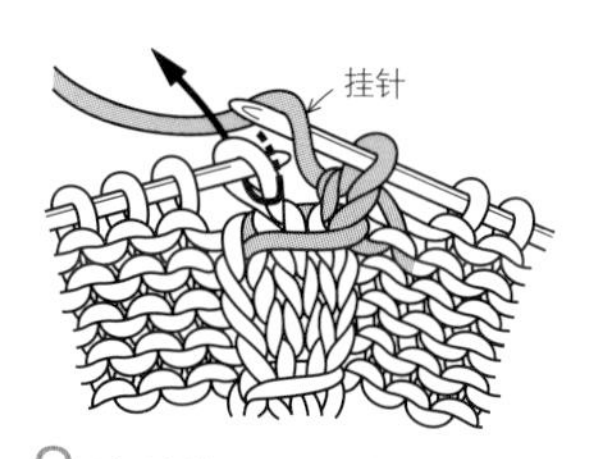

3 接着挂针，如箭头所示在下一针里插入棒针，编织下针。

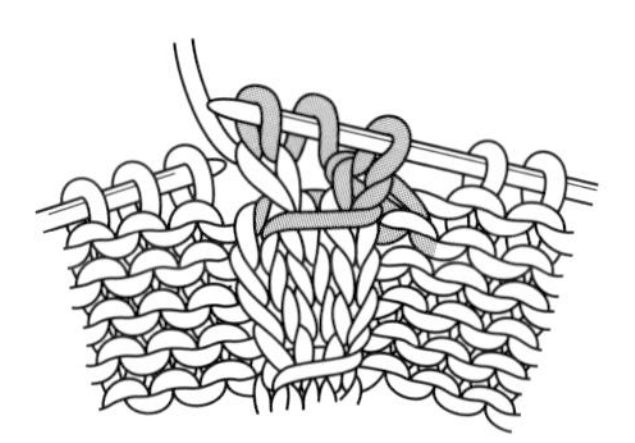

4 穿过左针的盖针与左上2针并1针完成。

穿过右针的盖针与右上2针并1针

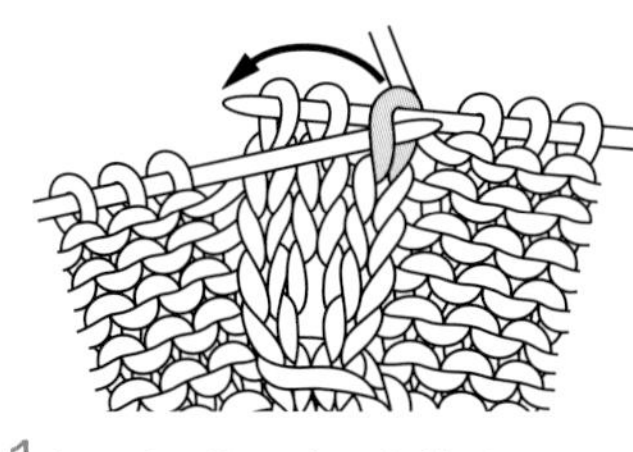

1 将3针不编织移至右棒针上，其中第1针要改变针目的方向。接着将第1针覆盖在左边的2针上，并从棒针上取下。

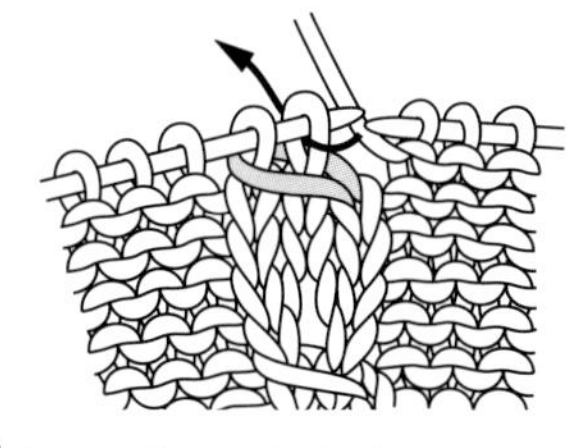

2 将2针移回至左棒针上，如箭头所示在第2针里插入棒针编织下针。

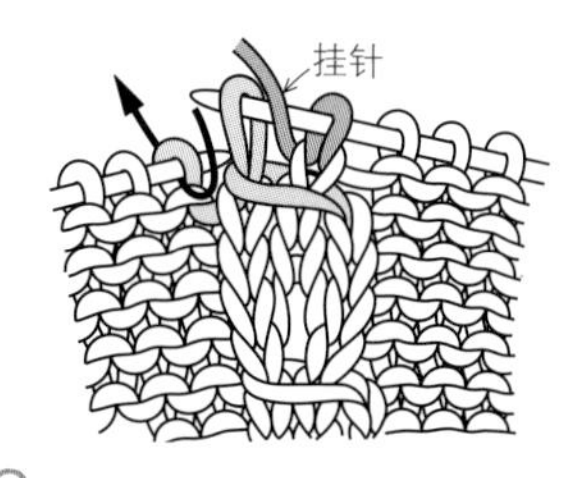

3 接着挂针，将第3针不编织移至右棒针上，在下一针里编织下针。

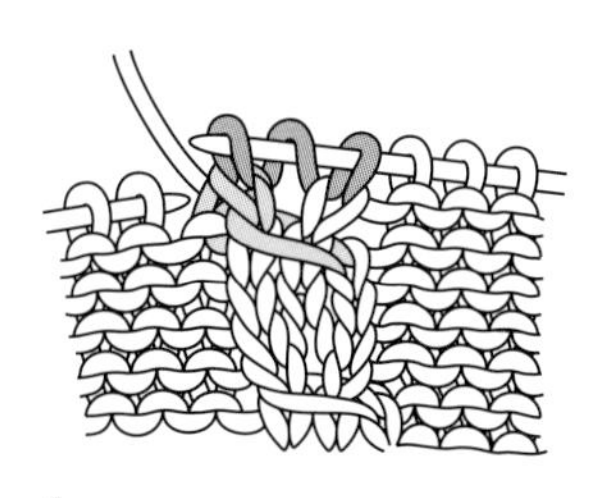

4 将刚才移至右棒针上的第3针覆盖在已织针目上，完成。

穿过右针的盖针与左上2针并1针

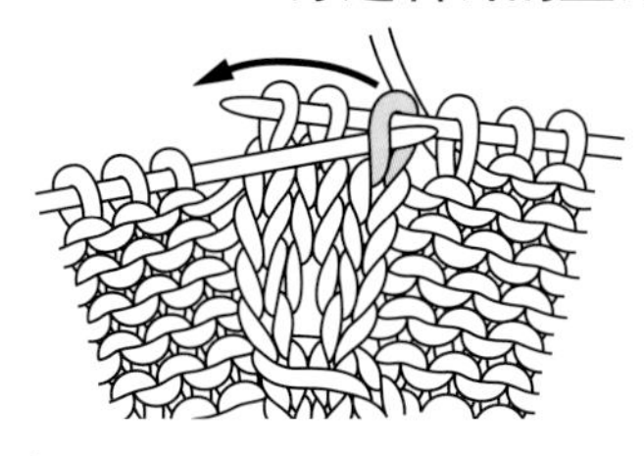

1 将前一针不编织直接移至右棒针上，接着改变用于盖针的第1针的方向，与后面2针一起移至右棒针上(一共移过4针)。将第1针覆盖在左边的2针上，并从棒针上取下。

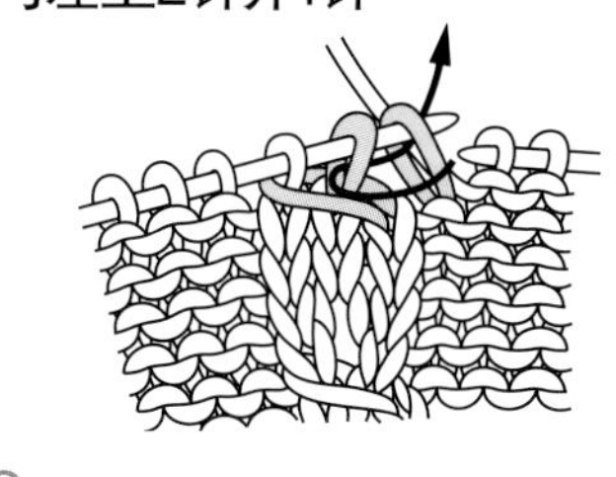

2 将刚才移至右棒针上的针目移回至左棒针上，如箭头所示插入棒针，在2针里一起编织下针。

3 接着挂针，如箭头所示插入棒针，编织下针。

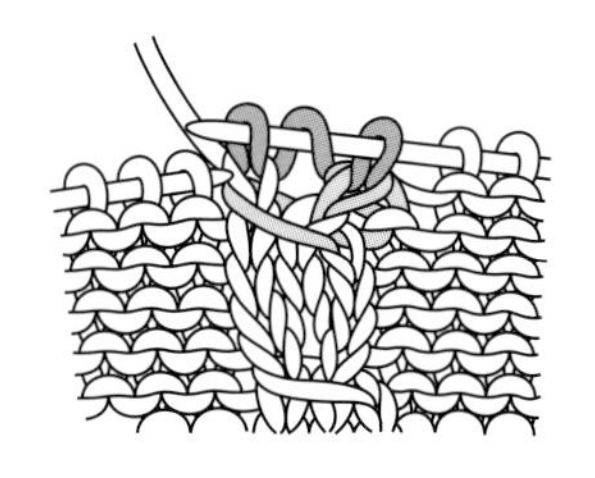

4 穿过右针的盖针与左上2针并1针完成。

3针中长针的枣形针

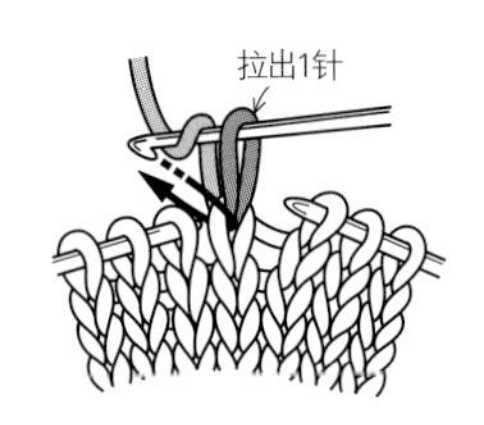

1 用钩针将线拉出，接着挂线后在同一个针目里插入钩针。

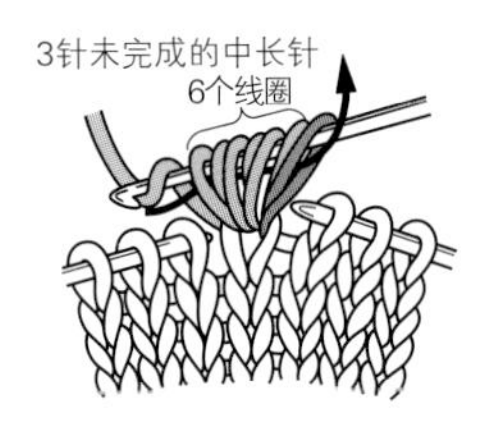

2 挂线后拉出。重复3次后，一次性引拔穿过所有线圈。

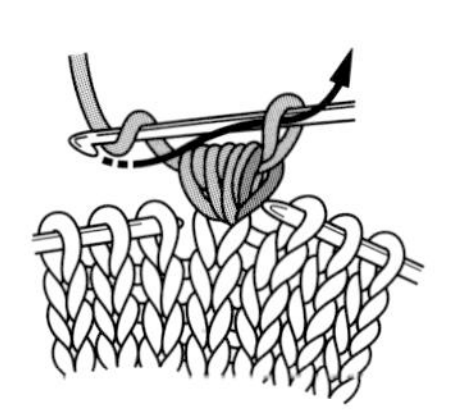

3 在钩针上挂线，如箭头所示再次引拔，收紧针目。

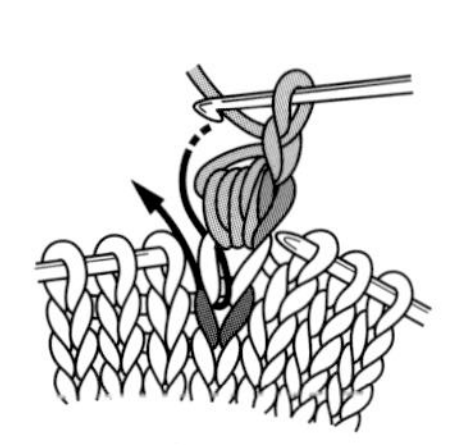

4 将枣形针倒向前面，如箭头所示从反面将钩针插入前一行的针目，将该线圈拉出。

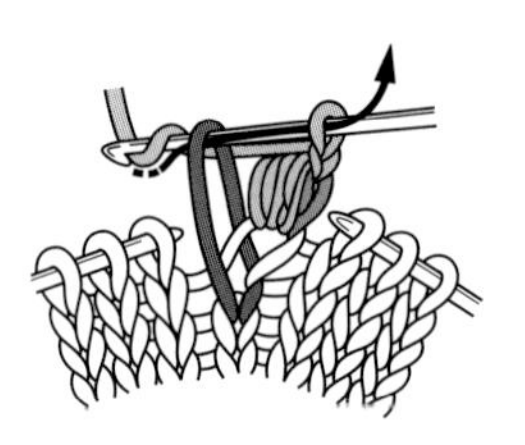

5 在钩针上挂线，一次性引拔穿过2个线圈，再将针目移回至右棒针上。

3针长针的枣形针

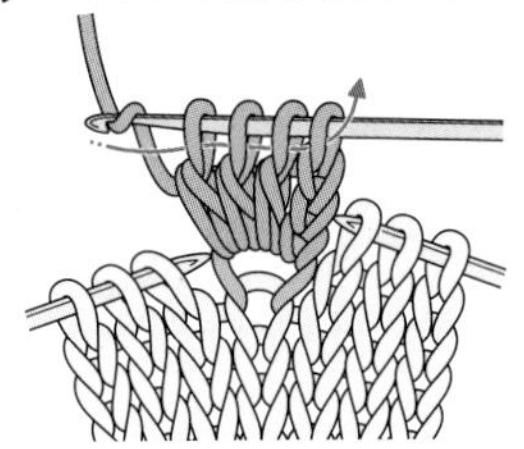

1 用钩针钩2针锁针，接着挂线，在同一个针目里钩3针未完成的长针，然后一次性引拔穿过所有线圈。

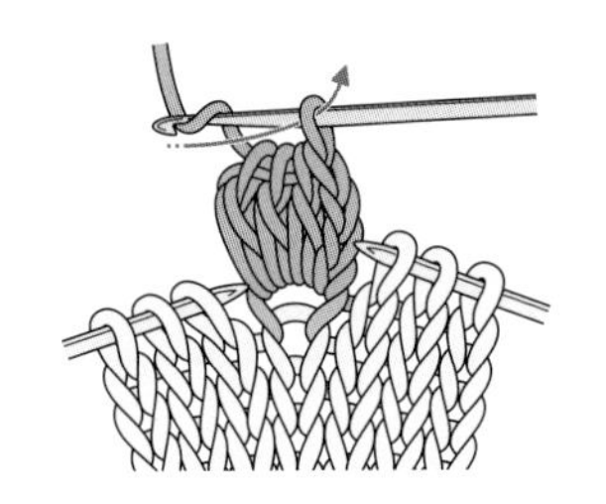

2 再次挂线引拔，收紧针目。

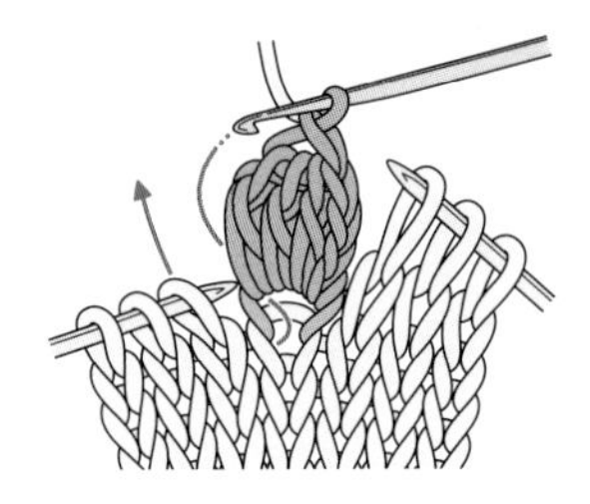

3 将枣形针倒向前面，如箭头所示从反面将钩针插入前一行的针目，挂线引拔，再将针目移回至右棒针上。

4针锁针的枣形针

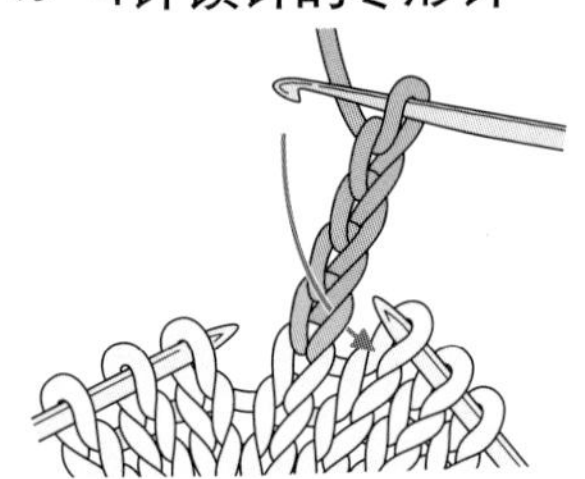

1 用钩针钩4针锁针，如箭头所示从第1针的前面插入钩针。

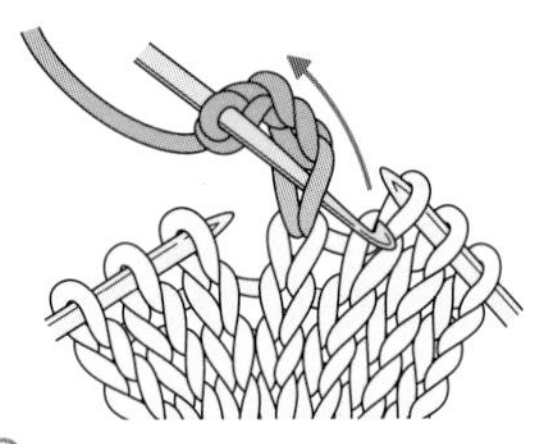

2 在针目里插入钩针的状态下，如箭头所示转动钩针。

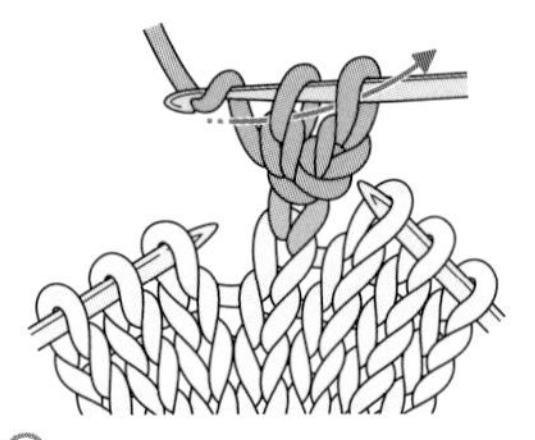

3 针头挂线后一次性引拔。

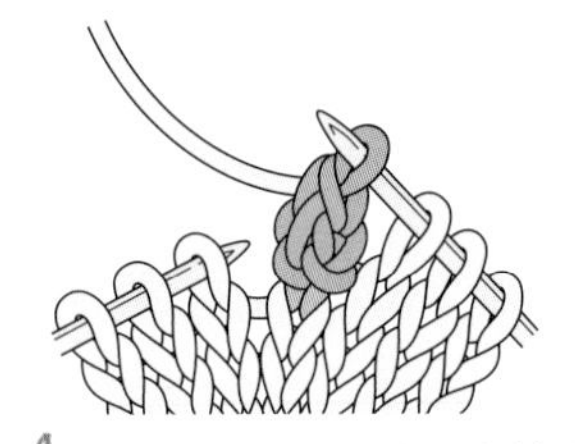

4 将钩针上的针目移至右棒针上，完成。

下滑3行的泡泡针

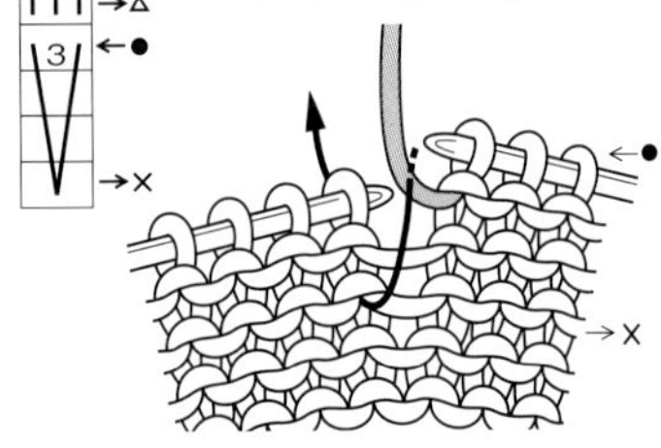

1 编织●行时，如箭头所示在前3行（×）的针目里插入右棒针。

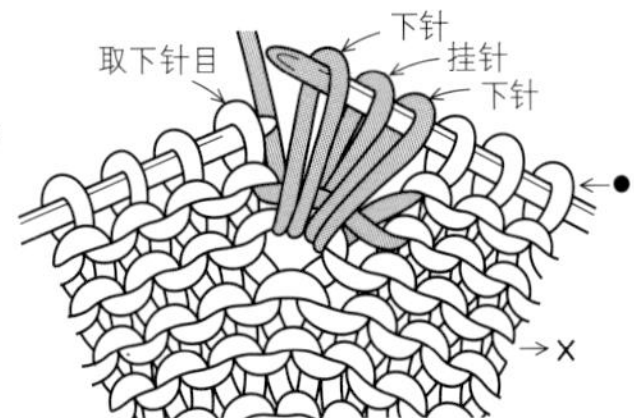

2 挂线后松松地拉出，接着挂针，用相同方法再拉出1针。

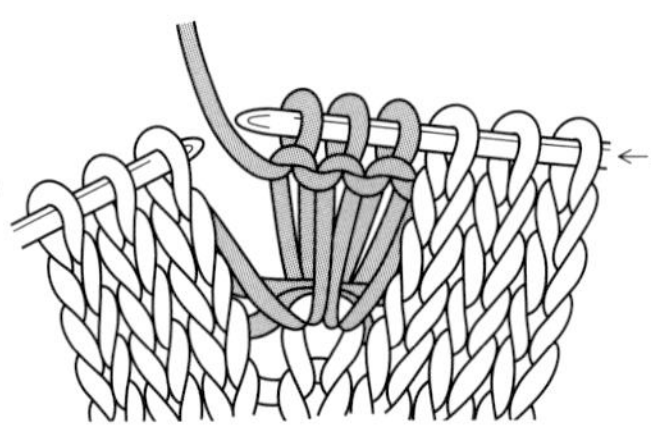

3 下一行在加出的3针里编织上针。

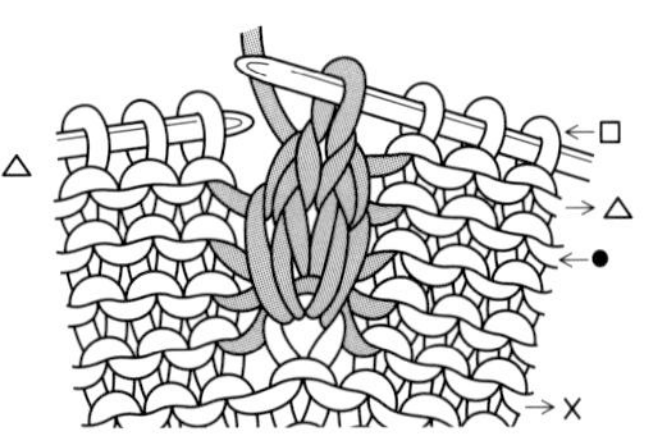

4 在□行编织中上3针并1针，完成。

2卷结编（用于缩褶花样）

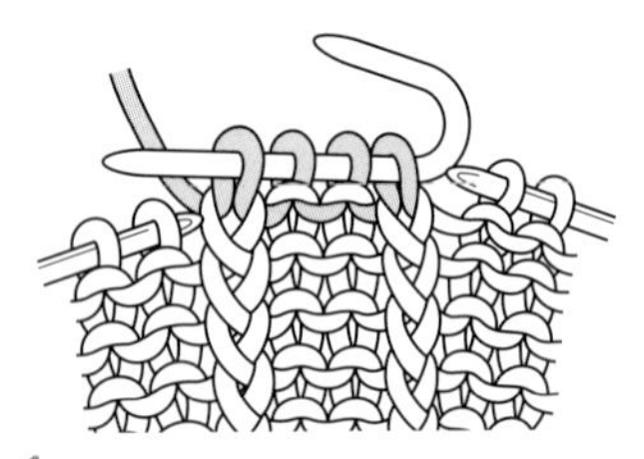

1 编织4针后，将这4针移至麻花针上。

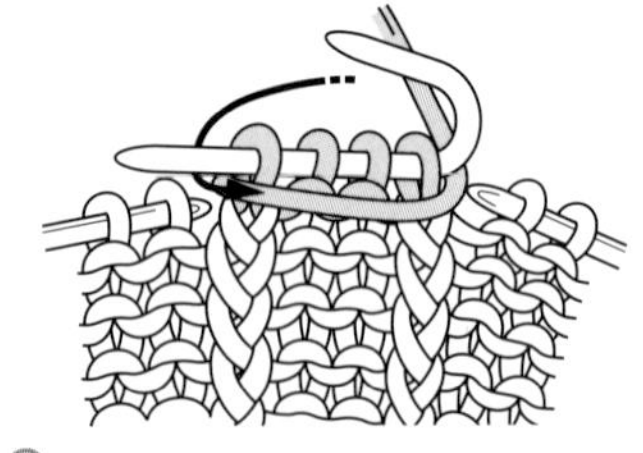

2 如箭头所示在刚才移过来的4针上绕线。

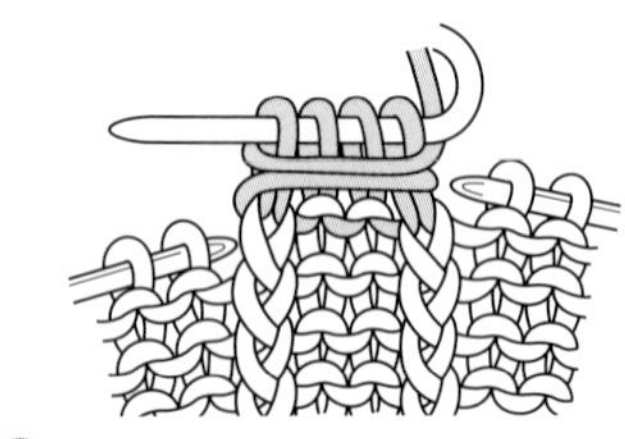

3 沿逆时针方向绕2圈线。

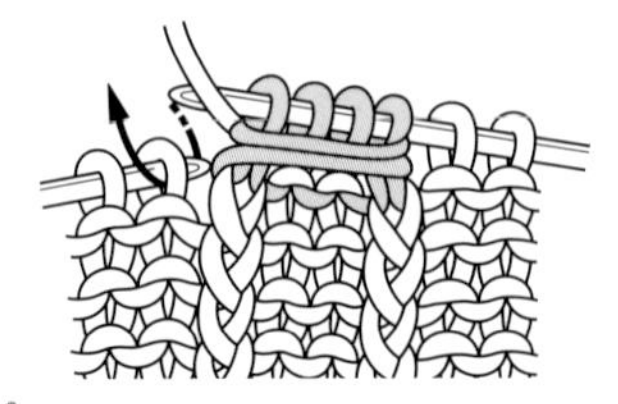

4 从麻花针上将针目移回至右棒针上，完成。

扭针的右上3针与1针的交叉

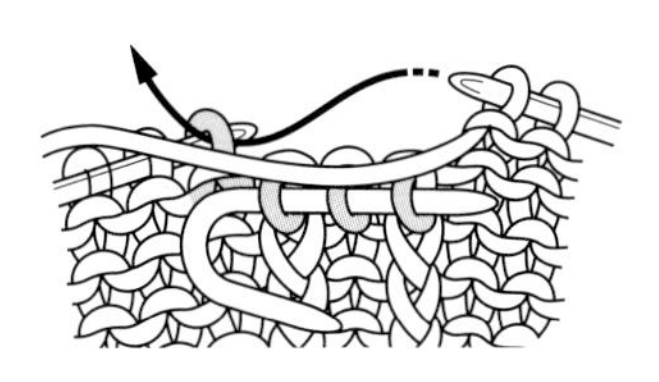

1 将针目1~3移至麻花针上放在织物的前面，如箭头所示在第4针里插入棒针，编织上针。

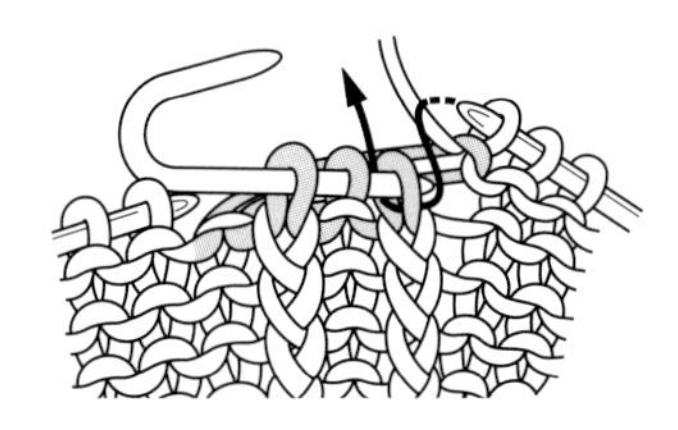

2 如箭头所示在麻花针上的第1针里插入棒针，编织扭针。

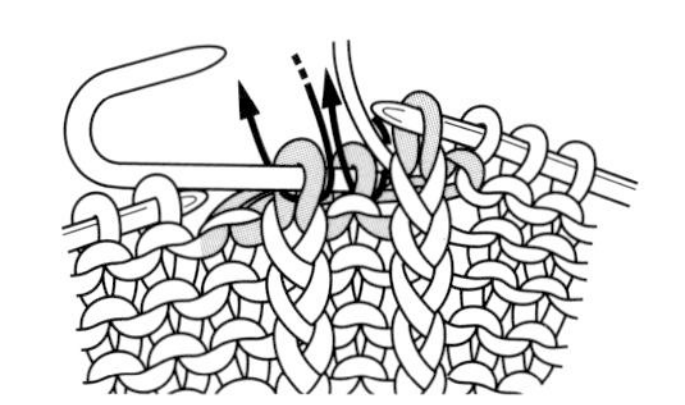

3 接着编织上针和扭针，完成。

拉针（拆开已织针目）

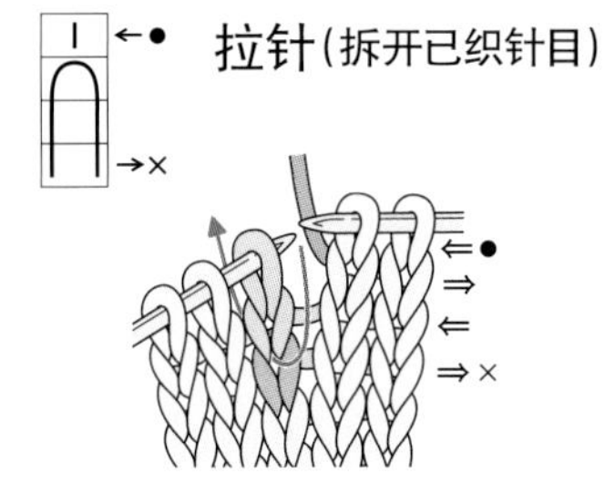

1 在●行进行操作。在前3行（×）的针目里插入右棒针。

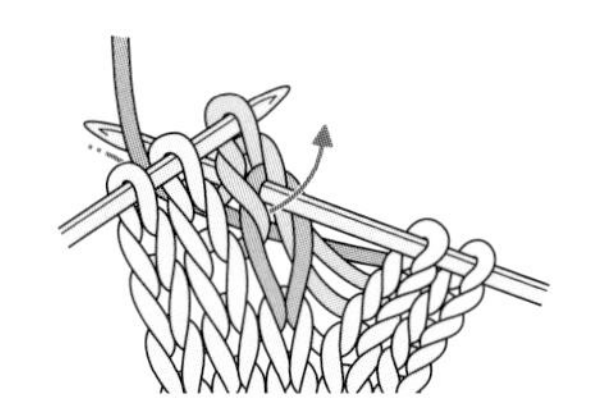

2 挂线后拉出。

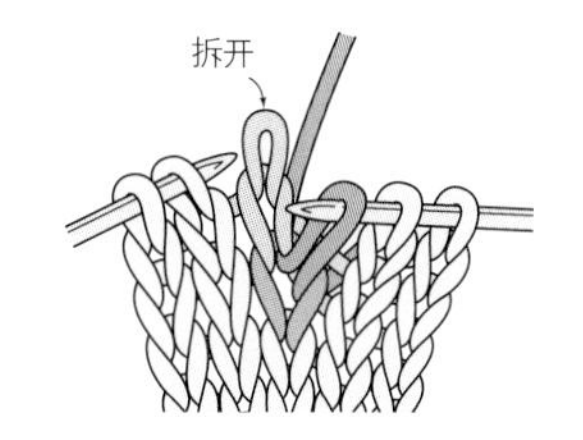

3 将左棒针上的针目取下。

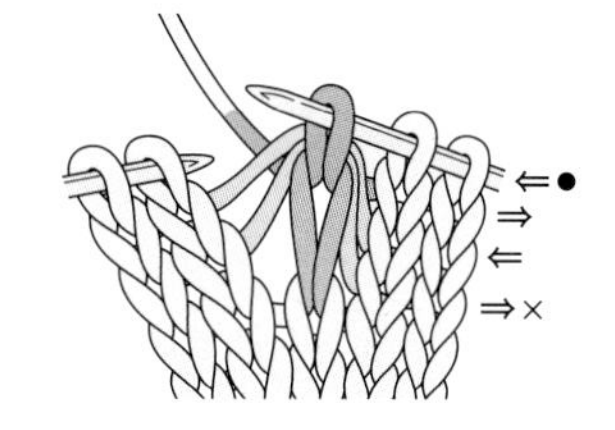

4 拉针完成。

拉针（用于褶裥花样）

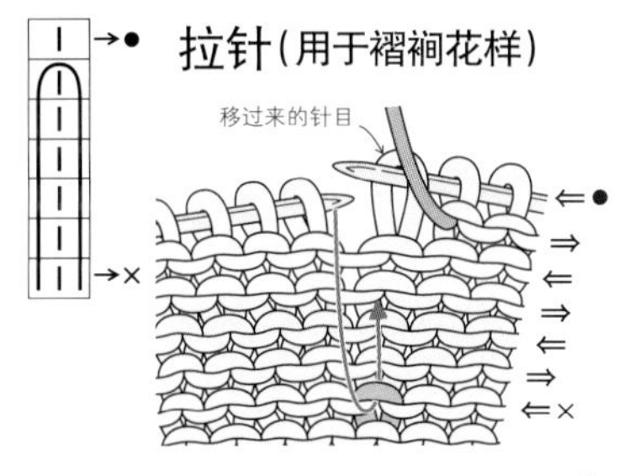

1 在●行的上针侧进行操作。将针目不编织直接移至右棒针上，在×行的针目里插入左棒针。

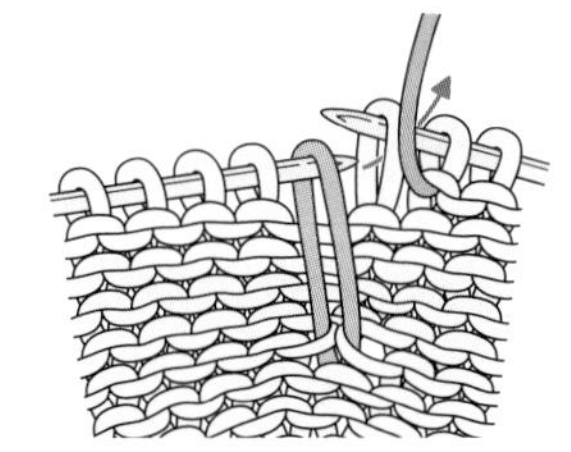

2 将左棒针挑起的针目拉上来，再将刚才移至右棒针上的针目移回至左棒针上。

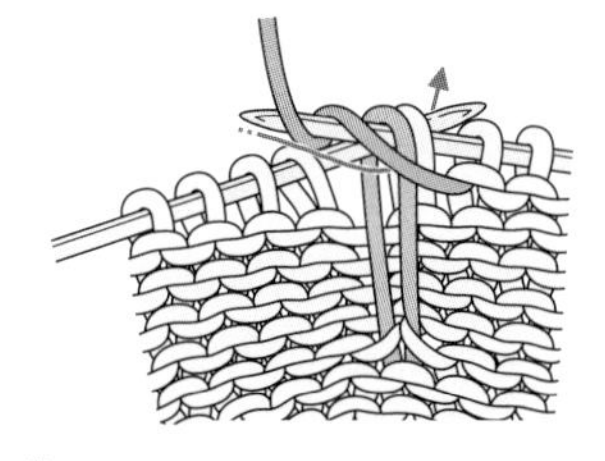

3 在移回去的针目以及拉上来的针目里一起编织上针。

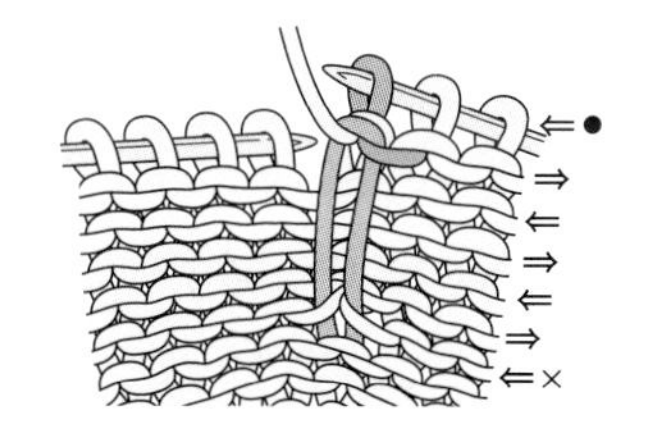

4 完成。从正面看的样子。

左上2针并1针（在反面行编织的情况）

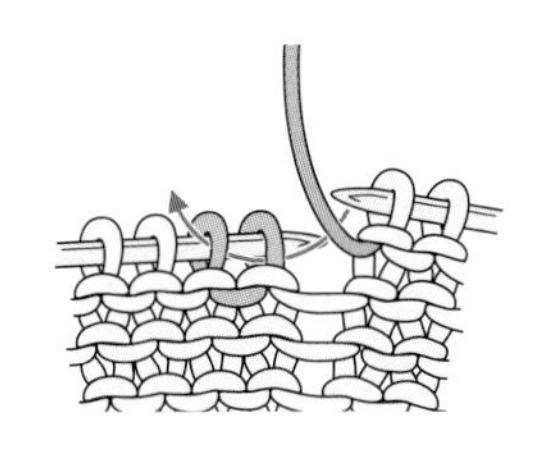

1 如箭头所示，从2针的右侧插入棒针。

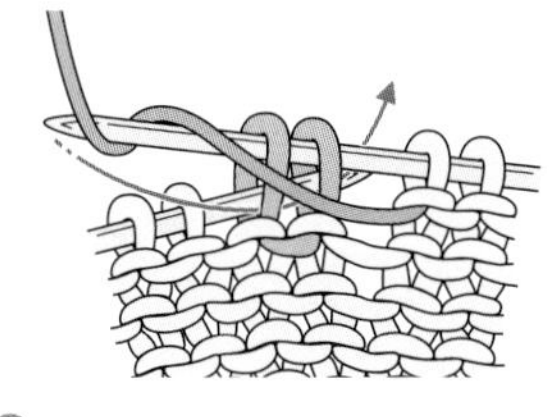

2 如图所示挂线后拉出。

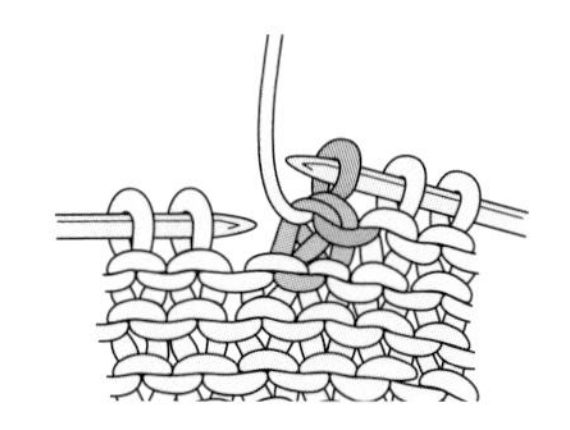

3 完成。从正面看的样子。

右上2针并1针（在反面行编织的情况）

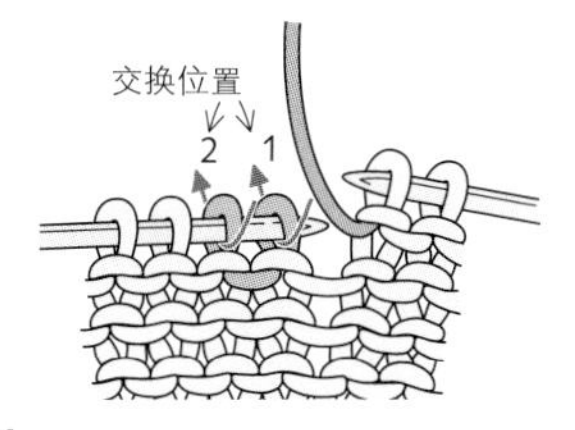

1 将左棒针上的2针交换位置。先按1、2的顺序移至右棒针上。

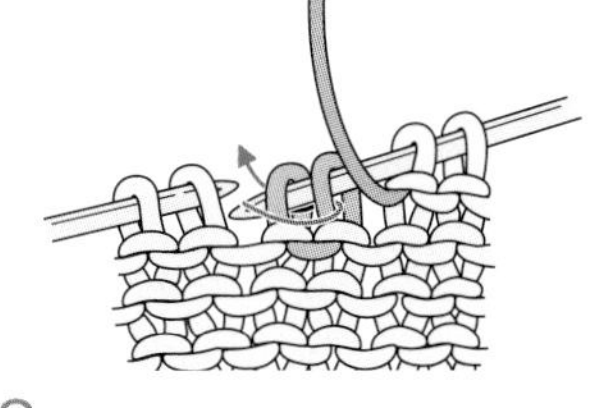

2 如箭头所示插入棒针，将针目移回至左棒针上，然后在2针里一起编织上针。

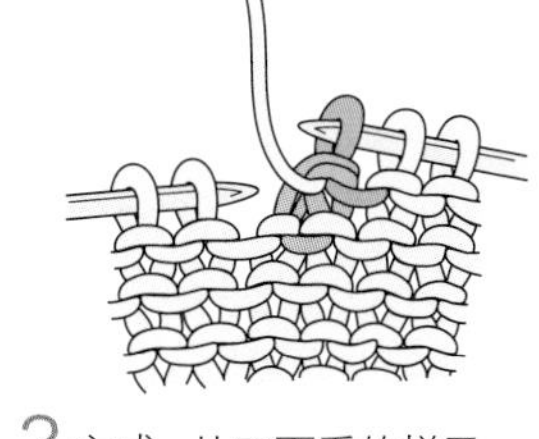

3 完成。从正面看的样子。

作品的编织方法

●镂空花样…p.4

p.4

钻石线 Tasmanian Merino（实物粗细）

材料

钻石线 Tasmanian Merino 原白色（702）

[M号] 400g/10团

[L号] 440g/11团

直径10mm的纽扣 2颗

工具

棒针 5 号、4 号、3 号，钩针 3/0 号

成品尺寸

[M号] 胸围 98cm，肩宽 37cm，衣长 56cm，袖长 52.5cm

[L号] 胸围 106cm，肩宽 39cm，衣长 56cm，袖长 55.5cm

编织密度

10cm×10cm面积内：编织花样A 28针，32行（使用5号针）

编织要点

◎**身片、袖子**…另线锁针起针后，按编织花样A、A' 编织。减2针及以上时做伏针减针，减1针时立起侧边1针减针。加针时在侧边1针内侧做扭针加针。

◎**组合**…下摆、袖口解开起针时的锁针挑针后编织起伏针，结束时做上针的伏针收针。肩部做盖针接合，胁部、袖下做挑针缝合。衣领挑取指定针数后按编织花样B编织，结束时从反面做伏针收针。后领开口一边制作纽襻一边钩1行短针调整形状。袖子与身片做引拔缝合。

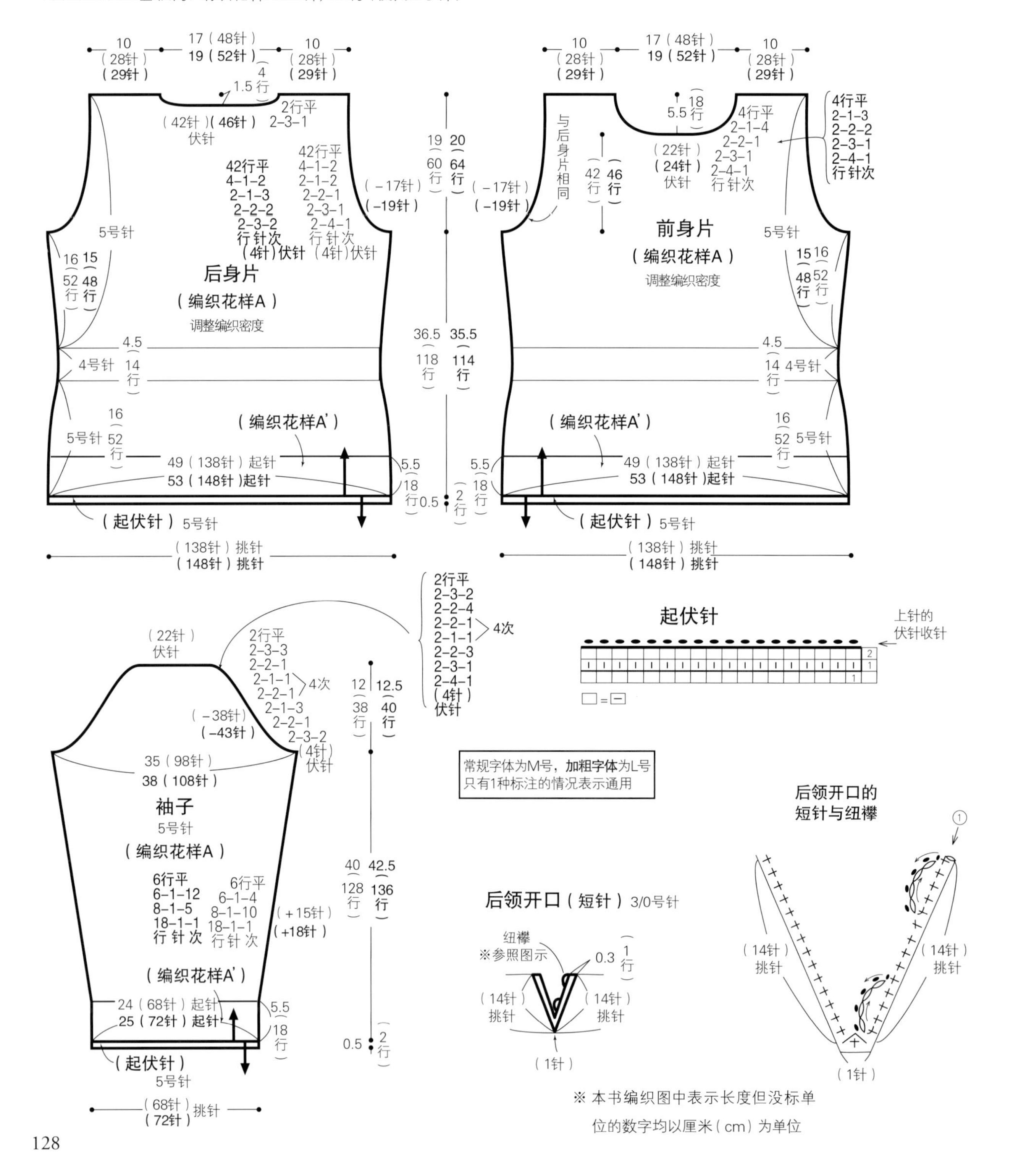

编织花样

→⑥⓪ ←⑤⑤ →⑤⓪ ←④⑤ →④⓪ ←③⑤ →③⓪ ←②⑤ →②⓪ →⑱ ←⑮ →⑩ ←⑤ ←①

A

A'

148 138 145 135 140 130 135 125 130 120 125 115

60 60 55 55 50 50 45 45 40 40 35 35 30 30 25 25 20 20 15 15 10 10 5 5 1 1

□ = ⊟

▭ = M号

▭ = L号

M号 34针32行1个花样

L号 36针32行1个花样

袖子的编织起点
（M号、L号 相同）

M号身片 L号身片

编织起点

▭ = L号为2针

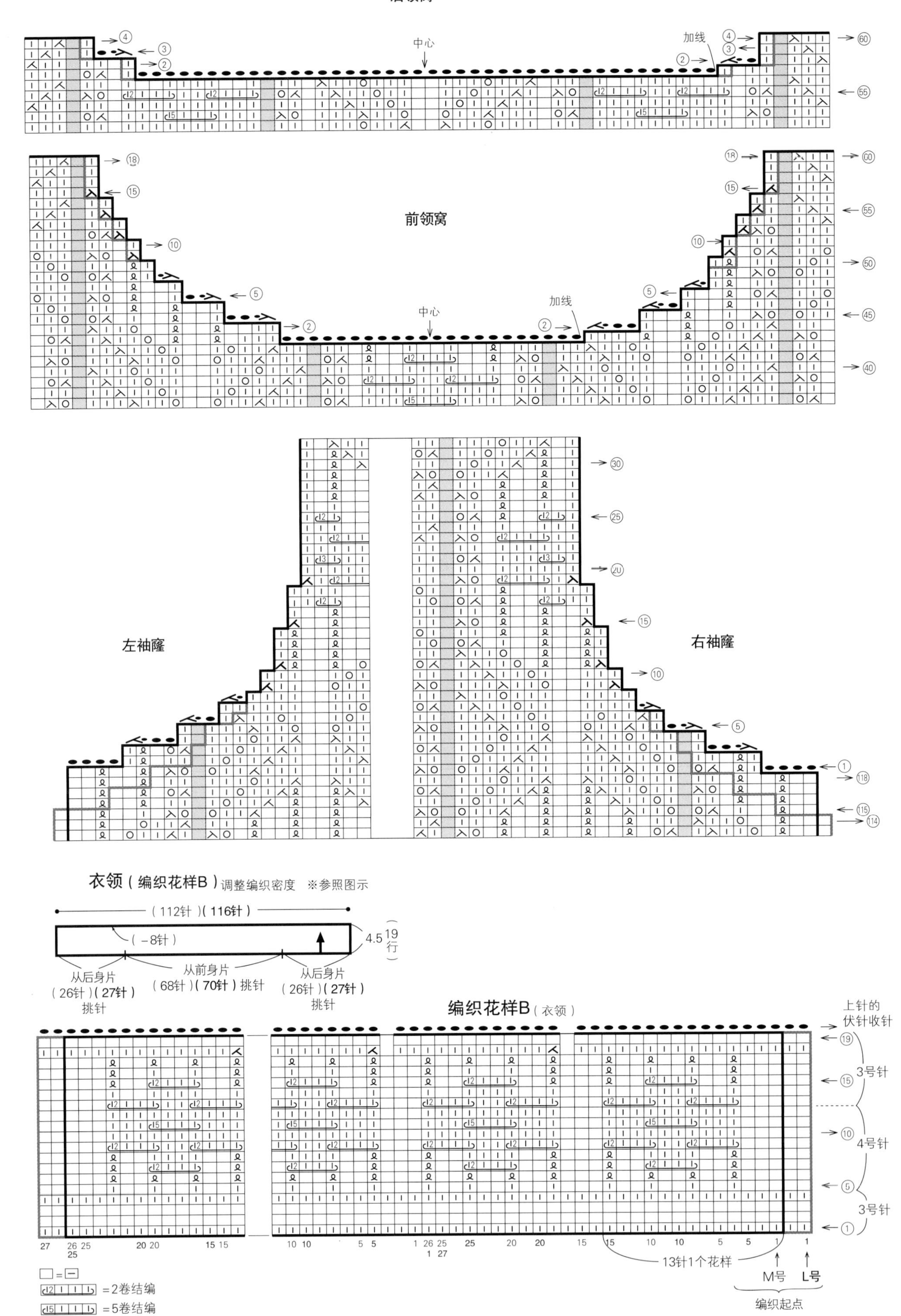

后领窝
中心
加线
前领窝
中心
加线
左袖窿
右袖窿
衣领（编织花样B）调整编织密度 ※参照图示
（112针）（116针）
（−8针）
4.5（19行）
从后身片
（26针）（27针）
挑针
从前身片
（68针）（70针）挑针
从后身片
（26针）（27针）
挑针
编织花样B（衣领）
上针的
伏针收针
3号针
4号针
3号针
13针1个花样
M号
L号
编织起点
=2卷结编
=5卷结编

●基础花样…p.46

钻石线 Tasmanian Merino <Tweed>（实物粗细）

材料

钻石线 Tasmanian Merino <Tweed> 米色（911）

[M 号] 300g/8 团

[L 号] 340g/9 团

工具

棒针 6 号、4 号

成品尺寸

[M 号] 胸围 96cm，衣长 55.5cm，连肩袖长 27.5cm

[L 号] 胸围 106cm，衣长 56.5cm，连肩袖长 30cm

编织密度

10cm×10cm面积内：编织花样A 28针，35行；编织花样B 28针，34行

编织要点

◎**身片**…另线锁针起针后，按编织花样A、B编织。领窝的减针请参照图示。

◎**组合**…下摆解开起针时的锁针挑针后编织边缘，结束时做扭针的单罗纹针收针。肩部做盖针接合，胁部做挑针缝合。衣领、袖口挑取指定针数后环形编织边缘，结束时与下摆一样收针。

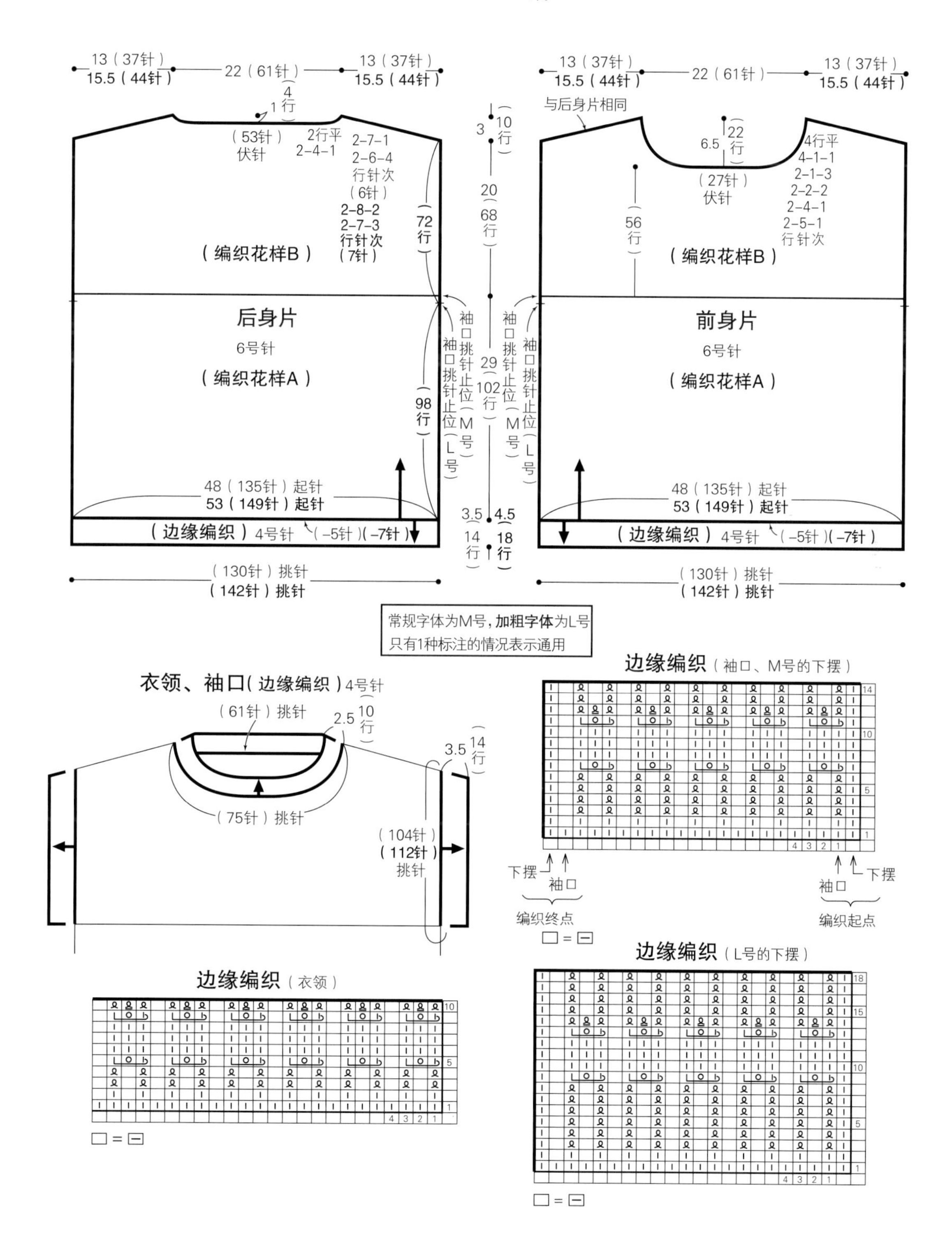

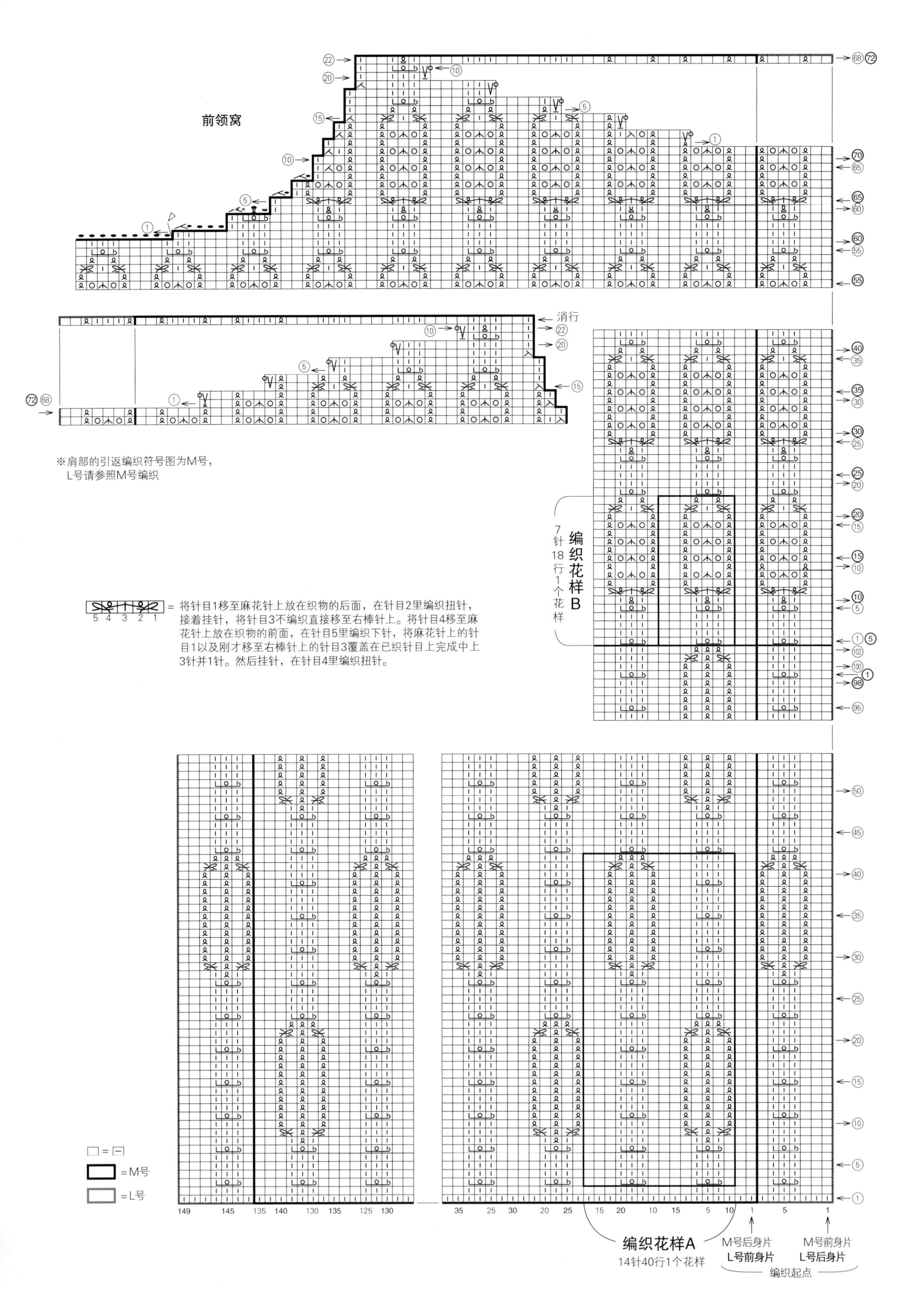
前领窝
消行
※肩部的引返编织符号图为M号，
L号请参照M号编织
= 将针目1移至麻花针上放在织物的后面，在针目2里编织扭针，接着挂针，将针目3不编织直接移至右棒针上。将针目4移至麻花针上放在织物的前面，在针目5里编织下针，将麻花针上的针目1以及刚才移至右棒针上的针目3覆盖在已织针目上完成中上3针并1针。然后挂针，在针目4里编织扭针。
编织花样B
7针18行1个花样
=M号
=L号
编织花样A
14针40行1个花样
M号后身片
L号前身片
M号前身片
L号后身片
编织起点

钻石线 Dia Chloe（实物粗细）

●花样的应用变化…p.62

材料

钻石线 Dia Chloe 原白色（8401）

套头衫［M号］220g/8团，［L号］255g/9团；玛格丽特披肩245g/9团

工具

套头衫　棒针7号、6号、4号；玛格丽特披肩　棒针8号

成品尺寸

套头衫［M号］胸围94cm，衣长54cm，连肩袖长28cm

［L号］胸围106cm，衣长54cm，连肩袖长31cm

玛格丽特披肩　衣长50.5cm，连肩袖长67.5cm

编织密度

10cm×10cm面积内：编织花样A、B均为28针，31行

编织要点

套头衫◎身片……另线锁针起针后，一边调整编织密度一边按编织花样A编织。袖窿做休针处理，领窝减2针及以上时做伏针减针，减1针时立起侧边1针减针。

◎**袖子**…与身片一样起针后，按编织花样A编织。袖下的加针是在侧边1针内侧做扭针加针。

◎**组合**…肩部做盖针接合，肋部、袖下做挑针缝合。下摆、袖口解开起针时的锁针挑针后环形编织边缘，结束时松松地做伏针收针。然后向内侧翻折，松松地做藏针缝缝合成双层。衣领挑取指定针数后环形编织边缘，结束时与下摆一样收针。袖子与身片做针与行的接合。

玛格丽特披肩◎身片、袖子…第1片另线锁针起针后，按编织花样B从袖口开始编织。袖下的加针是在侧边1针内侧做扭针加针，编织结束时做休针处理。第2片也用相同方法编织，但是少编织1行，然后从反面一边与第1片做下针无缝缝合一边形成编织花样的最后一行。

◎**组合**…袖下做挑针缝合。解开袖口起针时的锁针挑针后编织1行，然后一边编织袖口，一边与编织花样B上挑出的针目做2针并1针，结束时与身片一样做下针无缝缝合。前门襟、衣领、下摆与袖口一样，先从身片的行上挑出针目，然后一边按编织花样C编织，一边与挑出的针目做2针并1针，结束时与身片一样做下针无缝缝合。

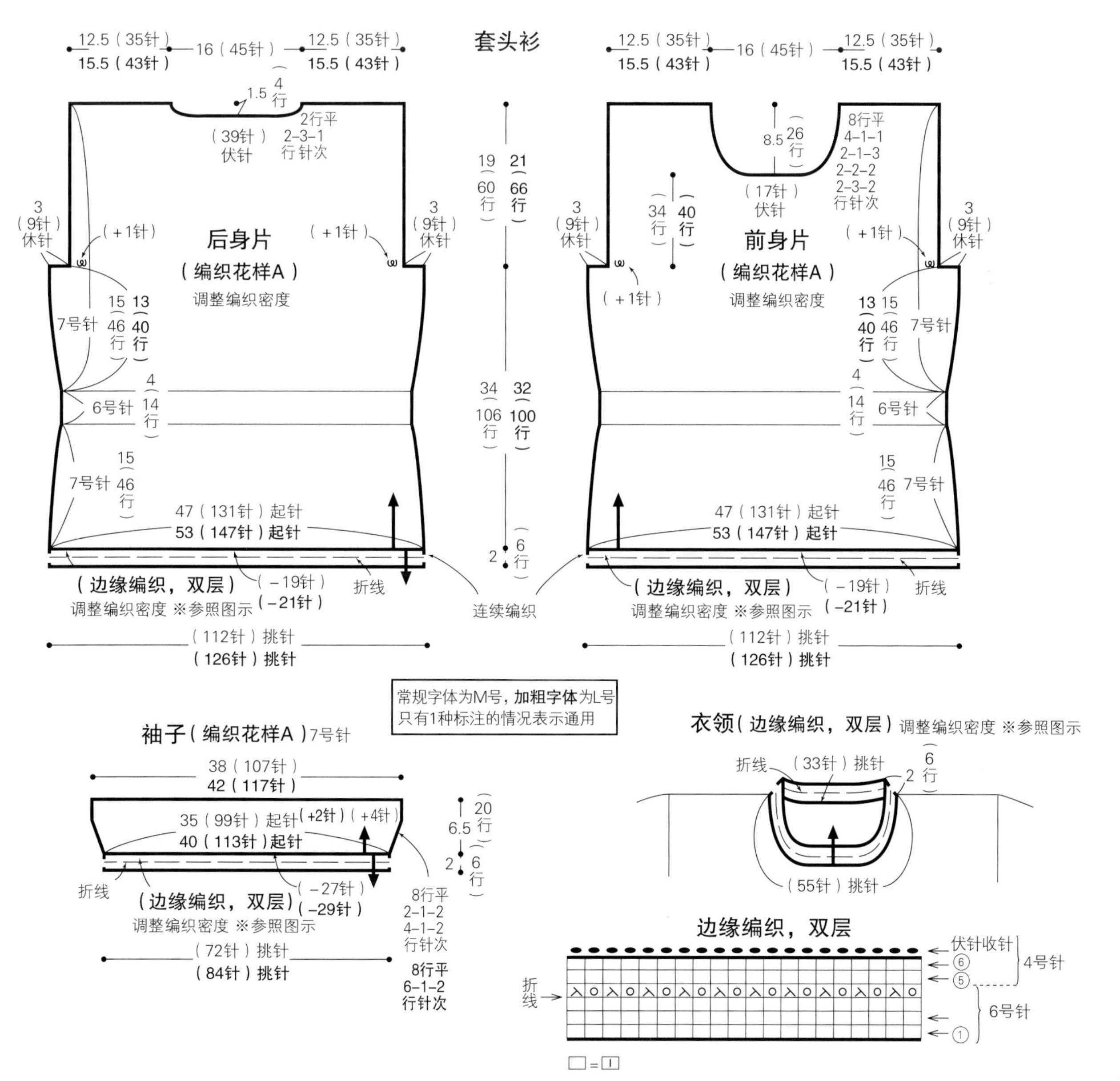

作品的编织方法

后领窝

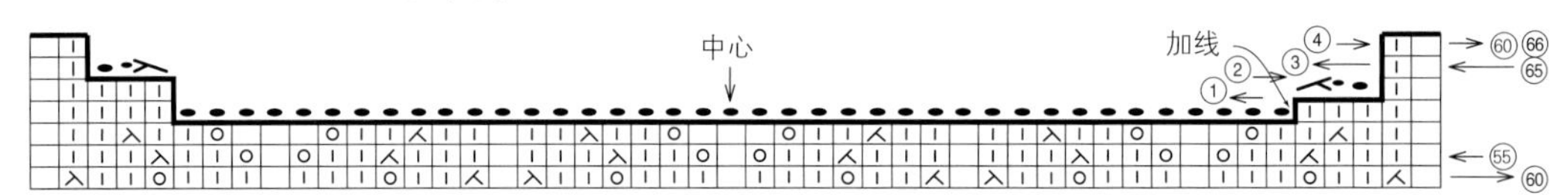

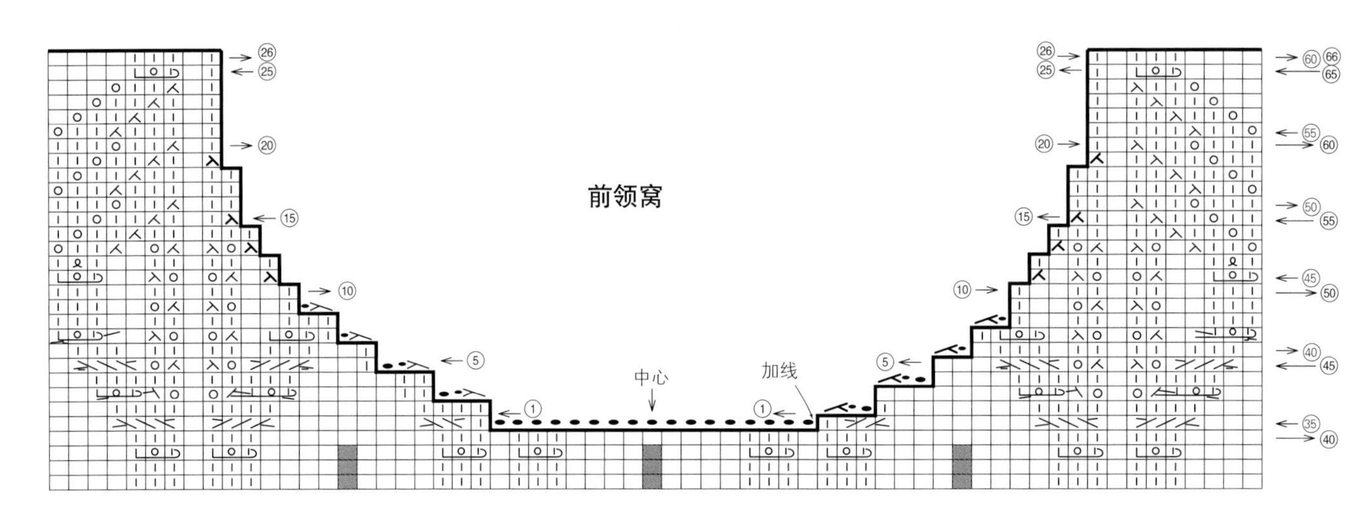

编织花样A

16针30行1个花样

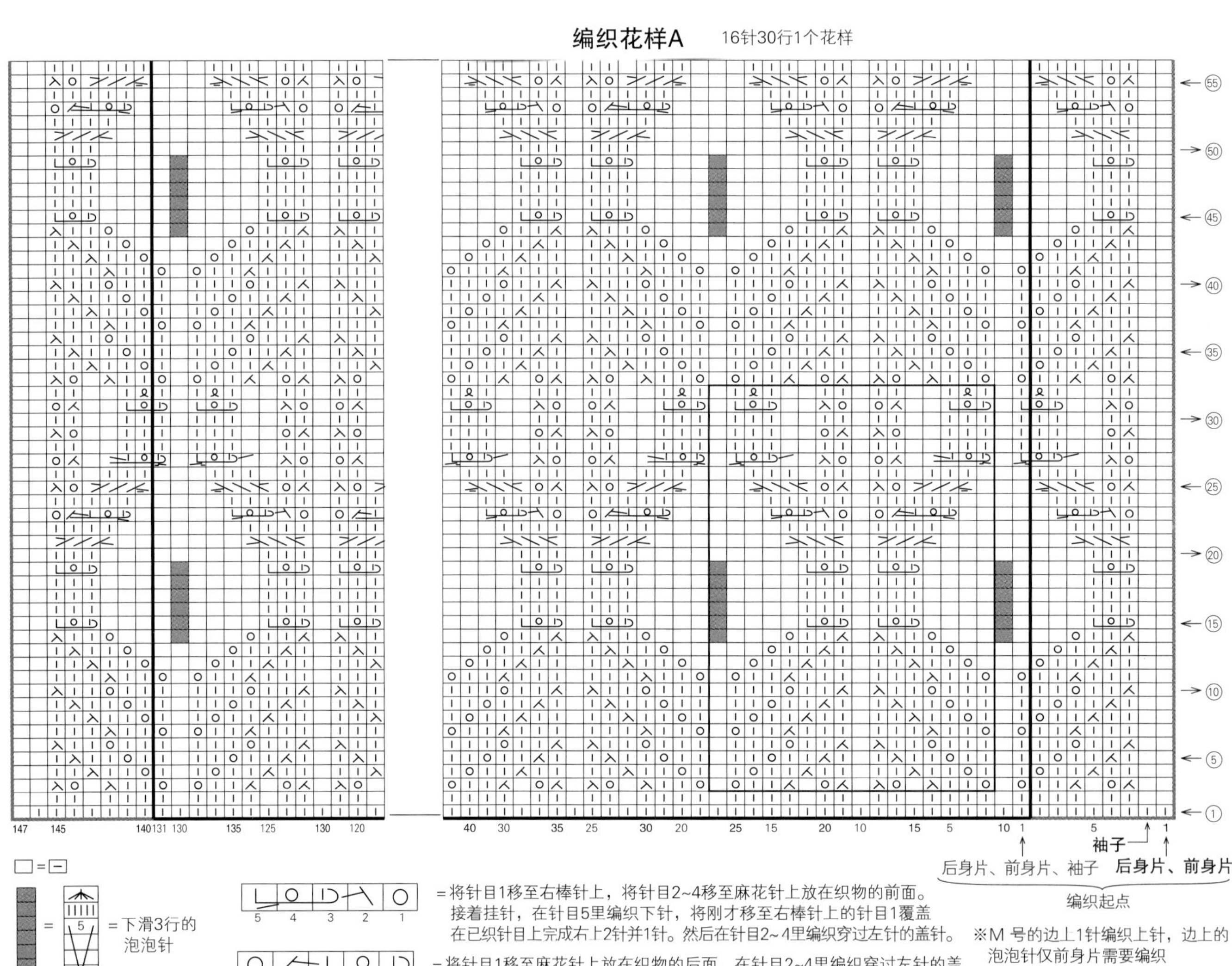

□=⊟

=下滑3行的泡泡针

=M号

=L号

=将针目1移至右棒针上，将针目2~4移至麻花针上放在织物的前面。接着挂针，在针目5里编织下针，将刚才移至右棒针上的针目1覆盖在已织针目上完成右上2针并1针。然后在针目2~4里编织穿过左针的盖针。

=将针目1移至麻花针上放在织物的后面，在针目2~4里编织穿过左针的盖针。接着将针目1移回至左棒针上，与针目5编织左上2针并1针，再编织挂针。

=将针目1移至麻花针上放在织物的后面，在针目2~4里编织穿过左针的盖针。接着在针目1里编织上针。

=将针目1~3移至麻花针上放在织物的前面，在针目4里编织上针。接着在针目1~3里编织穿过左针的盖针。

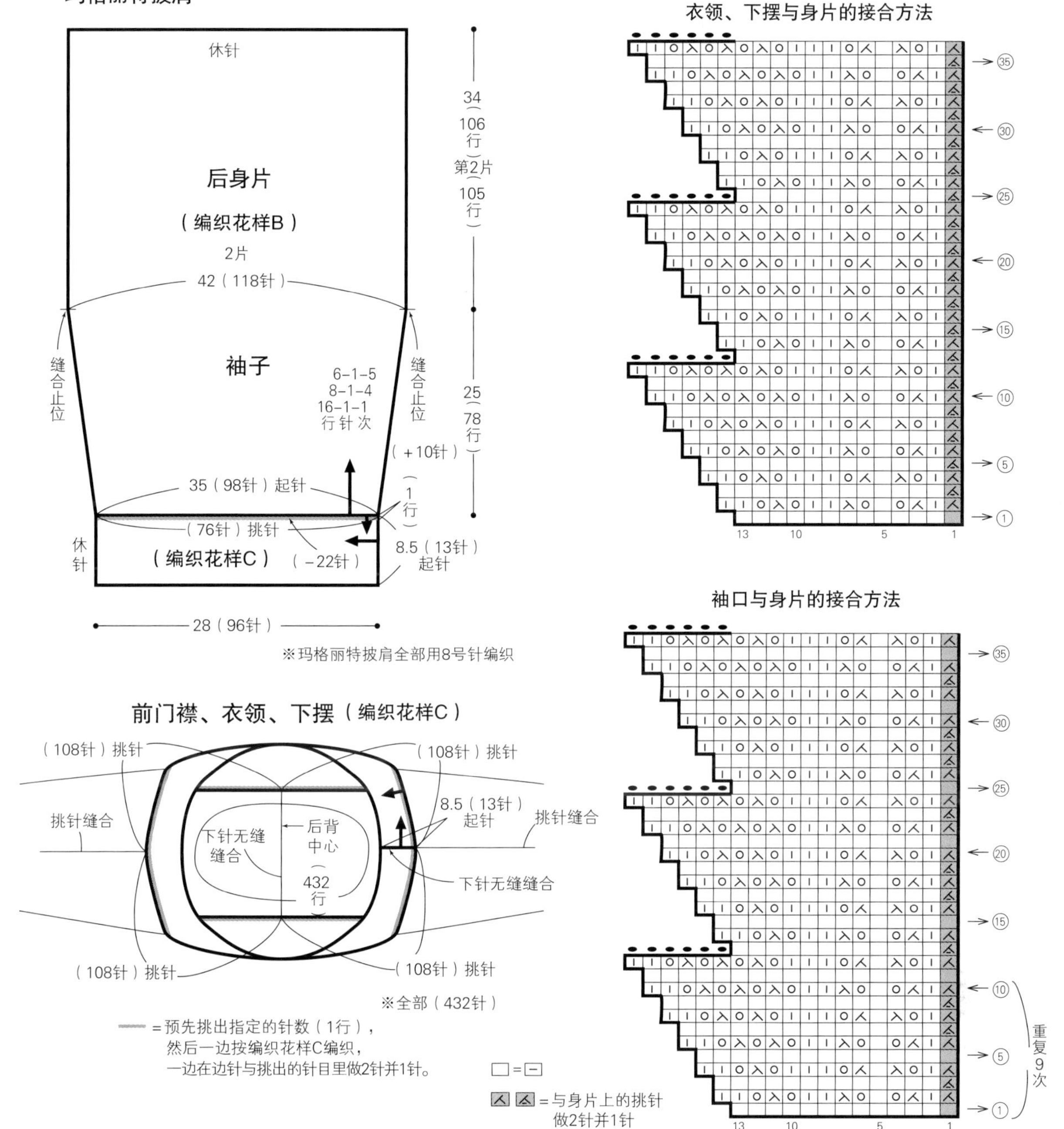
玛格丽特披肩
休针
后身片
（编织花样B）
2片
42（118针）
34（106行）第2片（105行）
袖子
缝合止位
6-1-5
8-1-4
16-1-1
行 针 次
25（78行）
（+10针）
1行
35（98针）起针
（76针）挑针
休针
（编织花样C）
（-22针）
8.5（13针）起针
28（96针）
※玛格丽特披肩全部用8号针编织
前门襟、衣领、下摆（编织花样C）
（108针）挑针
挑针缝合
8.5（13针）起针
下针无缝缝合
后背中心
432行
※全部（432针）
=预先挑出指定的针数（1行），然后一边按编织花样C编织，一边在边针与挑出的针目里做2针并1针。
衣领、下摆与身片的接合方法
袖口与身片的接合方法
重复9次
=与身片上的挑针做2针并1针

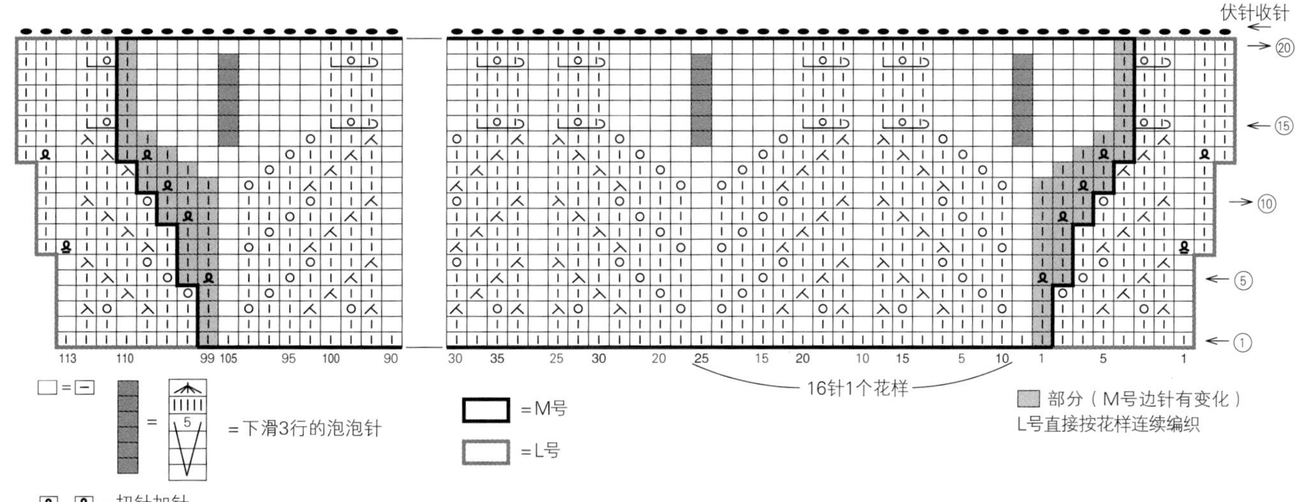
袖子
伏针收针
16针1个花样
=下滑3行的泡泡针
=扭针加针
=M号
=L号
部分（M号边针有变化）
L号直接按花样连续编织

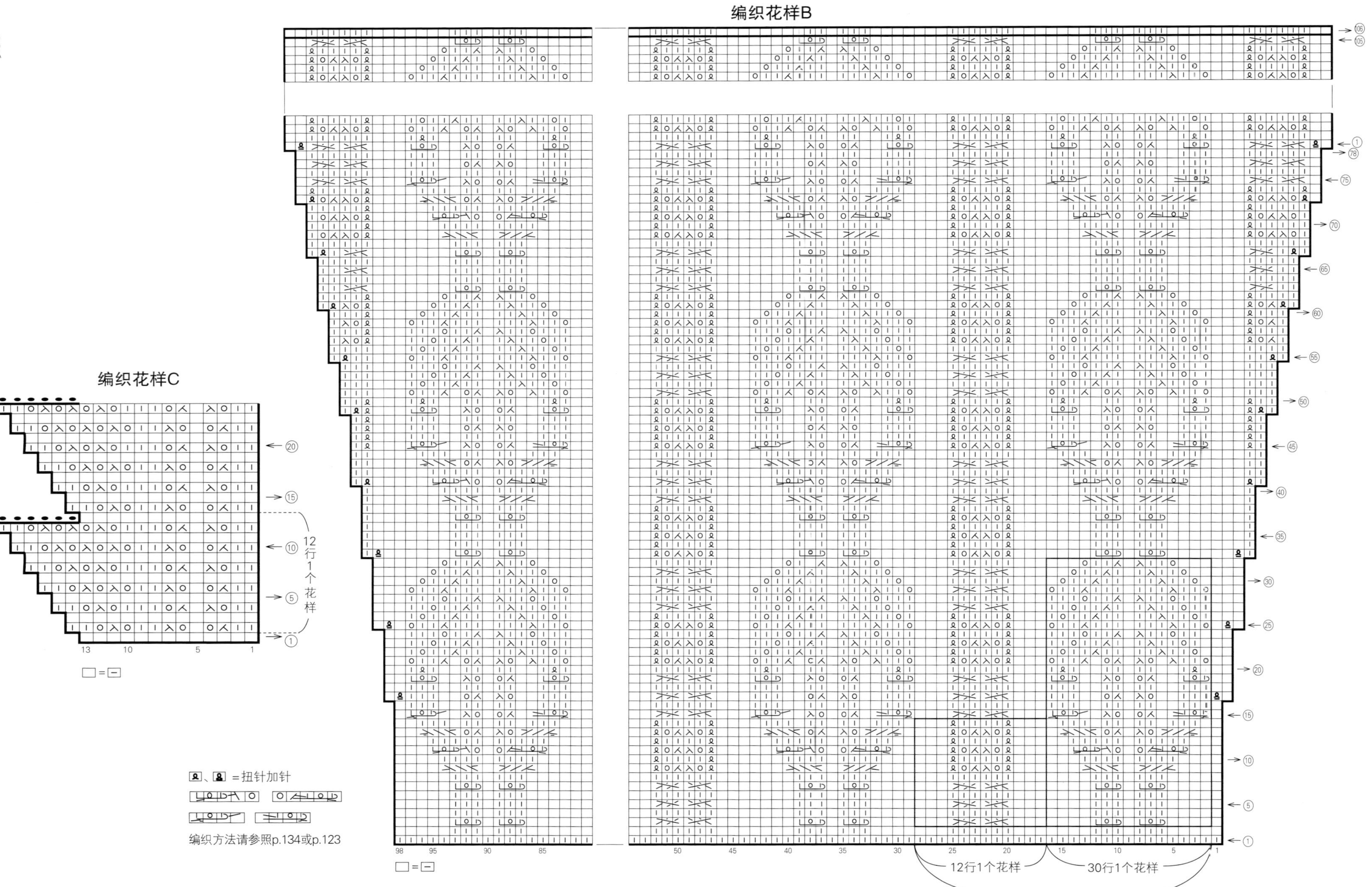

编织花样B
12行1个花样
30行1个花样
27针1个花样
□=□
编织花样C
12行1个花样
□=□
、=扭针加针
编织方法请参照p.134或p.123

●交叉花样…p.76

钻石线 Diadomina <novum>（实物粗细）

材料

钻石线 Diadomina <novum> 浅薰衣草色（511）

［M 号］470g/12 团

［L 号］515g/13 团

直径 18mm 的纽扣 5 颗

工具

棒针 7 号、5 号

成品尺寸

［M 号］胸围 102cm，肩宽 42cm，衣长 61cm，袖长 49cm

［L 号］胸围 110cm，肩宽 48cm，衣长 61cm，袖长 49cm

编织密度

10cm×10cm面积内：编织花样A 28针，29行；编织花样B 26针，29行

编织要点

◎**身片**…另线锁针起针后，按编织花样A、B编织。袖窿的减针做休针处理，领窝减2针及以上时做伏针减针，减1针时立起侧边1针减针。

◎**袖子**…与身片一样起针后，按编织花样 A、B 和上针编织。袖下的加针是在侧边 1 针内侧做扭针加针。

◎**组合**…下摆、袖口解开起针时的锁针挑针后编织边缘，结束时一边延续花样的1针交叉一边做双罗纹针收针。肩部做盖针接合。前门襟、衣领挑取指定针数后一边编织边缘，一边参照图示在指定位置留出扣眼，结束时与下摆一样收针。袖子与身片之间做针与行的接合，胁部、袖下做挑针缝合。

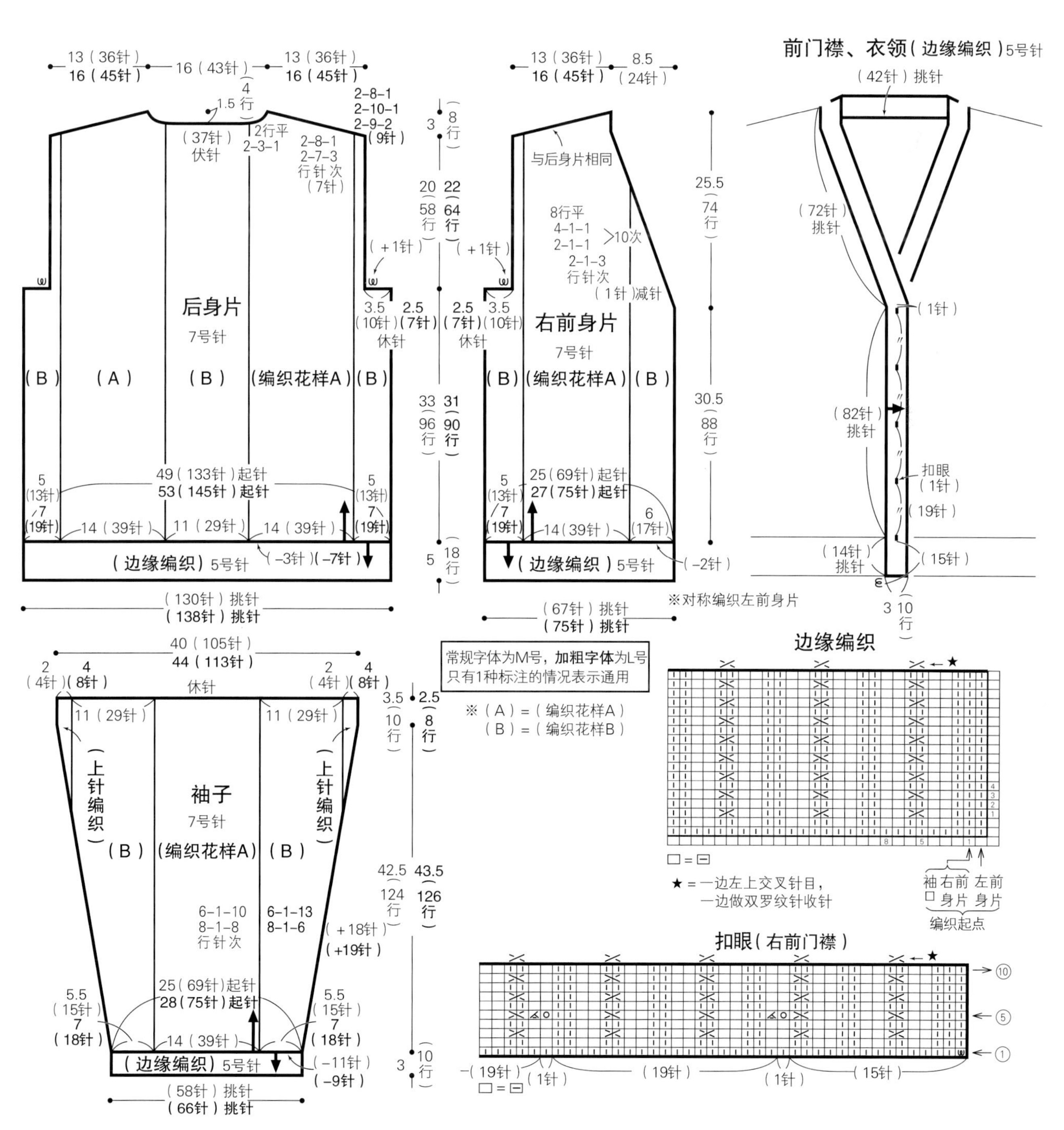

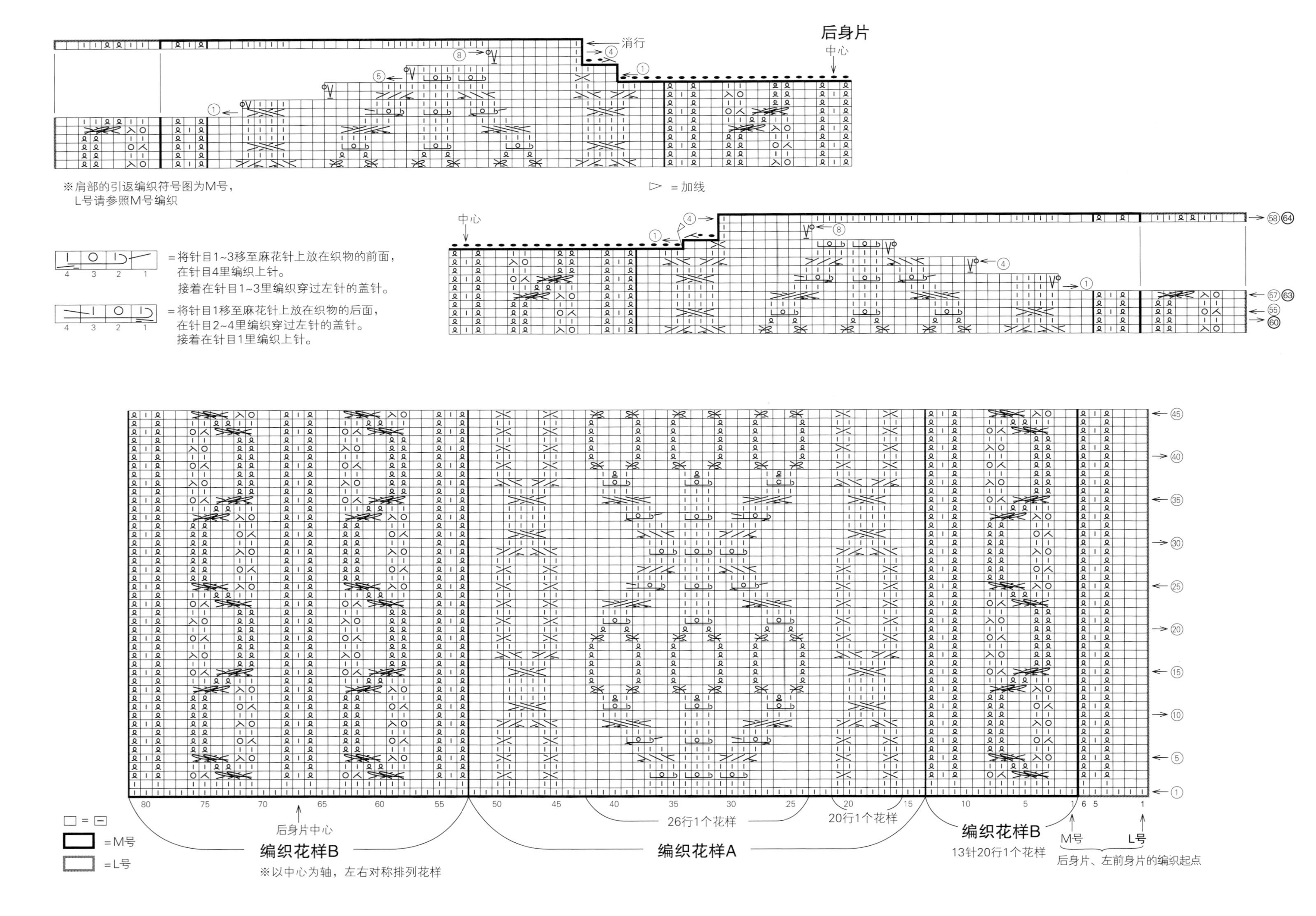

后身片
中心
消行
※肩部的引返编织符号图为M号，
L号请参照M号编织
= 加线
= 将针目1~3移至麻花针上放在织物的前面，
在针目4里编织上针。
接着在针目1~3里编织穿过左针的盖针。
= 将针目1移至麻花针上放在织物的后面，
在针目2~4里编织穿过左针的盖针。
接着在针目1里编织上针。
= M号
= L号
后身片中心
编织花样B
※以中心为轴，左右对称排列花样
26行1个花样
编织花样A
20行1个花样
编织花样B
13针20行1个花样
M号
L号
后身片、左前身片的编织起点

编织花样A部分一边做右上2针交叉一边与身片接合

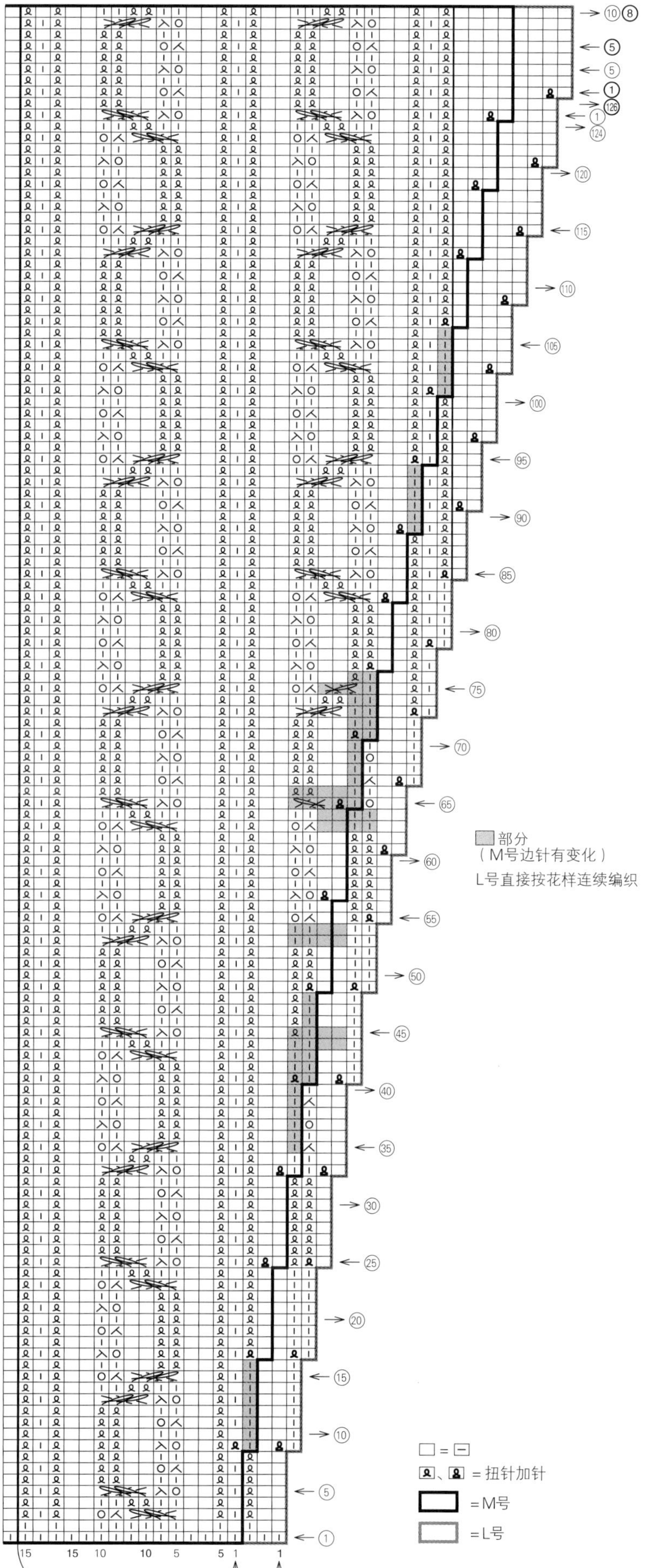

袖子

消行

右前身片
领窝

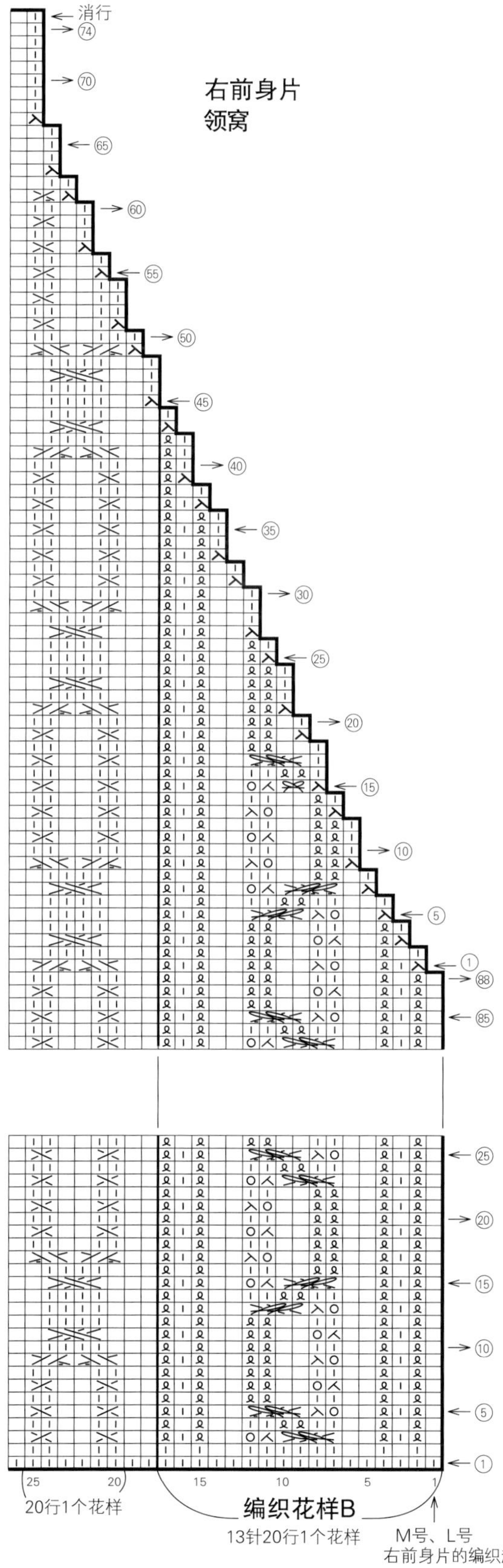

部分
（M号边针有变化）
L号直接按花样连续编织

□=⊟
Ω、Ω=扭针加针
=M号
=L号

20行1个花样

编织花样B
13针20行1个花样

M号、L号
右前身片的编织起点

编织花样B
13针20行1个花样

M号 L号
袖子的编织起点

●组合花样…p.98

钻石线 Diaepoca（实物粗细）

材料

钻石线 Diaepoca 原白色（302）

［M 号］550g/14 团

［L 号］670g/17 团

工具

棒针 9 号、8 号、7 号、6 号

成品尺寸

［M 号］胸围 96cm，衣长 58cm，连肩袖长 69cm

［L 号］胸围 106cm，衣长 59.5cm，连肩袖长 73cm

编织密度

10cm×10cm面积内：编织花样A、A'、C、C'、D、D' 均为26针，28行；编织花样B 27针，28行

编织要点

◎**身片、袖子**…另线锁针起针后，按编织花样 A、A'、B、C、C'、D、D' 编织。插肩线的减针请参照图示，在麻花针的内侧做上针的 2 针并 1 针。领窝做伏针减针。袖下的加针是在侧边 1 针内侧做扭针加针。

◎**组合**…下摆、袖口解开起针时的锁针挑针后按编织花样E、E' 编织，结束时做双罗纹针收针。插肩线、胁部、袖下做挑针缝合，腋下针目做引拔接合。衣领挑取指定针数后，一边调整编织密度一边按双罗纹针和编织花样E" 编织，结束时做环形的双罗纹针收针。

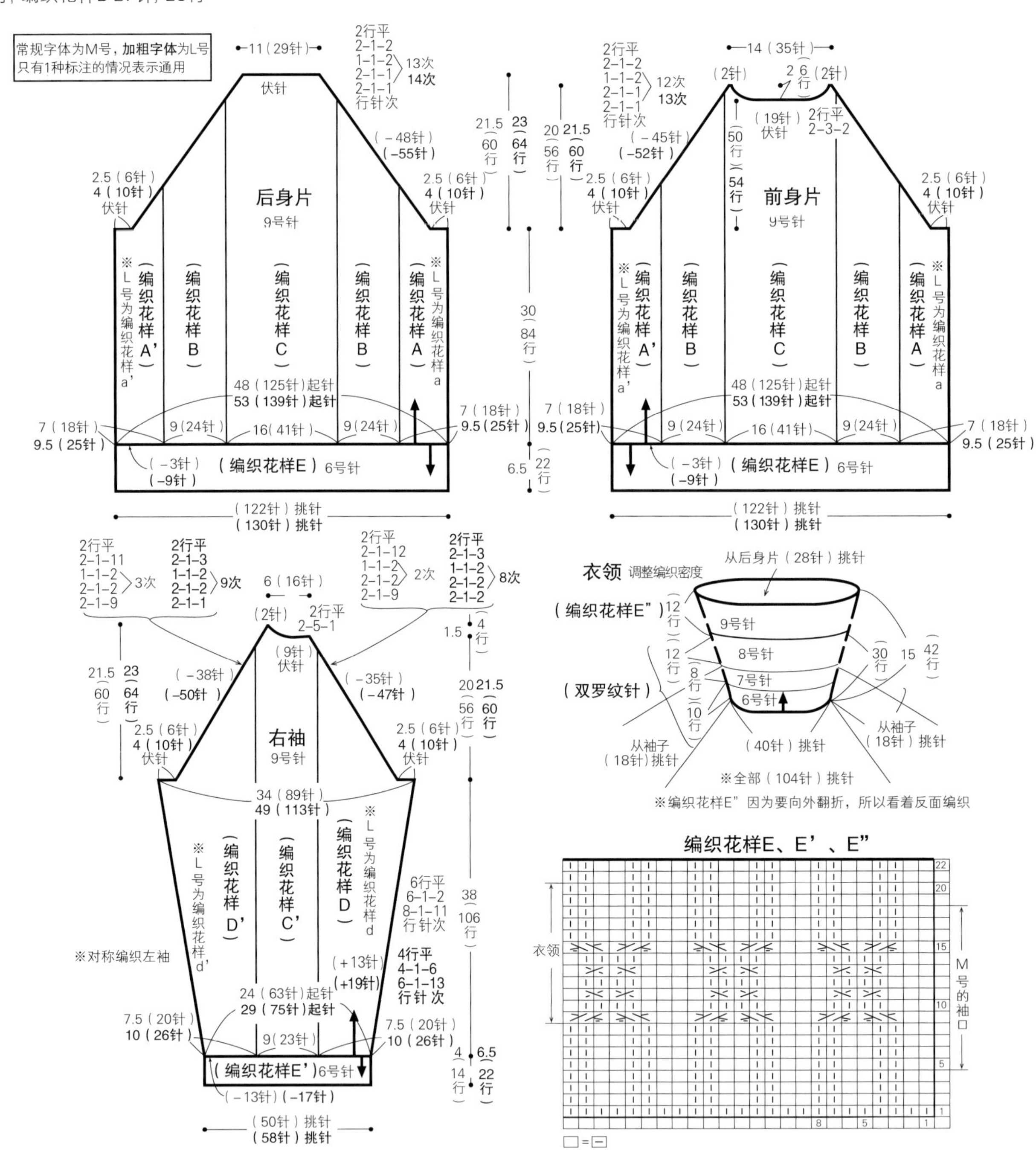

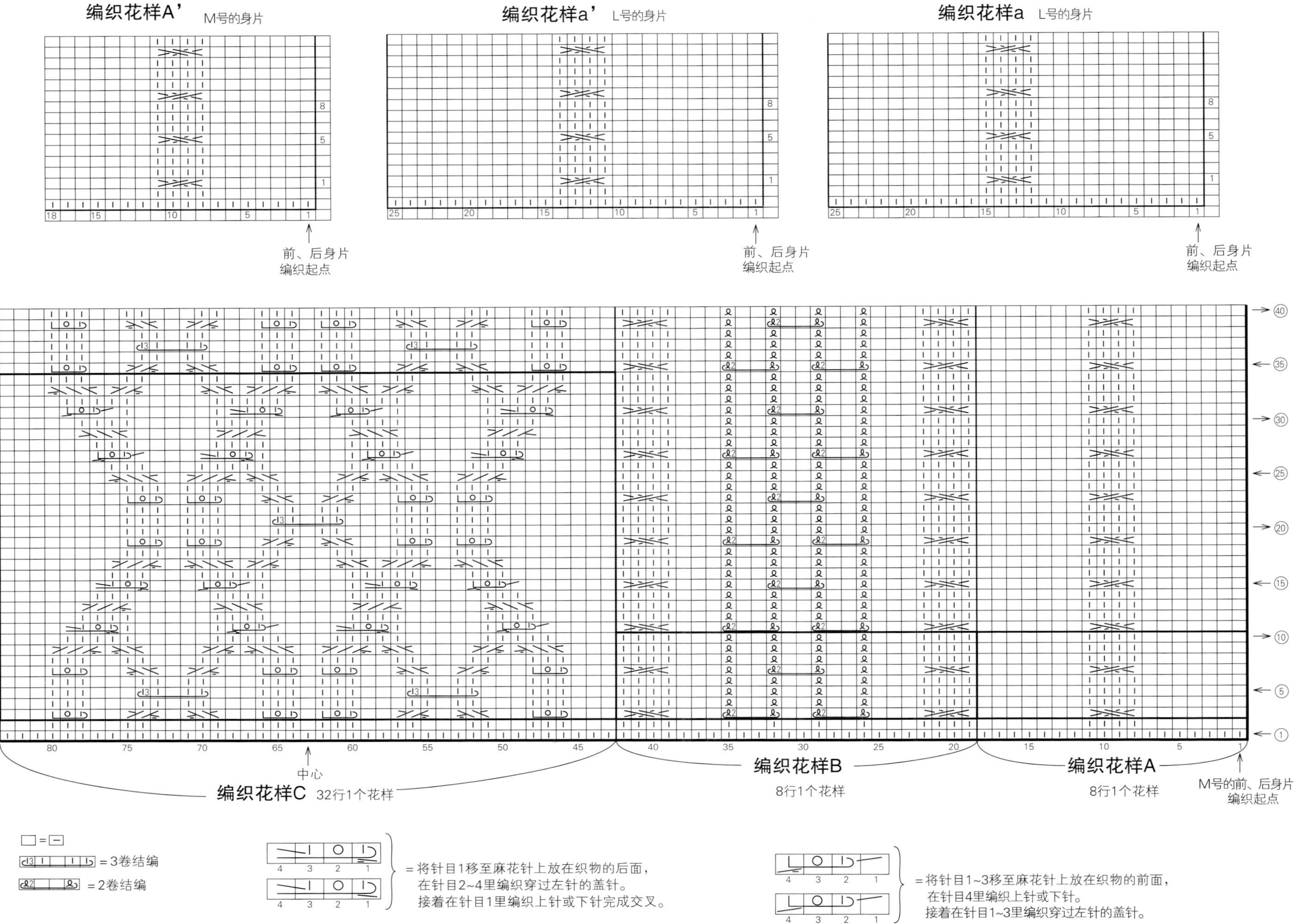

编织花样A' M号的身片
前、后身片
编织起点
编织花样a' L号的身片
前、后身片
编织起点
编织花样a L号的身片
前、后身片
编织起点
中心
编织花样C 32行1个花样
编织花样B 8行1个花样
编织花样A 8行1个花样
M号的前、后身片
编织起点
□ = −
= 3卷结编
= 2卷结编
= 将针目1移至麻花针上放在织物的后面，
在针目2~4里编织穿过左针的盖针。
接着在针目1里编织上针或下针完成交叉。
= 将针目1~3移至麻花针上放在织物的前面，
在针目4里编织上针或下针。
接着在针目1~3里编织穿过左针的盖针。

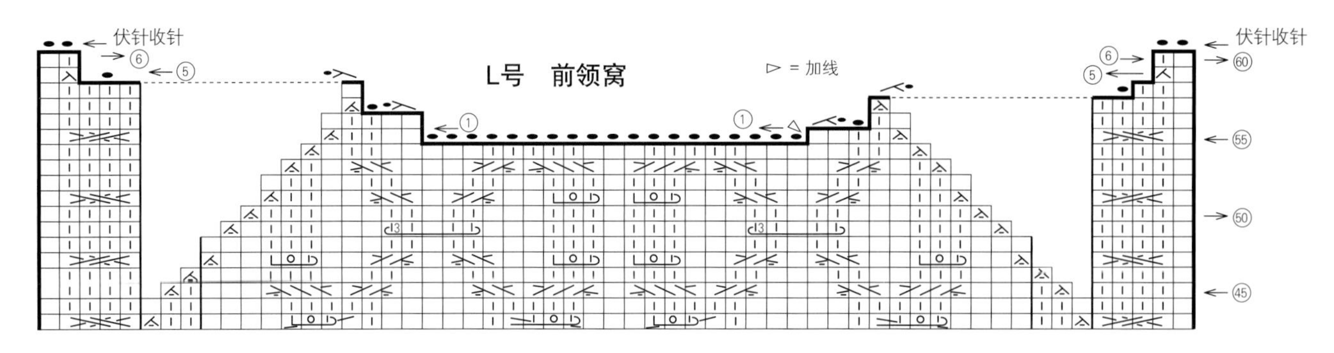

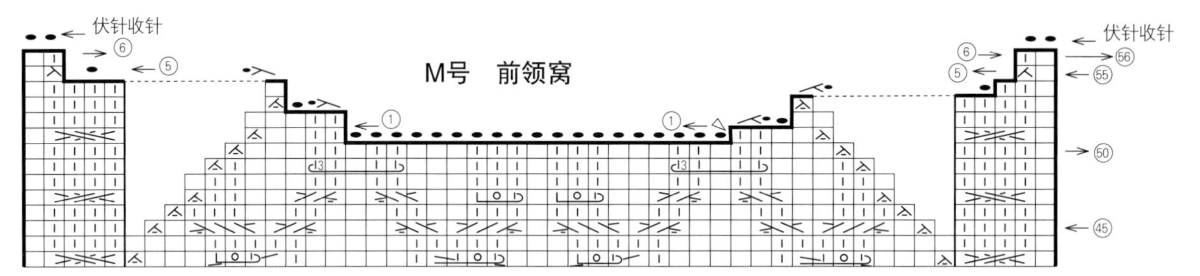

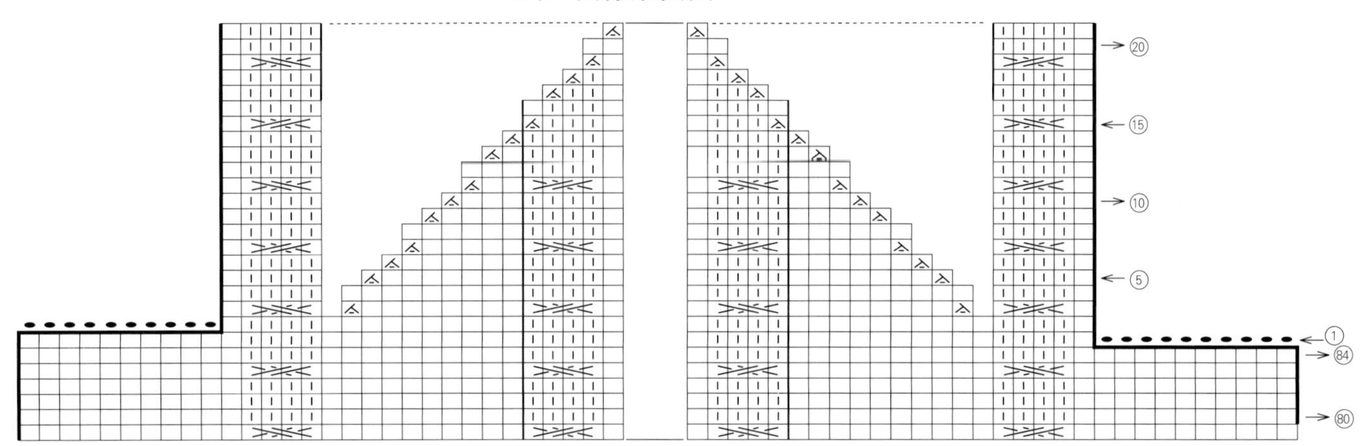

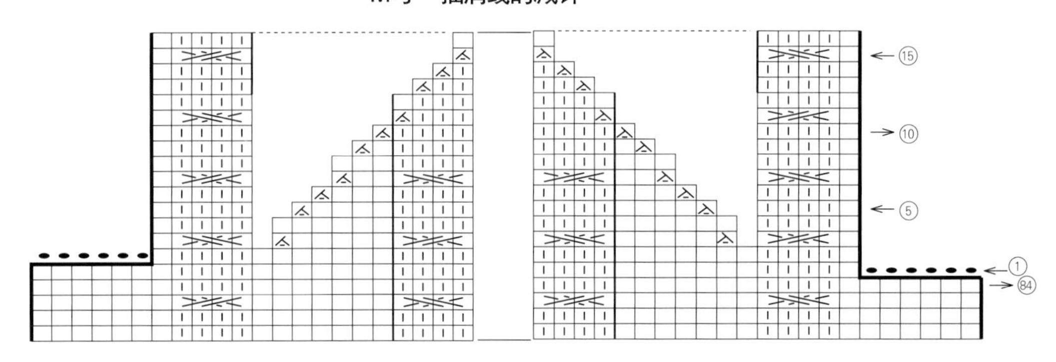

编织花样d、d' L号的袖子

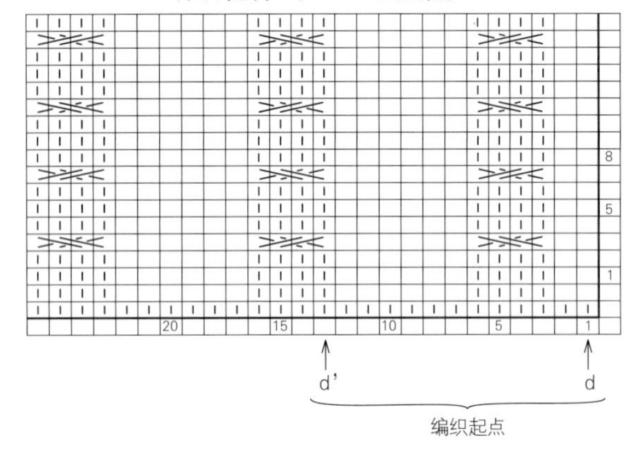

□=−

=3卷结编

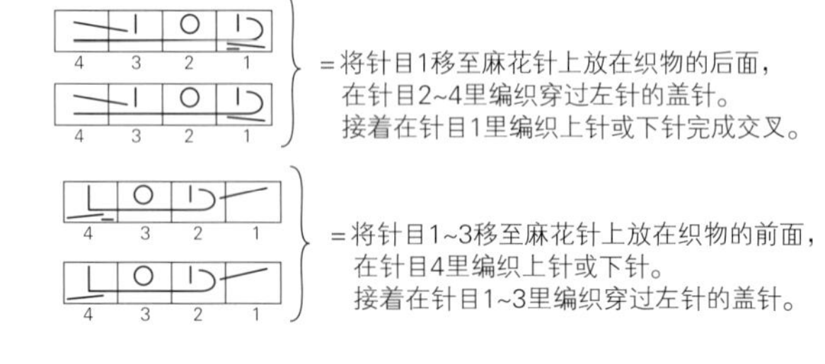

=将针目1移至麻花针上放在织物的后面，
在针目2~4里编织穿过左针的盖针。
接着在针目1里编织上针或下针完成交叉。

=将针目1~3移至麻花针上放在织物的前面，
在针目4里编织上针或下针。
接着在针目1~3里编织穿过左针的盖针。

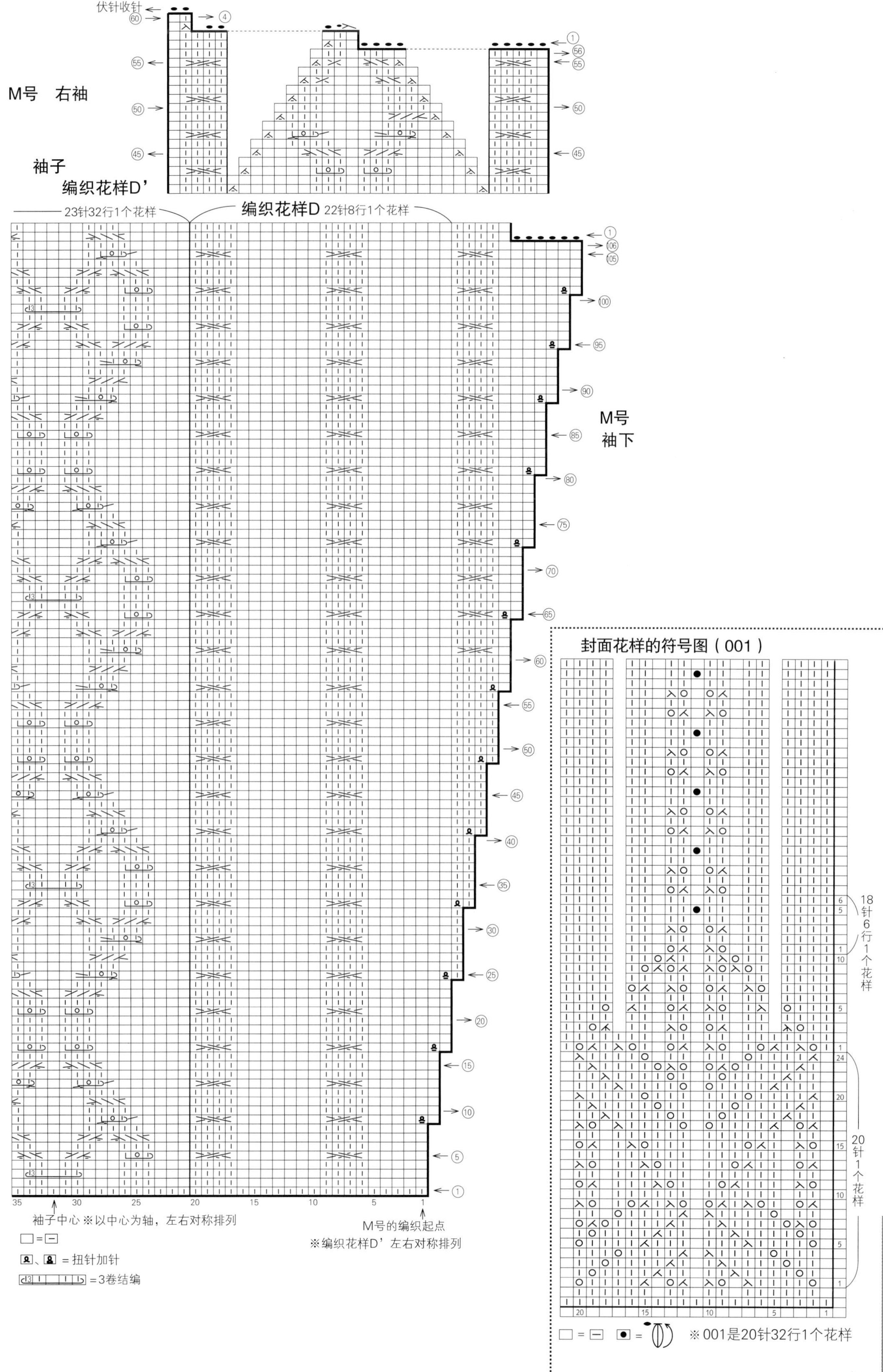

M号 右袖
伏针收针
袖子
编织花样D'
23针32行1个花样
编织花样D 22针8行1个花样
M号
袖下
袖子中心 ※以中心为轴，左右对称排列
M号的编织起点
※编织花样D'左右对称排列
=扭针加针
=3卷结编
封面花样的符号图（001）
18针6行1个花样
20针1个花样
※001是20针32行1个花样

图书在版编目（CIP）数据

志田瞳经典棒针编织花样250：增订版/（日）志田瞳著；蒋幼幼译. —郑州：河南科学技术出版社，2022.9（2025.5重印）
ISBN 978-7-5725-0967-4

Ⅰ.①志… Ⅱ.①志… ②蒋… Ⅲ.①毛衣针-绒线-编织-图集 Ⅳ.①TS935.522-64

中国版本图书馆CIP数据核字（2022）第142282号

出版发行：河南科学技术出版社
地址：郑州市郑东新区祥盛街27号　　邮编：450016
电话：（0371）65737028　　65788613
网址：www.hnstp.cn
责任编辑：刘　欣　余水秀
责任校对：刘逸群
封面设计：张　伟
责任印制：张艳芳
印　　刷：郑州新海岸电脑彩色制印有限公司
经　　销：全国新华书店
开　　本：890 mm × 1 240 mm　1/16　　印张：9　　字数：200千字
版　　次：2022年9月第1版　　2025年5月第3次印刷
定　　价：59.00元

如发现印、装质量问题，影响阅读，请与出版社联系并调换。